JN087630

初歩からの生物学

（改訂版）初歩からの生物学（'24）

装丁デザイン：牧野剛士
本文デザイン：畑中　猛

s-74

まえがき

本書は生物学の導入書として，生き物そのものや生き物が示す生命現象に興味がある方，あるいは何らかの理由で生物学を学ぶ必要が生じた方に，専門的な知識がなくとも学ぶことができるように記してある。あるいは生物学を学び直したい方でも興味がもてるよう，現代的な問題も扱っている。一方で，現在の生物学はその発展のおかげでそれぞれの分野で膨大な知識が体系化されている。本書ではそのエッセンスを学ぶ手段として，生物に見られる多様性と共通性に着目した。

地球上の生物全体を眺めてみると，多種多様な生物が存在していることがわかる。しかし，それらの生物には様々な共通点もある。顕微鏡での観察から，生物は細胞という構造からなることが明らかになった。また，生物によらずDNAがその遺伝情報を担うことも，様々な実験を経て明らかになっている。現在では，DNAは生物学のあらゆる分野で利用されており，医療や農業，環境分野にも関わっている。

細胞やDNAだけでなく，個体やそれ以上の構造にも共通点が見られる。子を作るといった自己複製もその一つである。また，生物は他の生物や物質環境から完全に独立して生きていくことができない。よって，いずれの生物も，他の生物や環境中の物質との間に，実に様々な関係を築いている。ただし，どのような関係が生じているかは生物や個体ごとに異なっている。このような他者や環境との多様な関係が，共通祖先に由来する現生の生物に多様性が生じた一つの要因であろう。

本書では，上に示した現在の生物の多様性と共通性について学ぶ。まず生物学とは何か（第1章），生物とはどのようなものか（第2章）を説明する。次に，地球上の生物の多様性（第3章），地球環境の多様性とそこに暮らす生物（第 4 章），そして多様性が生じる仕組みとして，種の形成や進化の仕組み（第 5 章）を学ぶ。これらが多様性とその形成機構となる。共通性については，生物に共通する構造であり，生命活動の基盤である細胞（第 6 章）について，まずは紹介する。そして，生物共通に見られる生命活動である，自己複製（第 7 章），代謝（第 8 章），環境応答（第 9 章），さらには遺伝情報としての DNA の役割（第 10 章）について紹介する。これらは個体以下の構造に見られる共通性である。個体以上の生物間の関係が作り出す構造として，第 11 章では，ある地域に住む同種の個体の集まり（個体群），第 12 章では，ある地域に住むすべての生物個体の集まり（生物群集），第 13 章では，ある地域の生物群集とその周囲の環境（生態系），第 14 章では複数の生態系が集まるランドスケープにおける生態学的現象について学ぶ。最後に，医療や食糧といった応用的な面と生物学との関係（第 15 章）を解説する。

以上のように本書では生物学の基本的なことを中心に解説している。基本的なものであっても新たな知識や考え方を知れば，日々の生活の中にも生物学に関連することが多数あることにも気づくであろう。そのような中で疑問に思うことがあれば，辞書やより専門的な文献，Web 上の情報などを調べてみよう。本書がこのような学びを通して，皆さんがより広い視点や考え方を身につけるきっかけとなることを願っている。

2023 年 10 月
二河成男
加藤和弘

目 次

1 生物学の世界

二河成男

《目標＆ポイント》 この始まりの章では，「生物学」について学ぶ。生物学は何を対象とし，それら対象の何を探究し，その探究はどのように行われているのかという学問としての生物学を紹介する。そして，現在では生物学は学問としてだけでなく，その成果が様々な形で利用され，倫理的にも考えなければならないことが生じている。これら社会の中での生物学の立場についても解説する。

《キーワード》 生物学，多様性，共通性，仮説，検証，科学，技術，倫理

1.1 生物学の対象

生物学は，**生きているもの**と**生きていること**を対象としている。生きているものとは，生き物そのものであり，生きていることとは，生き物が生きていくことに関わる営みすべてである（図 1-1）。前者に関しては説明がなくとも，生き物がどのようなものかは漠然と理解できるであろう。一方，後者は想像しにくい部分もあるので，具体的に説明しよう。

例えば，あらゆる生き物は何らかの栄養を必要としている。これをどのように得るかは，生き物の日々の営みにおいて重要である。また，生き物ごとに暮らしている地域や環境は異なっているので，それらがどのような特徴をもった場所かといったことも同様である。このような日々の生きる営みだけでなく，生き物がどのように生まれ，成長し，次世代を生み，そして，命を終えるのかといった，それぞれの生き物の一生や，

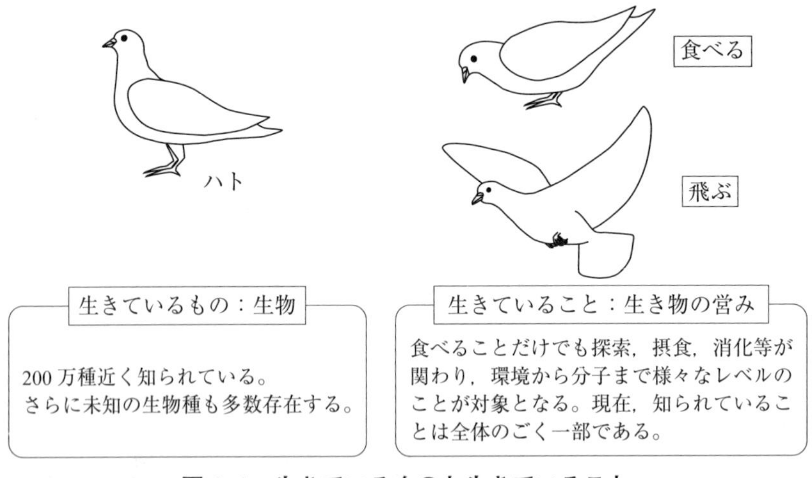

図 1-1　生きているものと生きていること

命の伝達といった世代を超えたつながりも生き物の営みといえる。また，異なる種類の生物の間に生じる様々な関係などのより複雑な現象も対象としている。

生物学の対象となるこれらの現象は，小さいものから大きいものまで，その物理的なサイズも多様である（図 1-2）。さらに，同じ現象であっても，目に見える程度の大きさの構造に着目することもできれば，その構造を構成する分子のはたらきといった目に見えない小さな物質を対象とすることもできる。例えば，食べ物の味を感じるといったことでも，食べ物とそれを食べる生物個体といった捉え方もあれば，食べ物の甘さとその甘さを感じる細胞や分子のはたらきといった，肉眼では見ることができない関係として捉えることもできる。そして，生物の個体の大きさを超えた関係もある。縄張り争いといった複数の個体間の関係や，さらには生物の集団と地球環境の関係といったものは，肉眼で捉えられる範囲を超えている。このように小さなものから大きなものまで，様々な

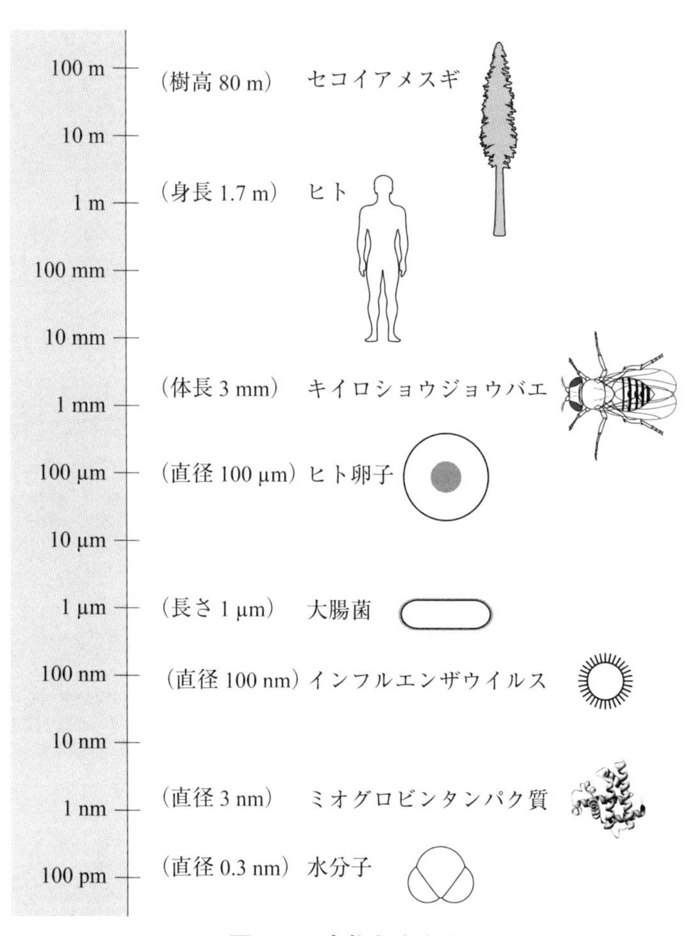

図 1-2　生物と大きさ

スケールの現象を生物学は対象としている。

大きさだけでなく，時間的にも長短あらゆるものがある（図 1-3）。生き物の体内で起こっている様々な化学反応は 1 秒以下の短い反応である。一方で，生物の進化や多様化の時間単位は何百万年，あるいは何億

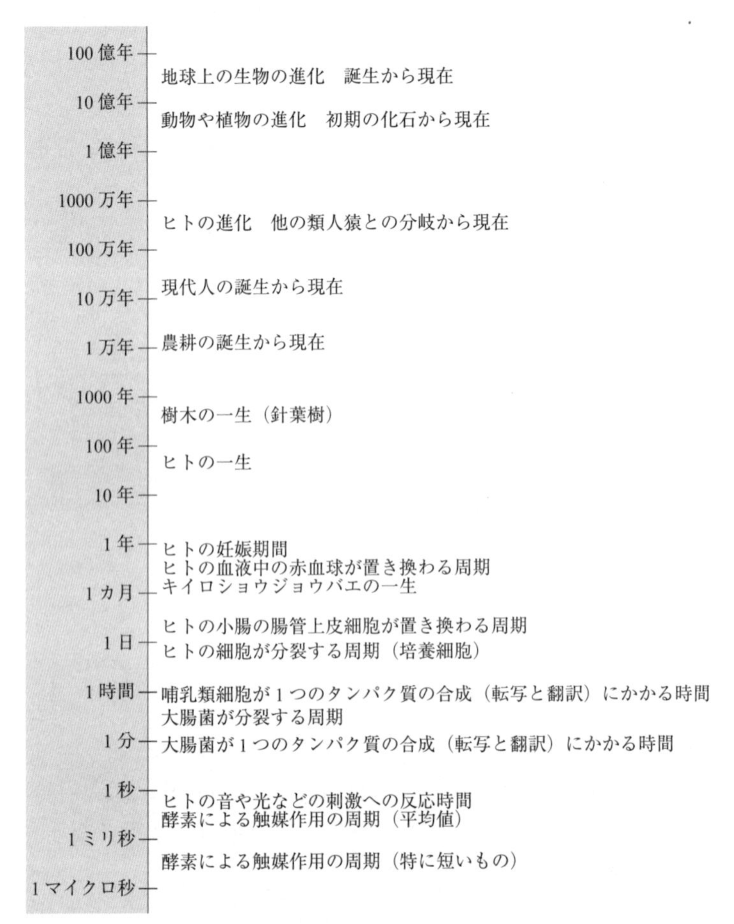

図 1-3　生物と時間

年，それ以上の長い時間がかかっている。このように生物学の対象は，物理的にも多様な側面をもつことがわかる。

以上のように，生物学が対象としている範囲は一言で表現できるが，それを具体的に見ていくと，実に多様であり，複雑なものを含んでいる。

これは，生き物自体が多様であり，様々な要素から影響を受けているためである。皆さん自身も，実に多様な物質，環境，生物（ヒト自体も含む）の中で暮らしている。このような点からも生物学の対象が多様であることを感じられるであろう。

1.2　生物学の探究

生物学が探究している現象は，端的に表現すれば，**“生き物にはどういうものがいるか”**，そして，**“生きているとはどういうことか”**という2点にまとめられる（図 1-1）。“生き物にはどういうものがいるか”とは，**生物の多様性**の探究ともいえる。地球には知られているだけでも200万種近い種類の生物が生きている。それらやいまだ発見されていない未知の生物がどのようなものかを知ることである。

“生きているとはどういうことか”という探究は，どちらかといえば，**生物の共通性**の探究ともいえる。“生きているとはどういうことか”を説明できれば，その性質をもつものは生き物といえる。一方で，現時点ではこの問いに対する皆が満足する答えは得られていない。生きているもの（生物）とそうでないもの（鉱物など）を区別することは，科学的な知識はなくとも，ある程度できるであろう。しかし，“生きている”ということに必要な条件は何か，生きているものと命が尽きたものとの違いは何か，どこに境目があるのかといったことを科学的に示すことは難しい。

このような生物の本質を知るために，まずは，生き物の様々な営みについて正確に記述する必要がある。そして，その現象が生じた理由や原因の探究から，生物の本質を知ることができる。例えば，子が親に似るという遺伝の現象が記述され，やがてその原因となる物質がDNAであることがわかったというのもこのような過程を経たものである。

表 1-1　ティンバーゲンの 4 つの質問

	鳥類の卵の殻はなぜ硬いか	
	要因	答え
仕組み	直接的な要因	卵の殻が炭酸カルシウムからなる
発生	個体の成長・発達・生理に起因する要因	卵管で殻が付加される
機能	適応的な要因	内部を破壊や乾燥から保護
系統	祖先に由来する要因	爬虫類の祖先で殻が進化

そして，このような過程は他の自然科学の分野でも同じである。観察から現象を捉え，その現象に対して，“なぜ”あるいは“どうして”と問う。これが自然科学の基本となる。鳥と卵の関係を知らなければ，鳥が先か卵が先かといった疑問も浮かばない。また，疑問がわけば，その答え，つまり現象が起こる理由が知りたくなる。どうして理由が知りたくなるのかは，心理学的な問題も含んでいるので単純ではない。ただし，自然現象には因果関係があり，起こったことには必ず理由や原因があると考えることは科学の基本である。

また，生物学の探究が他の分野と異なる点は，ある現象に対して，複数の視点から“なぜ”を問えるところにある。これは，動物の行動を研究していたオランダのティンバーゲンによって示されたものである。ティンバーゲンは，1 つの現象の原因について，仕組み，発生，機能，系統の 4 つの視点から答えが導けると考えた（表 1-1）。仕組みはどのような分子や物質がどのようにして現象を引き起こすかが答えとなる。発生は現象が生物の成長の過程でどのように形成されたか，機能は現象が生物の生存や繁殖にどのように貢献しているか，系統はどのようにしてその機能が獲得されたか，がそれぞれの答えとなる。

例えば，なぜ，ニワトリの卵の殻は硬いのか，という疑問があったとする。これに対して，仕組みという点では，炭酸カルシウムでできているからとなる。発生という点では，産卵される前に卵管において，1日近くかけて炭酸カルシウムの殻が形成されるからとなる。機能という点では，破壊や乾燥を防ぐためとなる。系統という点では，炭酸カルシウムでできた卵殻を獲得した祖先の爬虫類からその特徴を受け継いだためとなる。

これら4つの視点は，動物の行動への疑問に対する答えとして示されたが，様々な生物の特徴を考察する上で，これらの視点は有用である場合が多い。このように生物学では，生物の関わる様々な現象について，多様な視点から探究することが可能である。

1.3　生物学の方法

生物学も他の自然科学と同様に仮説を立て，その検証を行う。検証の方法にはいろいろあり，実験によるもの，観察によるもの，理論的に数式を作成するもの，コンピューターを用いた仮想実験などもある（図1-4）。いずれにしろ客観的に測定可能なことだけを検証することができる。また，測定された値に対しては，統計的な処理を行い，統計的な有意性の有無についての検証も必要である。そして，再現性も求められる。これは，ある人の得た結果が，別の人が同じ方法で検証した時にも再現できる必要があることをいう。

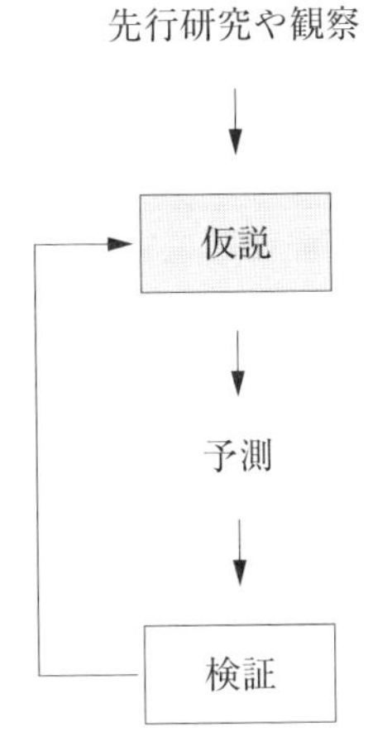

図1-4　科学的方法

実験は予測を検証する手段であり，起こった自然現象を再現することではない。例えば，ある生物が5億年前に生存していたという仮説を検証する際に，5 億年前に戻って調べることはできないし，現在にそのような生物を出現させることもできない。化石や現存する生物の遺伝情報などを用いて推測するという検証ができるだけである。このような推測も科学的な方法の一つである。

DNA の構造も実物を見たかのような模型が作られているが，実際に DNA の二重らせん構造を見ることはできない。X 線などを利用して，この場所にこの原子があるという測定結果から構築したものである。したがって，その対象によっては，たとえ仮説を支持する実験結果を積み重ねたとしても，仮説は確からしいといえるだけといった場合もある。

1.4　科学と技術

生物学は自然科学の一分野であり，その対象は物理学や化学と異なるが，手法は基本的に類似したものである。そして，探究している事柄も自然現象の解明にある。このことを疑問に思う人もいるであろう。科学は人類のために何かをすることではないのかと。しかし，科学という言葉にはそのような意義や目的はない。科学とは，対象を客観的な方法で探究することであり，人類のために何かをすることではない。それはむしろ技術である。技術は科学の原理を応用して，様々なことを行う術(すべ)や技(わざ)である（図 1-5）。こちらも人類のために役立てるという意味ではないが，利用を前提としたものである。このように科学と技術は，対象や探究の方向が異なっている。しかし，相反するものではなく，科学を利用するのが技術であり，技術を利用し科学が発展する。よって，科学技術という言葉は，自然科学的な技術あるいは科学と技術を意味し，科学そのものとは少し意味が異なる。

このように科学という言葉自体には，自然現象の知識の蓄積やその体系化以上のものはない。よって，科学に対する評価として，今の生活に

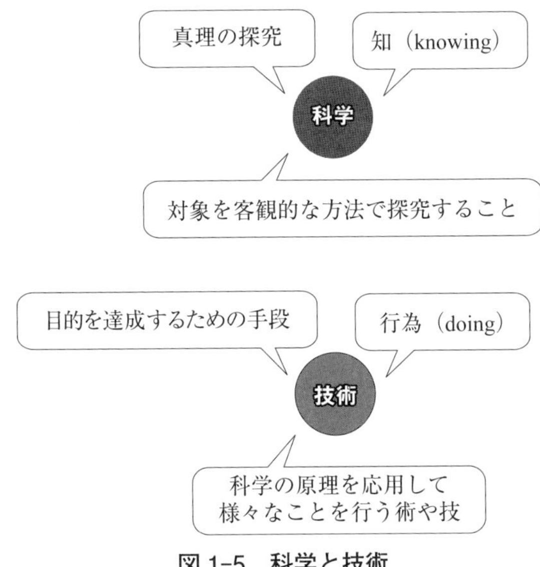

図 1-5　科学と技術

役に立つかどうかは，含まれていない。つまり，科学的な価値は，役に立つかどうかという価値とは異なっている。ただし，科学が役に立たないものというわけではない。それは，科学の成果を利用したものが身近にあふれていることからもわかるであろう。したがって，科学的にも価値が高い成果は，役立つはずである。むしろ，どう役に立つのか，あるいはどう役立てるのかがわかっていない，という点を検討するべきであろう。

研究成果や発見，発明に対して，それが何の役に立つのかという質問は，18 世紀からなされている。その際の答えとして有名なものがいくつかあり，その一つは「生まれたての赤ん坊が何の役に立つ？」という答えである。生まれた子どもが将来何の役に立つかはわからないように，科学の発見や発明も生まれた時には何の役に立つのかわからないものが多い。そして，より根源的で重要な発見ほど，利用できるまで時間がかかる傾向にある。生物の遺伝情報であるDNAが発見されたのは1869年だが，生体内でのDNAの役割を初めて示したエイブリーらの研究でさえ，その発見から75年後（1944年）である。さらに，遺伝子組換え生物を作製できるようになったのは100年以上経た後である。このように科学の発見や発明は，人の一生の長さを超えて初めて，人の生活に影響を与える場合もある。

現代社会では，科学の成果に対して役に立つことが求められる，あるいはそのようなものの評価が高まる状況が一部に見られる。それも重要なことであるが，すべての科学に対して，“今”役に立つことを求めるなら，そのような科学しか発展しないだろう。そうすると，100年後にその後の科学の趨勢を担うような研究は誰も行わなくなる。これは将来に対する投資をせずに，現在にのみ投資をするようなものである。これでは，技術の基盤となる科学の知識が枯渇し，新たな発明や発見だけでなく，新たな技術も生まれなくなる。一方で，100年後のみを見ていても発展しないので，バランスをとることが大切であろう。

1.5　科学と倫理

科学と倫理の関係も，科学と技術の関係のように，よく誤解される部分がある。それは，科学が倫理的に正しい，というものである。科学の目的は自然現象の解明にあり，その結果はこれまでの価値観と矛盾することもある。しかし，コペルニクスの地動説やダーウィンの進化論が示すように，その時代の特定の価値観と一致しないからといって，その現象が起こらなくなるわけではない。つまり，科学自体と倫理とは別物である（図1-6）。一方，科学を行うのは人であり，使うのも人である。よって，科学をどう行うか，どう使うかという点に関しては，倫理に

科学と倫理

科学的知見と倫理は相反することもある。
科学的知見だけでは善悪を判断できない。

科学者と倫理

科学者は社会倫理に沿った判断と行動を
なすことが求められる。

図 1-6　科学と倫理

沿った振る舞いが求められる。科学の成果を使わない人はいないので，誰もが求められるものであるともいえる。

例えば，自動車の運転も科学の利用であり，それを悪用することは許されない。現に自動車の運転には一般的に免許が必要であり，規則に違反した場合，状況によっては免許が取り消される。自動車に問題があるのではなく，それを利用する人に責任があるというルールになっている。自然科学に対してもそのようなルールが決まっていることもある。例えば，遺伝子組換え生物の作製に関しては，1976 年にアメリカのアシロマで行われた会議（アシロマ会議）において，遺伝子組換え技術を用いた実験の規制に関する議論がなされた。そして，その議論をもとにアメリカや日本では組換え DNA 実験のガイドラインが制定された。また，2003 年には，カルタヘナ議定書において遺伝子組換え生物等の移送や利用に関する手続きなどが定められ，多くの国がこの議定書を批准し，カルタヘナ議定書に基づいて自国の遺伝子組換え生物等の移送や利用に関わる法律などを制定している。

一方で，新たな発明や発見がどのような形で倫理に抵触するのか，あるいは人々に災いをもたらすのかは，予測が難しいことも多い。よって，既存のルールを守れば済むわけではなく，今後起こりうることを日々検討しなければならない。そうはいっても，利用してみたら想像もしなかった問題点が生じる可能性があるので，世界や国のルール作りだけでは追いつかず，個々人が判断することが必要になる。その判断の根拠となるのは，科学が積み重ねた知見である。

ただし，インターネットのみならず，放送や書物においても，根拠のはっきりしない健康や生活に関わる情報が氾濫している。そのようなものに惑わされないためには，各々が教養として，基本的な科学の知識，適切な情報を探す方法，それらをもとに論理的に考える力を身につけておくことが大切である。

1.6 まとめ

生物学が対象としているものは，**生きているもの**と**生きていること**である。地球上の生き物は多様である。その一方で，生き物の内部の仕組みや構造には様々な共通点がある。これら，生物の多様性と共通性という見方も重要である。また，生命現象の原因について，仕組み，発生，機能，系統などの様々な視点からアプローチするのが生物学の特徴である。生物学も他の自然科学と同様に，検証できる仮説のみ，その対象とすることができる。科学的な成果はすぐには役に立たないものもあることや，その時代の倫理観とは矛盾することがあるといったことも，社会の中の科学あるいは生物学としては，検討すべき課題である。

参考文献

［1］A. Singh-Cundy, M. L. Cain『ケイン生物学　第 5 版』上村慎治・監訳，東京化学同人，2014.

［2］Eric J. Simon, Jean L. Dickey, Kelly A. Hogan, Jane B. Reece『エッセンシャル・キャンベル生物学　原書 6 版』池内昌彦，伊藤元己，箸本春樹・監訳，丸善出版，2016.

［3］Bruce Alberts, Karen Hopkin, Alexander Johnson, David Morgan, Martin Raff, Keith Roberts, Peter Walter『Essential 細胞生物学　原書第 5 版』中村桂子，松原謙一，榊佳之，水島昇・監訳，南江堂，2021.

［4］Sylvia S. Mader, Michael Windelspecht『マーダー生物学』藤原晴彦・監訳，東京化学同人，2021.

2 生物の特徴

二河成男

《目標＆ポイント》 生物学を学ぶ上で，初めに生物とは何かということを考える必要がある。例えば，生まれる，生きているなど，生物の本質のような言葉であっても，それを生物以外のものに対しても用いることが一般的に行われる。「新たな技術が生まれる」とか，「伝統が今も生きている」などといった形である。生まれるものは生物である，生きているものは生物であるとしてしまうと，あらゆる事象が生物学の対象になってしまう。本章では，生物の特徴から，生物とは何かということを考える。

《キーワード》 自己複製，代謝，環境応答，細胞，恒常性，集団，環境

2.1 生物がもつ特徴

生物は，英語では **organism** という。organize は，日本語では「まとめる」「組織する」といった意味になり，英語の organism をそのまま日本語に訳せば「組織体」となる。つまり，組織されているのが生物だともいえる。一方で，日本語では，まさしく生きている物を**生物**と定義しており，見方が少し異なる。組織というと中身の構造が想像され，生物というと継続的な活動が想像される。ただし，現在では組織という言葉は，人間社会や物質の自律的な構造（雪の結晶）などにも使われており，生物の特徴ではあるが，生物独自の特徴ではない。

では，生物独自の特徴とはどのようなものか。それは生物の定義に見てとることができる。まずは，現在よく使われている生物の定義から見

ていこう。その一つは，“**自己複製**”するものである。ただし，これだけでは，生物や organism という言葉を説明できるものではない。生物は確かに自己複製の機能をもつ。しかし，これは生物の一部の特徴を表すだけである。また，生物以外にも，自己複製によって作られたような同じ構造が反復した物体は存在する。泡や燃える炎などは，物理化学的には自己複製しているわけではないであろうが，泡の元となる液体や燃焼する物質があれば，継続して類似の形や状態が増殖，あるいは維持される。

このように 1 つの性質だけで，これが生物だと示すことは難しい。そのため，いくつかの広く生物に普遍的に見られる特徴をもとにして，生物を生物以外と区別することが一般的である。このような生物独自の特徴としては，自らのコピーを作る**自己複製**，外部からのエネルギーを利用して自身に必要な物質を作り出す**代謝**，外部環境の状態を把握し適切な対応を行う**環境応答**が挙げられる（図 2-1）。

これらの特徴をもつものを生物とした時に，生物に共有される性質もある。例えば，**細胞**からそのからだができていること，子が親に似るという**遺伝**の仕組みをもつこと，それを DNA という物質によっていること，**種**や**生物群集**といった集合体を形成すること，合成するエネルギーの形態や個体を構成する化学物質の共通性などである。

以上のように生物には独自の特徴がある。本章では生物の特徴について，その基本的な部分を紹介する。より詳しい内容については，その後の章で丁寧に説明する。

2.2　自己複製（詳しくは第 7 章を参照）

生物独自の特徴を 1 つ示せといわれれば，まずこの**自己複製**が挙げられる（図 2-1）。自己複製とは，自分自身と同一の“複製”を作り出すことである。動物や植物のような比較的からだが大きい生物は，卵やそ

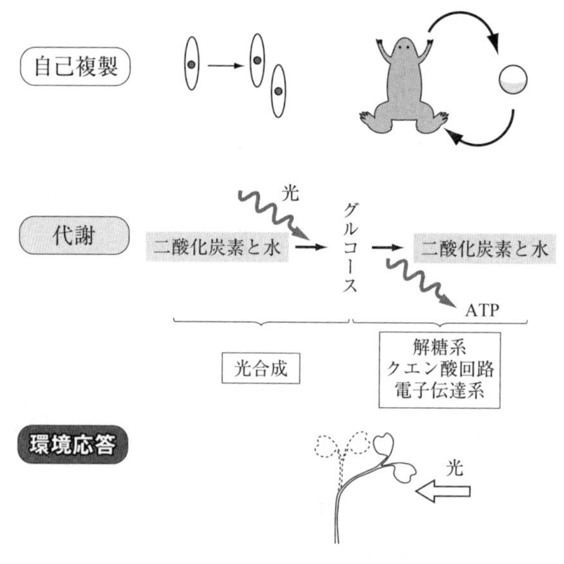

図 2-1　生物の特徴

れに類するものを作り，それが成長することによって“複製”が完成する。酵母や大腸菌のように 1 つの細胞（小さな袋状の構造）からなる生物では，そのからだである細胞が分裂して，2 つになることによって自己複製を行う。そして，新たに作られた“複製”が，さらに“複製”を作り出すことによって増殖していく。

地球上の生物はすべて，自己複製を行っている。このような自己複製によって，比喩ではなく言葉どおりの意味で，カエルの子はカエルになる。トンビがタカを生むようなことはない。何度も自己複製を継続しても，基本的に同一の“複製”を生み出す。これを可能にする仕組みが**遺伝**である（図 2-2）。

遺伝とは親の特徴が子に伝達される現象である。この遺伝において親から子へと受け渡される情報を遺伝情報という。遺伝情報には，各生物

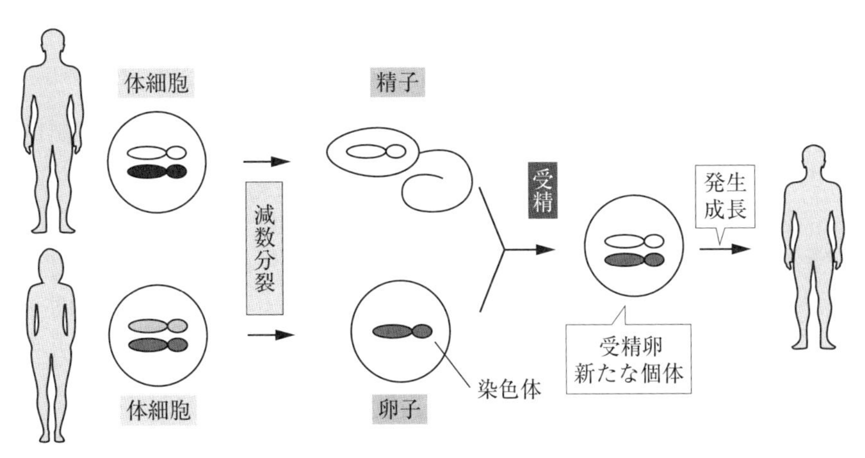

図 2-2　遺伝：親から子への染色体（DNA）を介した遺伝情報の伝達

のからだができる，あるいは成長していく上での設計図となる情報が含まれている。さらに，日々の活動に必要な物質を作り出すことも遺伝情報に制御されており，生物が生きていく上で不可欠な存在である。この遺伝情報は，DNA という化学物質に記されている。これについては**第10章**で説明する。自己複製の際に遺伝情報も複製され，子（“複製”）に伝達される。大腸菌や酵母の場合，分裂して生じた“複製”に，元のからだ（親）がもっていたものと同じ遺伝情報が伝達される。元のからだと“複製”のからだは同一の設計図をもつので，遺伝的に同じからだとなる。大腸菌や酵母では，1つの細胞が“からだ”となるので，上記の表現のからだを細胞に置き換えて，親の細胞の遺伝情報が新たに生じる2つの子の細胞に伝達される，と説明した方がわかりやすいかもしれない。

そして，このような遺伝情報の伝達を伴う自己複製は動物や植物でも同様である。動物の場合，一般的に子には母親と父親がいる。この場合，子はその遺伝情報，つまり設計図のセットを母親，父親，それぞれから受け取る。よって，設計図のセットを2組もつことになる。ただし，各親は子に設計図のセットを1組分だけ伝達するので，何代続いても個体がもっている設計図のセットは2組分である（図2-2）。

この設計図の伝達のおかげで，生物の自己複製は正しく行われ，親と同じ特徴をもった子が複製される。設計図の複製を間違えると，複製されたからだは元のからだとは少し異なったものとなる。生物の設計図は少しぐらい元と違っていても，多くの場合おおよそ正しく機能するので問題ないが，場合によっては致死的な変化も起こる。

ただし，設計図があれば自己複製が起こるわけではない。動物や植物の場合，卵がもつ設計図からからだを作り出さなければならない。このような自身のからだを構成する構造を自身で作り出すのが生物らしい特徴である（第10章を参照）。そして，この生物のからだは種々の化学物質から構成されているが，それらも生物自身が作り出したものである。しかし，生物は何もないところから物質を作り出すことはできない。周囲にある物質を利用して，自身に必要な物質を作り出す。これが次に説明する生物の特徴の一つ，代謝である。

2.3 代謝（詳しくは第8章を参照）

代謝とは聞きなれない言葉であろう。新陳代謝という言葉なら，聞いたことがあるかもしれない。こちらは古いものが次第に新しいものに置き換えられることをいう。代謝はより生物に特化した意味をもっているので，区別して覚えてもらいたい。代謝を説明する前に，生物のからだが何からできているか，紹介しよう。

生物のからだは**細胞**でできている。では，細胞は何からできているかというと，**化学物質**からできているといえる。化学物質はいずれも**元素**

表 2-1　ヒトのからだを構成する元素（質量比）

元素	質量比	主としてどのような分子に含まれるか
酸素	61	体内で合成されるほとんどの分子と水
炭素	23	体内で合成されるほとんどの分子
水素	10	体内で合成されるほとんどの分子と水
窒素	2.6	主にタンパク質と核酸塩基
カルシウム	1.4	骨，歯の構成分子，イオンとして存在
リン	1.1	核酸のリン酸基，骨の構成分子
カリウム	0.3	イオンとして存在
硫黄	0.2	アミノ酸（システインとメチオニン）
塩素	0.2	イオンとして存在
ナトリウム	0.2	イオンとして存在

から構成されている物質である。皆さんも，水素，酸素，炭素といった元素はよく知っているであろう。これら以外に鉄や硫黄なども元素である。生物のからだはこのような元素からなる化学物質からできている。ただし，生物のからだは，炭素，酸素，水素，窒素などの特定の元素を高い割合で利用している（表 2-1）。

生物のからだを構成する物質の多くは，分子という複数の元素（原子）からなる化学物質である。生物のからだを構成する主な分子は，**水**，**タンパク質**，**脂質**，**糖**，**核酸**である（表 2-2）。生物はこれらの分子を自ら他の分子を用いて合成するか，栄養として外部から摂取する必要がある。

では，生物はどのようにしてある化学物質から別の化学物質を作り出しているのであろうか。生物のからだの中に特別な仕組みがあるわけではなく，**化学反応**によって作り出している。生物の体内で起こる，生物

表 2-2　細胞内の分子

細胞内の分子	特徴
水	・細胞内での化学反応の場を提供
タンパク質	・細胞内の生命活動を実際に行う機能分子
脂質	・水に溶けにくい分子の総称 ・細胞膜の主要成分やホルモンの役割等も
糖	・生体内でのエネルギーの貯蔵や運搬 ・細胞間の認識や細胞内部の保護
核酸	・DNA，RNA などの遺伝情報とその発現に関与 ・エネルギーに関わる ATP も
イオン	・細胞内の電位の調節やタンパク質の活性制御等 ・正確には分子ではない

の生存や繁殖に必要なこのような化学反応が代謝の本質である。ただし，代謝の定義は，体内の化学反応ではない。代謝とは，**体内に取り込んだ化学物質から生存や繁殖に必要なエネルギーを取り出すこと**，**それらの物質から他の必要な化学物質を生産すること**，そして**不要な化学物質を分解し，排出できるようにすること**である。この 3 つが代謝のはたらきである。このような代謝は生物だけに見られる特徴である。

2.4　環境応答（詳しくは第 9 章を参照）

生物独自のもう 1 つの特徴は，環境の変化に対する応答である。環境から影響を受けるのは，生物でも物質でも同様である。しかし，生物の場合は，環境からの影響を補うようなことを行う。例えば，魚は水の流れに逆らって泳ぐことができる。植物は季節の変化を感じて，花を咲かせたり，紅葉したりする。酵母や大腸菌でさえ，温度が下がれば自然と活動を低下させる。このように環境の変化に対して，生物の種類ごとに

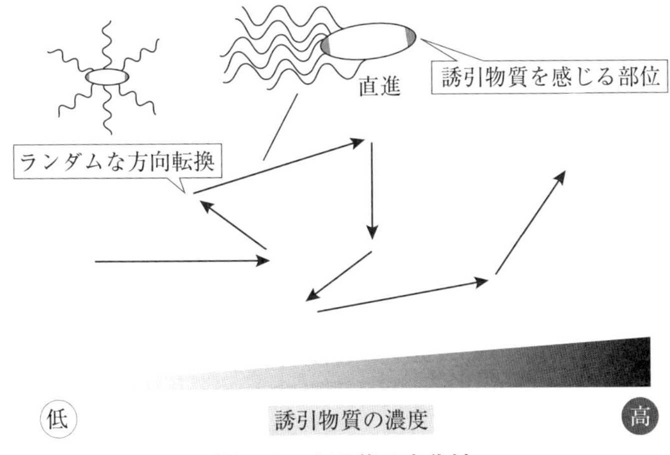

図 2-3　大腸菌の走化性
誘引物質の濃度が低い方向に移動するとランダムな方向転換の頻度が上がる。誘引物質の濃度が高い方向に移動すると方向転換の頻度が下がり，直進性が高まる。

様々な応答を行う。

環境の変化に応答するためには，それらを感知する必要がある。生物は，そのためのセンサーをもっている。センサーといっても機械ではなく，自ら作り出した**受容体**という構造である。各生物は自身が利用するセンサーの設計図を遺伝情報として保持している。大腸菌であれば，自身に必要な栄養，適切な温度，適切な pH，酸素濃度のセンサーをもち，センサーと連動して移動の方向を変える仕組みをもつ（図 2-3）。つまり，センサーで環境の変化を感じて，それに応答して運動の方向を変えるのである。動物であれば，受容体は眼や耳などの感覚器官の内部にあり，感覚器官の様々な構造（レンズや鼓膜）がその受容体のセンサーとしての機能を高めている。

このような**環境応答**の原理は，センサーや応答の仕組みに違いがあっても，基本的に生物共通である。ヒトの場合も，**視覚**，**嗅覚**，**味覚**，**聴覚**，**触覚**などの**感覚**があり，それらをもとに様々な応答を行う。からだの一部を動かすといった目に見える応答から，体温を上げるなどの目には見えない応答まで様々である。

2.5 細胞と区画化（詳しくは第6章を参照）

生物は細胞という構造からできている。**細胞**からなるものを生物といってもいいかもしれない。細胞は，薄い膜で包まれた構造である。生物の種類によっては，その外側を分泌物（細胞壁）によって覆われているものもいる。大腸菌や酵母は，1つの細胞が1つの個体に相当する。一方，動物や植物は，細胞が多数集まって，1つの個体のからだを形成している。細胞1つであれば細胞膜が，多細胞であれば細胞が層状に集まった表皮によって，からだの内と外が明確に区別される（図2-4）。これによって，生物はその体内で様々な活動を行うことができる。

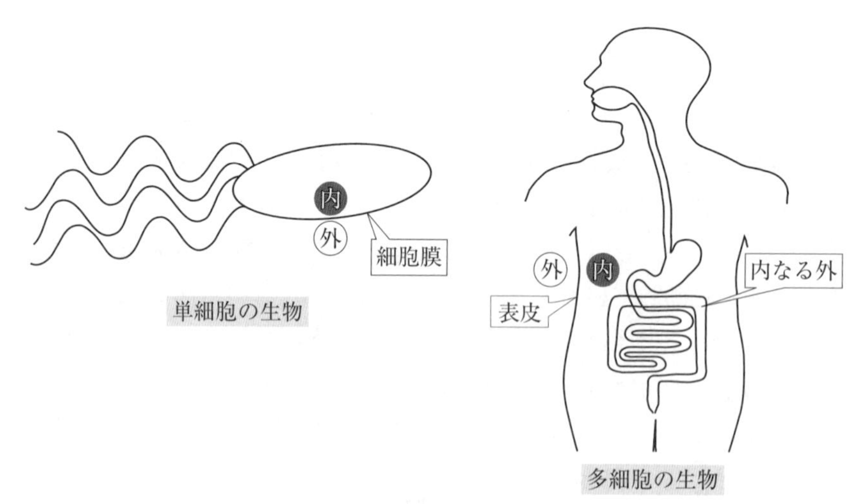

図2-4　生物のからだ：内と外

そして，この細胞が生命活動の場である（**図 2-5**）。自己複製も代謝も環境応答もそれが実際に起こっている現場は細胞の中や細胞そのものである。また，細胞の都合のいいところは，生物によらず類似した構造をしている点にある。現在のところ，細胞はその内部構造の違いにより大きく2種類——核のある**真核細胞**と核のない**原核細胞**（詳細は**第6章**）——に分類される。生物の種類によってどちらの細胞かが決まっており，例えば，動物や植物は真核細胞，細菌は原核細胞である。この2つの細胞の間には構造上の違いが多数見られる。一方で，自己複製や代謝に関わる部分はどちらの細胞も似た仕組みをもつ。また，生物の歴史的な変遷において，地球上の生物は共通の祖先に由来していることがわかっている。つまり，共通の祖先細胞にすべての生物は由来しており，それゆえ細胞の仕組みなど，生物の基本的な部分に共通性が見られる。

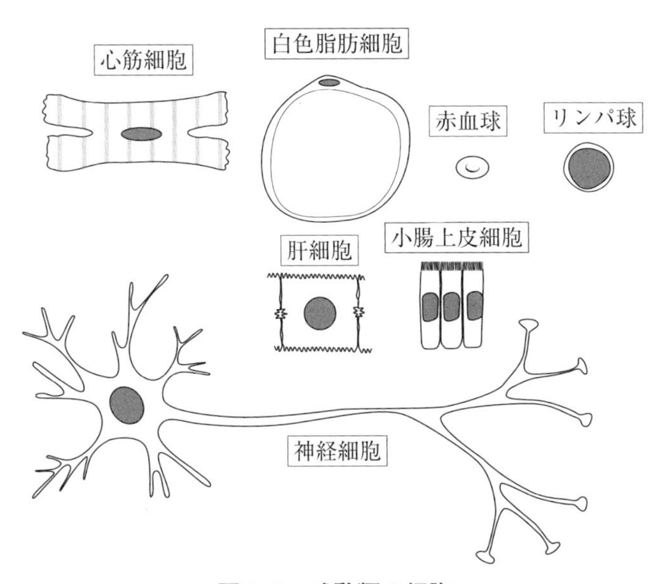

図 2-5　哺乳類の細胞

また，このような内と外を区別する利点は，外部の環境やその変化によらず，内部の環境を一定に保つことができる点にある。区画がなければ，内部で合成したものを保存しておくこともできない。細胞内で物質を合成するにしても，環境が変われば，安定して合成することも難しくなる。このような内部環境が一定に保たれている性質を**恒常性**という。これは細胞だけでなく，生物個体でも見られる現象である。あるいは，環境の維持なども一定の状態を保つという意味では恒常性と類似しており，様々な生命現象が広い意味での恒常性と関わっている。

一方で，内と外を区別すると，その境界を介した物質の輸送が難しくなる。しかし，細胞はこれを可能にする仕組みを，その膜の部分にもっている。これによって，生物は必要な物質を細胞内や体内に取り込み，不要な物質を排出することができる。これは動物や植物でも同様であり，動物であれば，腸の細胞で水分や栄養を内部に取り込み，そこから体内の他の細胞に輸送する。また，腎臓では血液から不要な物質を回収して排出している。植物であれば，根の先端で栄養や水分を吸収している。このように生物はからだの内と外を区別しつつ，必要な物質の取り込みと不要な物質の排出を行っている。

2.6　生物の集団（詳しくは第 11 章，第 12 章を参照）

生物の 1 個体 1 個体は内と外とを明確に区別しているので，からだが占める空間は多くの場合独立している。それは空間的に独立しているだけであり，完全に独立して他の生物と関わりなく生きていくことが可能な生物はいない。よって，関わり合って生きる生物個体を集団としてまとめると，それもまた物質の集合とは異なる生物独自の特徴を示す。生物個体の属する集団として，遺伝的な関わりをもつ集団と実際の生存に関わる集団とがある。前者は**種**（**生物種**）という集団であり，後者は**生**

物群集という集団である。そして，**個体群**という集団もあり，それは前者かつ後者の集団といえる（図 2-6）。

種は，同じ特徴をもつ生物の集団である。何をもって同じか違うかを示すことは難しい。よって，現在では「自然環境下で繁殖が可能な生物個体の集合」という**生物学的種概念**によって定義されている。動物であれば，自然環境下で雌雄が出会って，繁殖可能な子孫を残すことができる個体の集まりであり，植物であれば，異なる個体の花粉による受粉によって，雌しべに種子を形成できる個体の集まりである。例えば，ヒトは１つの種である。トラやライオンもまた各々1つの種である。一方，カメは複数の種を含むことになり，カメという種はない。

種という集団は時間とともに変化している。その一つは，種分化によって，１つの種が複数の種に分かれる変化である。“分かれる”というのは，２つの異なる個体群の間で繁殖ができない状態になることをいう。そういう状態になると，やがて両者の間で形や性質に違いが生じる。これは生物がもつ，進化するという特徴によっている（進化，種分化については**第５章**で詳しく説明）。

種という集団は，実際に生物が生活している単位ではなく，遺伝的な関係に対応している。種の中でも，ある地域で関わりをもって生息する集団を**個体群**という（**第 11 章**で詳しく説明）。こちらが，実際の野外で観察できる種の集団になる。個体群の中では，雌雄が出会って子孫を残したり，子育てや採餌を共同で行ったりするような協力的な関係もあれば，食物を巡って争うような競合的な関係もある（図 2-7）。

生物は上記のような同じ種間の関係だけでなく，他の種とも関係をもつ。動物なら他の生物を捕食することや，樹木などを住み処として利用することもある。植物も太陽の光だけでは生きていけず，根から水や必要な栄養を吸収している。根から吸収する栄養は，生物由来の物質であ

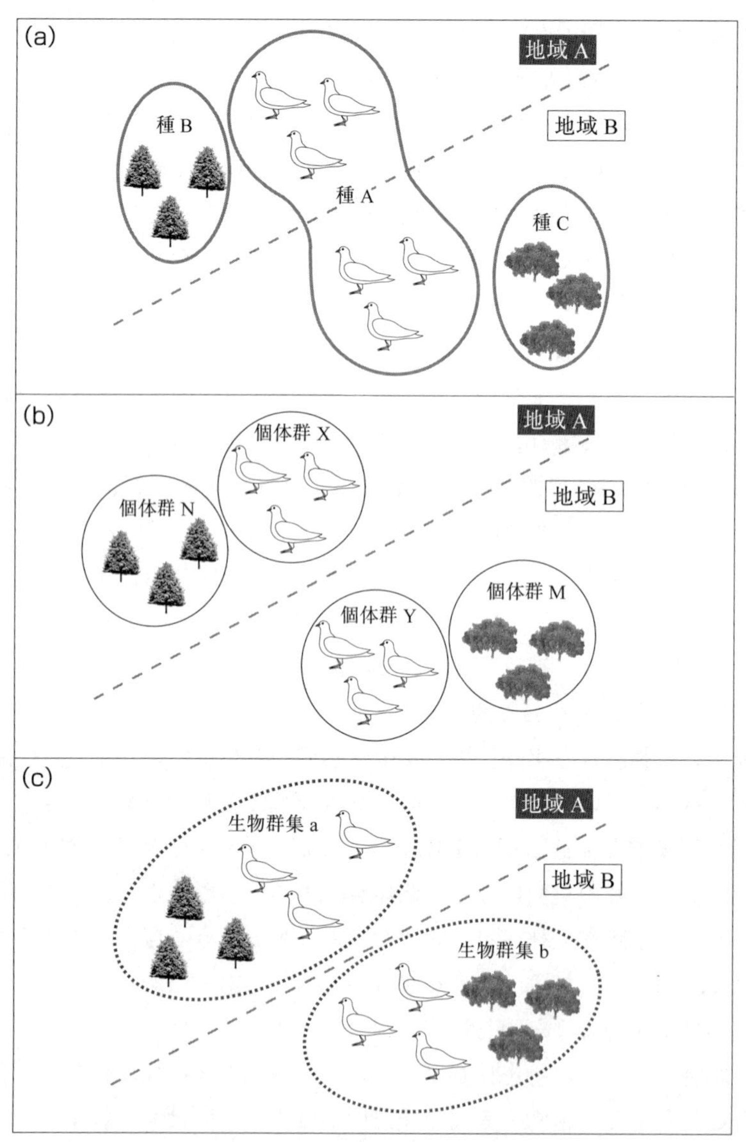

図 2-6　種（a），個体群（b），生物群集（c）

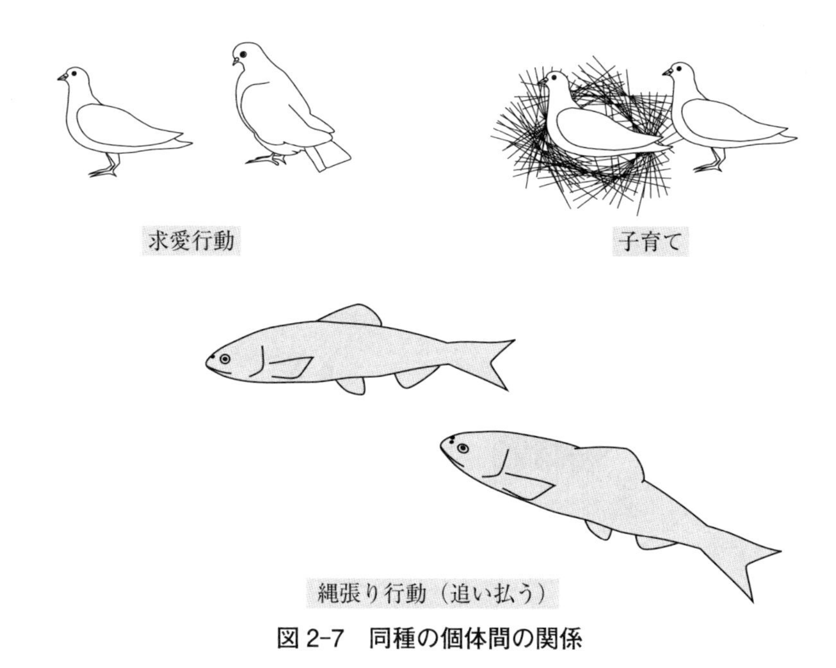

図 2-7　同種の個体間の関係

り，キノコやカビの仲間や，土壌にいる小さな動物たちによって，分解されたものである。このようにお互いに関係をもちながら，ある場所に生活している複数の種の個体の集まりを**生物群集**という（第 12 章で詳しく説明）。

2.7　生物と環境（詳しくは第 13 章，第 14 章を参照）

生物は，他の生物だけでなく，その暮らしている**環境**そのものとも切り離しては存在することができない。物質なら，宇宙空間でも他の惑星でも存在できるであろうが，生物（正確には現在の地球上の生物）はそのような環境では生活できない。その要因の一つは，先に示したように，生物は様々な生物との関わりの中でしか生きることが難しい点にある。

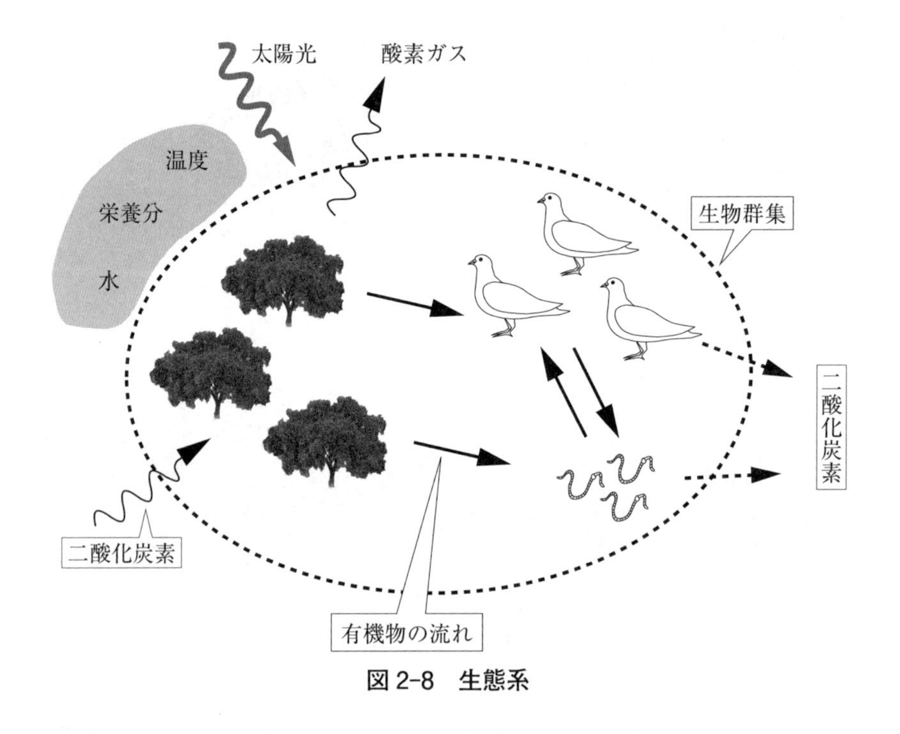

図 2-8　生態系

もう一つは，生物は環境を利用することによって生きているためである。生物の生存にはエネルギーが必要である。現在の生物は，それを他の生物を捕食するか，太陽からの光エネルギーを利用するか，海底から噴出する硫化水素やメタンのような化学的なエネルギーを利用することによって得ている。そのため，環境を利用せずには，地球上の生物は自らを維持することができない。また，生物のからだを構成する物質や，様々な反応に利用している物質も同様であり，それらを構成する炭素，酸素，水素，窒素などの元素も，直接あるいは間接的に環境から取得している。このような生物群集とその周りの環境をあわせた構造を**生態系**という（図 2-8）。

ここまでは，“環境”とひとまとめに説明したが，生物が暮らす地球の環境は実はきわめて多様である。地球規模の大きさを生態系と捉えるのは難しいが，ある一定の空間で多様な生物や環境を理解することも行われてきている。例えば，現在の地球環境は，自然の影響だけでなく，人間活動からも大きな影響を受けている。皆さんが暮らしているところを考えてみても，おそらくほぼすべての環境が人間活動の影響を受けている。特に都市近郊部では，宅地，公園，田畑，川や池，山林といった異なる環境が入り組んだ，複雑な環境が形成されている。このような生物の生存に必ずしも適しているとは思えないところでも，それを利用して生きている生物が存在する。この柔軟性も，生物の本質の一つであり，このようなランドスケープ的な見方も生物を理解する上で重要なことがわかってきている（第 14 章参照）。

2.8　生物の多様性

ここでは生物の共通点に着目してきた。このような共通点を理解することが，生物学を学ぶ上でも研究する上でも基本となるであろう。さらに，生物学を楽しむ上では，やはり多様性に着目したい。生物だけでなく，何かを集める時でも，全く同じものを集めたいと考える人は少ないであろう。多くの場合，庭にいろいろな植物を植えたいと考えるであろうし，食に興味がある人ほどいろいろなメニューを作ったり，食べたりしたいと考えるであろう。本書でも第３章と第４章ではそのような多様性にまずは着目する。地球上にはどんな生物がいるのか。そして，多様な地球環境にはそれぞれどのような生物が暮らしているのかという点から始める。

2.9 まとめ

生物独自の特徴として，自己複製，代謝，環境応答といった性質がある。そして，その構造を観察すると，生物はよく組織化されており，その典型は細胞である。細胞からなるものが生物ともいえる。そして，その細胞が，自己複製，代謝，環境応答を行う場となっている。生物個体が作り出す集合体としての構造として，種がある。また，生物個体が実際に生きている環境では，個体群，生物群集，そして生態系といった構造が形成されている。

参考文献

［1］A. Singh-Cundy, M. L. Cain『ケイン生物学　第5版』上村慎治・監訳，東京化学同人，2014.

［2］大森徹『カラー版　忘れてしまった高校の生物を復習する本』中経出版，2011.

［3］Eric J. Simon, Jean L. Dickey, Kelly A. Hogan, Jane B. Reece『エッセンシャル・キャンベル生物学　原書6版』池内昌彦，伊藤元己，箸本春樹・監訳，丸善出版，2016.

［4］D. サダヴァ・他『カラー図解　アメリカ版　大学生物学の教科書　第5巻 生態学』石崎泰樹，斎藤成也・監訳，講談社，2014.

［5］Sylvia S. Mader, Michael Windelspecht『マーダー生物学』藤原晴彦・監訳，東京化学同人，2021.

3 多様な生物の世界

加藤和弘

《目標＆ポイント》 現在の地球上には，多様な生物が生息している。本章では，現在の地球上の生物を網羅するための分類体系（大分類）について，その歴史的な変遷とともに紹介し，今日どのような生物が知られているのか，その体系の中で我々が日頃慣れ親しんでいる生物はどこに位置づけられているのかを確認する。その上で，異なる生物の間で何が違うのかを概観し，生物が多様であることの一つの表れとして，生物の大きさに種間で大きなばらつきがあることを理解する。

《キーワード》 大分類，ドメイン，界，古細菌（アーキア），真正細菌，真核生物，原核生物

3.1 地球に生息する多様な生物

現在，地球上に生息する種のうちで，その存在が知られているものの数は，およそ175万[1]，およそ190万[6]などとされる。環境省[1]によれば昆虫が約95万種で最も多く，次いで多いのが維管束植物（種子植物とシダ植物の総称）の約27万種である。比較的身近な生物である鳥類は約9,000種，哺乳類は約6,000種が記載されている。これらに加えて，まだ見つかっていない種が相当な数あると考えられている。記載済みの種を含めた地球上の生物の総種数には諸説があるが，おおよそ500万から3,000万種とされる[1]。様々な推定の中で比較的最近のものとしては，Moraら[9]が，約870万種という値を示しているが，従来の推定法では考慮されない未知の微生物が膨大にいるとして，全生物で20億

種に達するという推定もある（**コラム 3-1**）。

ここで，**種**とは何か，ということが問題になる。一般に，種とは互いに生殖可能な個体の集団である，という考え方が基本とされる。しかし，実際に野生生物の生殖可能性を確認することは困難である。そこで，外部形態や内部の解剖学的な特徴が類似している個体の集団を種と認めるという**形態分類**が，しばしば用いられてきた。

最近では，分子生物学（あるいは分子遺伝学）の手法により明らかにされる DNA あるいは RNA 上の**塩基配列**（以下，本章では単に塩基配列と略記する）の類似性が重視されるようになり，従来の分類に対する再検討が進められている。その結果，かつては独立した種として認められていた集団が他の種と同じものとされたり，1 つの種に属するとされていた生物が複数の種に分けられたりもしている。種間の類縁関係，系統関係についても，見直しが進んでいる。

ともあれ，まだ人間がその存在を把握していないものも含め，膨大な数の生物種が地球上に存在していることを，まずは理解していただきたい。

3.2　生物の大分類

3.2.1　生物の大分類とその変遷

地球上の生物の種数を説明するにあたり，昆虫，維管束植物というように，類似の生物を大くくりにしたまとまりごとに，そこに含まれる種の数を示した。このような，複数の種をまとめるグループにはいくつもの段階（**分類階級**）が存在する。種のすぐ上のまとまりは**属**，その上は**科**とされている。例えば，昆虫は「昆虫綱」，鳥類は「鳥綱」という上位のまとまり（**綱**）に対応している。もちろん，日常に意識されるような生物のまとまりが常に綱に対応するわけではない。維管束植物は維管束（水や栄養分などを植物体内で輸送する管のような役割をする組織）

コラム　3-1　地球上の生物種の数

地球上の生物種の数の推定値は，2010年代の半ば頃までは，およそ500万から3,000万種といったあたりで落ち着きそうな様子だった。しかし，こうした推定は，特に微生物について過少ではないか，という疑問があった。Larsenら[8]は分子生物学的な知見や昆虫とバクテリアの関係に基づく推測により，地球全体で20億種の生物がおり，うち70～90%がバクテリアであろう，という見解を提示している。古細菌についてもなお未知な点が多く，深海や大深度の地下などから古細菌が次々と見つかっている現状から，こちらも多数の種が人間に知られることなく生息している可能性がある。

地球上に現に生息していることがわかっている種については，正しく数を示せるかというと，そうでもない。研究者により，正式に記録されていると判断する基準が異なることと，分類学的研究，とりわけ近年の分子生物学的知見に基づく分類の進歩と見直しに伴い，新たな種の発見や既存の種の再検討が進んでいることに理由がある。

例えば，Moraら[9]は，“Catalogue of Life”というデータベースに基づいて算出し，同時代の他の文献よりも少なめの値を示したが，本稿執筆時には同データベースの値は下の表のように変わっている。年々新たな種が登録されているということであろう。

表　地球上に生息する「既知」の生物種数の文献による違い

	Catalogue of Life database※1	Moraら[9]	Chapman[6]
脊索動物	1,491,656	953,434	64,788
無脊椎動物			1,359,365
植物	378,416	215,644	310,129
菌類	154,537	43,271	98,998
クロミスタ※2	62,524	13,033	～66,307
原生生物	2,616	8,118	
原核生物	バクテリア 9,980 アーキア 377	10,860	
合計	2,100,106	1,244,360	～1,899,587

※1：https://www.catalogueoflife.org/（2023年6月29日閲覧，speciesの値を抜粋・引用）
※2：本章の脚注4を参照。よく知られた生物では，珪藻や褐藻などがここに含められる。

をもつ植物の総称で，シダ植物，ヒカゲノカズラ植物，種子植物（被子植物と裸子植物）がここに含まれる（p.55 も参照）。この維管束植物全体を 1 つの**門**（綱のさらに上の分類階級）とする見方がある。先に例示した昆虫は，エビ，カニなどの甲殻類や，クモ，ダニなどとともに節足動物門に，鳥類は哺乳類，両生類などとともに脊索動物門に，それぞれまとめられている。生物多様性の全体像を理解するためには，現在見られる生物の類縁関係を，こうした大きなまとまりを用いて考えることが有効である（**コラム 3-2**）。

人間は古くから，人間以外の生物と様々な関わりをもって暮らし，個々の種類の生物に対して名前をつけてきた。その一方で，生物を大きなグループに分類する試みもなされてきた。この大きなグループ，あるいはそれに分けることを，**大分類**と呼ぶ。

紀元前 4 世紀頃のギリシャの哲学者**アリストテレス**は，生物を，運動能力をもつ動物とそれをもたない植物に大別した。その際，菌類は運動能力をもたないため植物とされた。この考え方は，顕微鏡が発明され★1，微小な生物が多数かつ普遍的に存在することが明らかになるまで維持された。

19 世紀に**エルンスト・ヘッケル**は，これら微小な生物を**原生生物**と呼ぶことを提案し，さらに，この原生生物は動物，植物と並ぶ大きなグループを作るものと見なした。この考え方が，生物全体は**動物界**，**植物界**，**原生生物界**（プロチスタ界）の 3 つから構成されると考える **3 界説**である。

ロバート・ホイッタカーは，1969 年に **5 界説**を提唱した。この説では，生物全体を，①光合成により有機物の生産を行う多細胞生物をまとめた植物界，②他の生物を摂食する多細胞生物の集合である動物界，③有機物の分解を行う多細胞生物を集めた**菌界**，④単細胞生物のうち原核生物である**細菌**（バクテリア）などをまとめた**モネラ界**，そして⑤単細胞生物のうち

★ 1 ――顕微鏡の発明は 16 世紀末で，17 世紀には，ガリレオ・ガリレイやロバート・フックらが顕微鏡観察の記録を残している。

コラム 3-2　生物の分類体系

生物の分類の体系では，上位から下位に向かってドメイン（超界 domain），界（kingdom），門（division），綱（class），目（order），科（family），属（genus），種（species）という階級が設けられている。これらの中間的な階級が用いられる場合もある

種の下の階級として，亜種（subspecies），変種（variety），品種（forma）などが使われることもある。同じ種とされる生物の集団の中で，形態的特徴が異なるグループが認められる場合，これらの階級に当てはめられる。

それぞれの階級には通常，複数のグループが設けられる（時に1つだけのこともある）。例えば，イヌ科に含まれる属であれば，イヌ属のほかにキツネ属，タヌキ属，リカオン属などがある。この一つひとつのグループのことを分類群と呼ぶ。

表　伝統的な分類体系における主な分類階級

階級名	イヌの場合
ドメイン（超界）domain	真核生物 Eukaryota
界 kingdom	動物界 Animalia
門 phylum（division）	脊索動物門 Chordata
綱 class	哺乳綱 Mammalia
目 order	ネコ目 Carnivora
科 family	イヌ科 Canidae
属 genus	イヌ属 *Canis*
種 species	タイリクオオカミ *Canis lupus*
亜種 subspecies	イエイヌ *Canis lupis familiaris*

真核生物であるものをまとめた原生生物界，の5つの界に分けた。

1977年になって，**カール・ウーズ**が分子生物学上のデータ，特に**リボソームRNA**★2の様相から，モネラ界をさらに**真正細菌界**と**古細菌界**に2分した**6界説**を唱えた。**真正細菌**と**古細菌**の区別については後述する。

★2――細胞内の，リボソームという微小な構造体にあるRNA。第10章を参照。

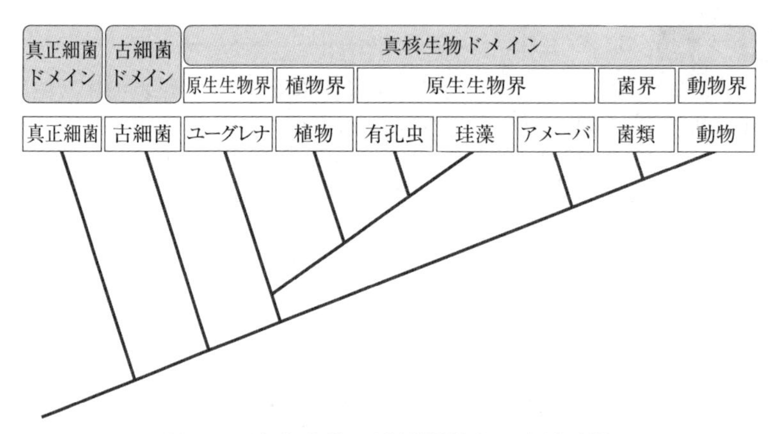

図 3-1　主な生物の系統関係を示す系統樹
古細菌，真正細菌，真核生物の関係については，少なくとも 3 つの考え方が提唱されており[3]，なお議論が続いている。真核生物ドメインの内部の系統関係については，現在新たな知見が急速に積み重ねられている。この図では，原生生物界は単系統群（**コラム 3-3** を参照）になっておらず，真核生物の系統樹の広範囲に原生生物界の生物が散らばっている。個々の分類群は単系統群であるべきという観点からすると，これは好ましい状態ではない。

ウーズはその後 1990 年に，生物界全体を真正細菌，古細菌，真核生物の 3 つの**ドメイン**に整理することも提唱した。相互に大きく異なるとこれまで考えられてきたグループ（**界**）の間の違い，例えば動物と植物の間の違いよりもさらに大きな違いが，真核生物，真正細菌，古細菌のそれぞれの間にあるとして，界よりも上位の分類であるドメイン（超界）を提唱したのである。**図 3-1** は，この時点で一般に認められていた主な生物の系統関係を表した**系統樹**である（**コラム 3-3**）。真核生物の中の生物群の間の違いは原核生物である細菌と古細菌の違い，あるいはこの両者と真核生物の違いよりも小さいことを，この図は示している。

それ以降，塩基配列の類似性の解析（分子系統解析），細胞の微細構

コラム 3-3　単系統群

最近の分類学的検討において重視されるのが，分類で得られるそれぞれのグループが単系統群であるかどうか，ということである。単系統群とは，ある共通祖先を仮定した場合，その子孫がすべて含まれ，かつ，そうでない生物は含まれないグループである。

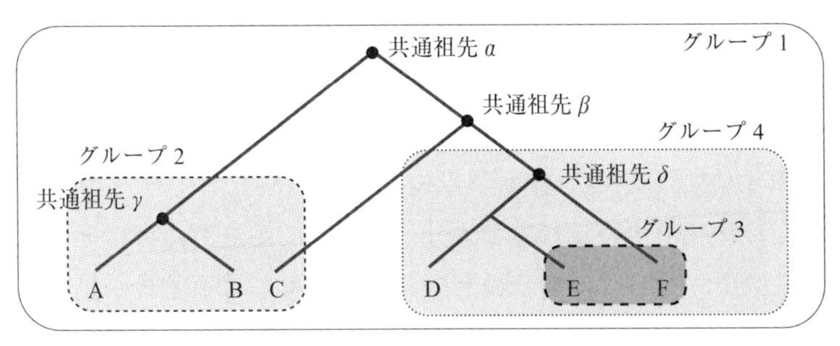

図　系統樹の例

上の図をご覧いただきたい。A～F の 6 種類の生物が系統樹に示されている。共通祖先 α を仮定した場合，A～F までのすべてがその子孫であり，かつ，共通祖先 α の子孫ではない生物はそこに含まれない。したがって，A～F からなるグループ（グループ 1）は単系統群である。では，A～C の 3 種類の生物からなるグループ 2 はどうだろうか。A，B だけであれば，γ を共通祖先とする単系統群と認められるが，C まで含めた場合，3 つの生物すべてに共通する祖先は α まで遡らないといけない。すると，D～F も含めなければ，単系統群にはならない。

同様に，E と F からなるグループ 3 は，単系統群ではない。D～F の 3 種類については，共通祖先 δ をもつ単系統群といえる（グループ 4）。C～F の 4 種類についても，共通祖先 β をもつ単系統群と見なせる。

造の観察，代謝経路の解明などの成果が生物の系統関係の検討に反映されるようになり，特に真核生物において活発な議論が行われている。1993 年にキャバリエ＝スミスが発表した **8 界説**では，ウーズの 6 界説の原生生物界を，ミトコンドリアをもたないアーケゾア界★3とそれ以外の原生動物界に分け，4層の膜で包まれた葉緑体をもつ生物をクロミスタ界★4に分けることで8つの界を設けたものである。その後，キャバリエ＝スミス自身がこの説を修正し，原核生物（古細菌，真正細菌）を細菌界にまとめ★5，アーケゾア界と原生動物界を原生動物界にまとめ直して★6，新たな6界説を示している。以上に示した生物の大分類のあらましを，**表3-1**に示した。

界による分類は，その構造が明瞭であり，生物の形態や特徴との対応をとりやすいことから，分類学以外の分野の研究者や研究者ではない人々にもわかりやすい。一方で，分子生物学的手法あるいはその他の最新の知見により得られる系統樹との間で，しばしば不整合が見られる。そこで，界のような既存の分類階級を用いずに新たな分類体系を構築しようという考えもある。真核生物については，**スーパーグループ**による分類が検討されている★7。

3.2.2 古細菌

メタンは，単純な構造の炭化水素であり，常温常圧では気体で大変燃

★3――ミトコンドリアをもたない真核生物がすべての真核生物の起源であり，その後ミトコンドリアをもつ真核生物が現れた，と考えた。

★4――葉緑体をもった真核生物が他の真核生物に共生した結果としてこのような構造が生じたと考えられている。

★5――古細菌は特殊化した細菌であると考えたため。

★6――進化の過程でミトコンドリアを失った生物もあると考えられるようになったため。

★7――国際原生生物学会が2005年に示した分類では，真核生物はオピストコンタ（動物と菌類），アメーボゾア（アメーバ類の一部，仮足の様態により分類），リザリア（同），アーケプラスチダ（植物，緑藻，紅藻など），クロムアルベオラータ（繊毛虫，渦鞭毛藻，クリプト藻など），エクスカバータ（鞭毛虫など）の6つのスーパーグループに分けられるとされた[2]。その後も検討が加えられ，これらのスーパーグループの一部は細分され，一部は統合されて新しいスーパーグループが提案されている[5]。

表 3-1　生物の大分類における「界」の変遷

<table>
<tr><th>考え方</th><th>2界説</th><th>3界説</th><th>5界説</th><th>6界説</th><th>3ドメイン説</th><th>8界説</th><th>6界説</th></tr>
<tr><td>提唱者（提唱年または時期）</td><td>アリストテレス（BC4世紀）</td><td>ヘッケル（19世紀）</td><td>ホイッタカー（1969年）</td><td>ウーズ（1977年）</td><td>ウーズ（1990年）</td><td>キャバリエ＝スミス（1993年）</td><td>キャバリエ＝スミス（1998年）</td></tr>
<tr><td rowspan="8">各説における界</td><td>動物界</td><td>動物界</td><td>動物界</td><td>動物界</td><td rowspan="6">真核生物ドメイン</td><td>動物界</td><td>動物界</td></tr>
<tr><td rowspan="2">植物界</td><td rowspan="2">植物界</td><td>植物界</td><td>植物界</td><td>植物界</td><td>植物界</td></tr>
<tr><td>菌界</td><td>菌界</td><td>菌界</td><td>菌界</td></tr>
<tr><td rowspan="5">（注）</td><td rowspan="5">原生生物界（プロチスタ界）</td><td rowspan="3">原生生物界</td><td rowspan="3">原生生物界</td><td>クロミスタ界</td><td>クロミスタ界</td></tr>
<tr><td>アーケゾア界</td><td rowspan="2">原生動物界</td></tr>
<tr><td>原生動物界</td></tr>
<tr><td rowspan="2">モネラ界</td><td>真正細菌界</td><td>真正細菌ドメイン</td><td>真正細菌界</td><td rowspan="2">細菌界</td></tr>
<tr><td>古細菌界</td><td>古細菌ドメイン</td><td>古細菌界</td></tr>
</table>

注：顕微鏡がなく，微生物の存在は知られていない。

えやすい。天然ガスの主成分であり，火山ガスにも含まれるが，生物によっても合成される。メタンを合成するのはメタン菌（メタン生成菌）と総称される**微生物**だが，この微生物は一般的な細菌とは塩基配列において大きく異なることがわかり，さらに脂質の構造や組成，細胞壁や細胞膜の構造や成分，リボソーム RNA の構造などにも特徴があることがわかった。そこで，同様の構造をもつ他の微生物とともに，**古細菌**と呼ばれる。では，なぜ「古」細菌としたのだろうか。

メタン菌は，酸素が存在する場所では生存できない。太古の地球の大気には酸素は含まれておらず，**シアノバクテリア**（**藍藻**）が出現して光合成を行うようになるまでは，地球上の広範囲においてメタン菌の生育に好ましい条件が成り立っていたと考えられる。この頃の大気の主な成分は二酸化炭素と水素であり，メタン菌はこの両者から何段階かの反応を経てメタンを合成する。実際に数十億年前の地球上には，メタン菌と同様のはたらきをもつ微生物が存在したと考えられている。

ウーズが1977年に古細菌を独立した界とすべきだと提案した際，他の細菌と異なるものとして認めていた生物がメタン菌であった。その際，太古の地球にもいたであろう細菌のような微生物ということで，この界の名前を古細菌とした。その後，遺伝情報（塩基配列）における特徴や，細胞の構造に関する特徴が共通する微生物が次々と見つかり，その中には超高温，強酸や強アルカリ，高濃度塩分といった極限的な環境に生育する**極限環境微生物**も多く含まれている。現在，海底や大深度地下の調査が世界各地で進められているが，そうした調査でも新たな古細菌が次々と発見されている。とはいえ，古細菌はそうした特殊な場所，極限的な環境条件の場所にのみ生育するものではない。先に紹介したメタン菌の場合，水田や湖底，海底などにも生息し，さらには牛の第一胃やシロアリの消化管の中にも見られる。

古細菌は真正細菌と大きさが類似し，さらに両者とも原核生物（図3-2）である点が共通するものの，それ以外の多くの点で異なることが今日では明らかになっている。その違いの大きさを考慮して古「細菌」の呼称を避けるべきだという意見もあり，**アーキア**とも称される（コラム3-4）。

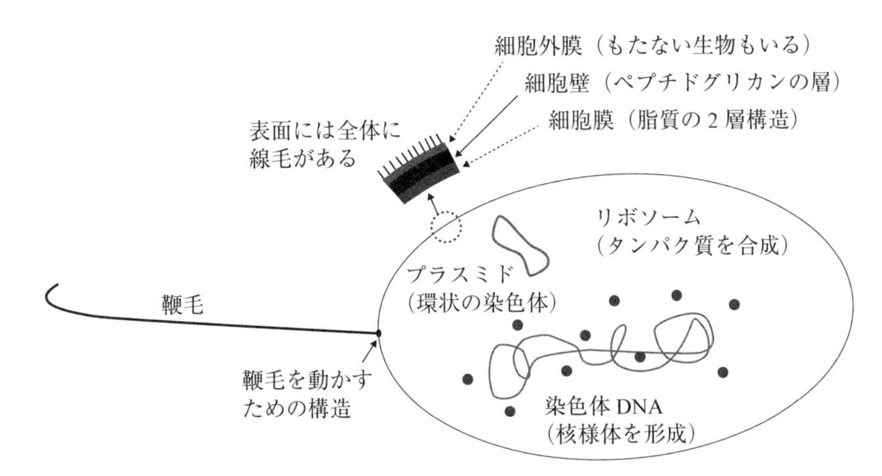

図3-2　原核生物の細胞の構造の模式図
細胞の構造は，古細菌と真正細菌とで顕著な差はない（したがって，簡便な模式図ではその差を表現できない）。細部を見ると，細菌の細胞膜は脂質による2層構造になっており柔軟性が高いが，古細菌の細胞膜は脂質の単層で強度が高い。細胞壁を作る成分やリボソームの構造も両者の間で異なる。プラスミドをもたない原核生物もいる（一部の古細菌など）。
原核生物の細胞はしばしば鞭毛をもつ。鞭毛自体には運動性がないが，鞭毛に回転力を与えるモーターのような構造が基部にあり，細胞膜を越えたイオンの移動に伴う電気的なエネルギーを回転力に変えて鞭毛を回転させる。

コラム　3-4　名は体を表さない

生物の名前を並べていくと，時によく似た名前があることに気づく。タチツボスミレとマルバスミレはどちらもスミレ属に属する植物の種に与えられた日本語の名（和名）であり，ツバメとイワツバメはどちらもツバメ属に属する鳥類の種に与えられた和名である。ところが，和名は経験的，慣行的につけられていることが多く，その結果，分類体系の上ではかなり離れた分類群に位置づけられる種に対して，類似の和名がつけられることがある。例えば，アマツバメ（アマツバメ目アマツバメ科）は，ツバメと名がついているが，ツバメ（スズメ目ツバメ科）とは「目」というかなり上位の階級で異なっている。

名称におけるこのような紛らわしさが，きわめて上位の分類階級において生じているのが，「菌」である。本章で取り上げた古細菌，真正細菌（バクテリア，スピロヘータなど，原核生物），菌類（カビやキノコの仲間，真核生物）は，どれも日常生活においてなじみが薄い小さな生物，という点では共通するかもしれないが，それぞれ別個のドメインに属する。生物学を学ぶにあたっては，取り上げる生物の分類を意識し，日本語の語感に惑わされることがないよう，注意したい。

3.2.3 真正細菌

生物の中には，単一の細胞がそのまま独立した生命体となっているものがある。これらを**単細胞生物**という。細胞1つの大きさは通常はごく小さいことから，微生物とほぼ同義である★8。ホイッタカーの5界説では，単細胞生物のうち原核生物がモネラ界に，真核生物が原生生物界に分類されていた。

原核生物とは，明確な境界（核膜）をもった**細胞核**を細胞の内部にもたない生物のことである。これに対して染色体が核膜に覆われた細胞核の中にある生物が，**真核生物**である。真核生物の細胞（真核細胞）は，細胞核のほかにも**細胞小器官**（細胞内小器官ともいう）と呼ばれる構造体をもつが（図3-3），原核生物の細胞は内部の構造が単純で，真核生物の細胞のように多様な細胞小器官をもたない（図3-2）。そして大きさも，真核生物の細胞に比べると小型である。

ウーズが6界説を唱えた際，モネラ界に含められていた生物（原核生物）から，他と大きく異なるものとして古細菌が分離され，残りの原核生物は真正細菌界（後に真正細菌ドメイン）にまとめられた。このグループに属するのは，一般的に細菌あるいはバクテリアと呼ばれている微生物だが，細菌という名前がついていないファイトプラズマ，スピロヘータなどもこのグループ（真正細菌ドメイン）に含まれる。要は，原

★8 ——有孔虫のように肉眼的な大きさになる単細胞生物もいる。ワムシやミジンコのように，多細胞ではあるけれども顕微鏡的な大きさの生物もいる。

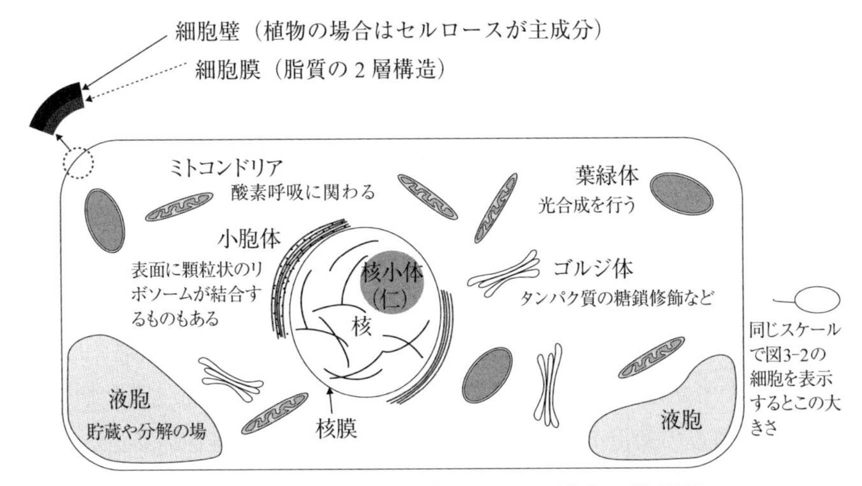

図3-3　真核生物（植物）の細胞の構造の模式図
膜（核膜）に包まれた核の有無が，真核生物と原核生物の細胞における決定的な違いであるが，ミトコンドリアやゴルジ体などの細胞小器官の存在も真核生物の細胞（真核細胞）の特徴である。動物の細胞は細胞壁をもたない。菌類は細胞壁をもつが，主成分はキチン。光合成を行わない生物は葉緑体をもたない。液胞は植物細胞に顕著だが，動物細胞にも存在する。

核生物は古細菌ドメインか真正細菌ドメインのいずれかに属する★9。

かつては藻類とされていた藍藻類は，原核生物とわかり，今日では**シアノバクテリア**と呼ばれるようになった。シアノバクテリアの中には，多数の細胞が不規則に，あるいは線状，数珠(じゅず)状，らせん状など特定の形態をとりつつ，集合して生きているものがいる。多数の細胞が集まって生活してはいるものの，細胞間の機能の分化がなく，それぞれの細胞は単独でも生きていくことができることから，これは多細胞生物ではなく単細胞生物が複数，あるいは多数集合した**群体**である。

真正細菌の中には，運動能力をもつものがある。細胞外に**鞭毛**と呼ば

★9——ウイルスがどこに位置するかが気になるかもしれない。ウイルスは細胞をもたず，自らはエネルギーを作れない（代謝を行わない）ため，通常の生物とは見なさない，という考え方が今日では認められている。本章でもこの考えに従っている。

れる細長い小器官が1本ないし複数本伸びていて（図 3-3），これを動かすことにより運動の際の推進力を得たり，方向を転換したりする。

芽胞と呼ばれる強固な構造を形作る真正細菌もいる。そのような芽胞を作る種類は限られているが，それらが高温や乾燥，栄養条件の悪化に直面すると，通常の細胞の内部に芽胞を形成する。生育に不適な条件にも相当程度耐えることができ，また，薬剤などにも耐性を示すが，芽胞の状態では増殖はできない。外界の条件が生育に適してくると，芽胞から発芽して通常の生活，増殖を行うようになる。納豆菌は芽胞を作る真正細菌の例である。蒸気で熱した大豆をよく乾燥した稲わら★10でくるみ，40℃前後の適湿の場所に1日程度置いておくと納豆ができる。これは，稲わらに付着していた納豆菌以外の真正細菌等が高温のため生存できない時においても，納豆菌の芽胞は生き残れることを意味している。

3.2.4　真核生物

ホイッタカーの5界説以降8界説の登場まで，真核生物は4つの大きなグループ（界）に分けられてきた。植物界，菌界，原生生物界，動物界である。塩基配列における類似性の検討や微細構造の観察，代謝経路の解明などの結果に基づき，界の見直しやスーパーグループの提案も近年ではなされているが，ここでは伝統的に用いられてきた上述の4つの界について述べる。

(1)　植物

本来は，移動能力をもたずに光合成を行う生物の総称であるが，光合成を行う原核生物であるシアノバクテリア（藍藻）は真正細菌ドメイン

★10 ――乾燥させることで他の細菌やカビなどの微生物は死滅するが，納豆菌の芽胞は生き残る。稲わらを煮沸したり，稲わらごと大豆を蒸したりすることで，他の細菌やカビを死滅させることもあるが，その場合も納豆菌の芽胞は生き残り，その後発芽する。なお，工業的には，納豆菌を人為的に添加することが一般的である。

に属し，**褐藻類**や**珪藻類**は，最近の研究では植物界ではなくむしろ原生生物界あるいはクロミスタ界に含めるのが適当とされる。本章では，**緑色植物**，**紅色植物**（紅藻類），**灰色植物**（灰色藻類）の3つのグループの生物が，植物界を構成すると考える。種数も生物量も，緑色植物が圧倒的に多いので，以下，緑色植物について説明する。

緑色植物とは，**クロロフィル**aとbをもち，光合成を行う多細胞の生物である。クロロフィルは青紫色光と赤色光を吸収するが，その中間の波長である緑色の光は反射する。そのため，クロロフィルを多く含む部分（陸上植物の場合は葉や茎）は緑色に見える。**コケ植物**，**シダ植物**，**種子植物**のほか，**緑藻類**★11，**シャジクモ類**，**接合藻類**★12を含んでいる。シダ植物と種子植物をあわせて**維管束植物**という。**維管束**とは，植物のからだの中にある細長い構造で，木部と師部から成り立っている（p.42の下から2行目からp.44の2行目までを参照）。木部では主に水が運ばれ，師部では水とともに光合成で生産された同化産物が運ばれる。

(2) 菌類

従属栄養の真核生物である。分解酵素を分泌して体外にある有機物★13を分解し，細胞表面より取り入れる。有機物を栄養にして**代謝**し，もっぱら無機物を排出するため，**分解者**に位置づけられる（第13章）。名前の類似性からいわゆる細菌（バクテリア）と混同されやすいが，細菌は原核生物で真正細菌ドメインに属するのに対し，菌類は真核生物ドメインの菌界に属する生物を指す。菌類を**真菌類**と呼ぶこともあるが，これもやはり真正細菌と間違えやすいので注意を要する。

菌類は従来，**ツボカビ**，**接合菌**（ケカビやクモノスカビなど），**子嚢**（しのう）

★11――ミカヅキモ，アオミドロなど緑藻綱に属する生物（狭義の緑藻）に，アオサなど他の綱に属するものを加えて緑藻植物門とする。これが広義の緑藻類である。

★12――接合により有性生殖する藻類で，ツヅミモやホシミドロなどが含まれる。

★13――多くの場合，死骸や排出物である。

菌（酵母や多くのカビ，一部のキノコ），**担子菌**（大半のキノコやさび病菌）の４つの分類群（門）に分けられてきた。近年，分類学的な再検討が進み，従来菌界に分類されていた一部の生物が，原生生物界に分類され直されている★14。

菌類には，単細胞性のもの（酵母や一部のツボカビ類）と多細胞性のものがある。細胞は細胞壁をもち，運動性をもたない。多細胞性のものの場合，複数の細胞が一列に糸状に連なり，**菌糸**と呼ばれる構造を作る。菌糸がさらに集合して肉眼でも見える構造を作ることがある。担子菌の**子実体**（いわゆるキノコ）はその代表的なものである。

菌類の中には，木材に含まれる難分解性の**リグニン**や**セルロース**を分解する酵素を分泌する種類がある。**木材腐朽菌**と総称され，担子菌類と子嚢菌類のそれぞれ一部を含む。それらの存在なしには倒木や立ち枯れ木は分解されずに地中に蓄積される。今日地下から掘り出される石炭の多くは，木材腐朽菌が地球に現れる★15 以前の古い時代に枯死した木が素になっている。

菌類の中には，植物の根に入りこんで生育するものもあり，**菌根菌**と呼ばれる。土壌中の栄養塩類を植物に提供する一方で，植物から光合成産物（有機物）を受け取る共生関係にあるとされる（図 3-4）。

(3) 原生生物

ホイッタカーが５界説を示した際には，真核生物の中で単細胞性のものが原生生物界に含められた。その後，分類の見直しが進められており，多細胞性の褐藻類も原生生物界に含められた。

現在は，緑藻類など植物に含められたものと，原核生物であるシアノ

★ 14 ――粘菌は，ホイッタカーの５界説では菌界に含められたが，アメーバに近い生物として原生生物界あるいはそれに相当する分類群に含める考えが，近年では有力である。

★ 15 ――石炭紀末期からペルム紀（二畳紀）にかけての時期に木材腐朽菌が出現したとされる。

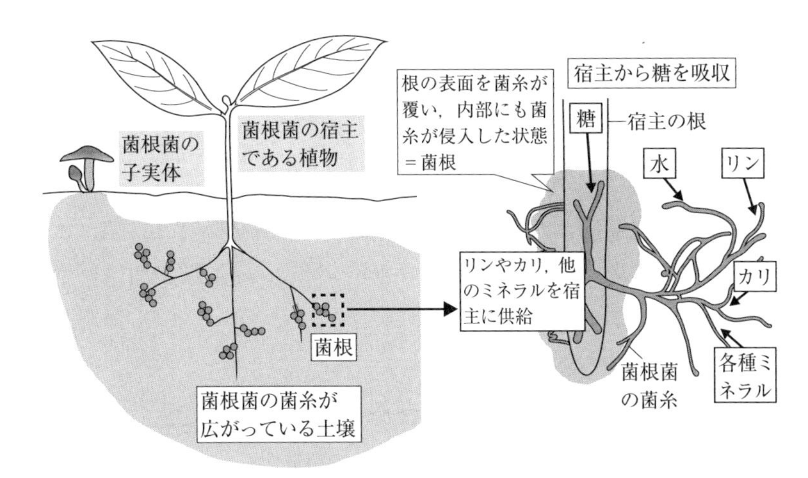

図 3-4　菌根菌の生活

出典：文献［4］に掲載されている図を参考にして作成

バクテリア（藍藻類）を除く藻類★16，卵菌類（ミズカビなど），細胞性粘菌など**変形菌**にまとめられる一群の微生物，そしてかつて原生動物と呼ばれていた**アメーバ**や**ゾウリムシ**などの微生物が，原生生物に位置づけられている。

最近，細胞の微細構造や遺伝情報の分析を通じて生物間の系統関係の見直しが大規模に進められている。原生生物の分類についても今後新たな展開がある可能性が大きい。

(4) 動物

一般的には，**運動能力**と**感覚**を有する多細胞生物を動物としているが，これに当てはまらないものもいる。加えて，①精子と卵子の**受精**により発生が開始する，②発生初期において**胞胚**（細胞からなる中空構造）を形成する，③細胞の表面に**細胞壁**をもたない，④**従属栄養生物**である，

★16 ——褐藻類，珪藻類，渦鞭毛藻類など。緑藻類や紅藻類は植物界に位置づけられる。藍藻類は原核生物であり，シアノバクテリアとも呼ばれ真正細菌ドメインに位置づけられる。

といった特徴がある。

界の下の分類階級として**門**が設けられている。動物界の中で一般になじみの深い**脊椎動物**は，原索動物（ナメクジウオ，ホヤなど）とともに脊索動物門に位置づけられる★17。このほか，棘皮（きょくひ）動物門（ヒトデ，ナマコなど），節足動物門（昆虫，クモなど），軟体動物門（貝類，イカ，タコなど），環形動物門（ミミズ，ゴカイなど），扁形動物門（プラナリア，サナダムシなど），刺胞動物門（クラゲ，サンゴなど），海綿動物門などが区分されている。

3.3 生物の何が多様なのか

3.3.1 異なる種類の生物の間で何が違うのか

生物の分類は，今日では塩基配列に基づいてなされることが一般的である。塩基配列の違いは遺伝情報の違いであり，生物の間の違いをもたらす。では，遺伝情報が異なることで，つまり，生物の異なる分類群の間では，どのような違いがあるのだろうか。

生物の生理，形態，行動のそれぞれ一部は遺伝により，一部はその生物にとっての環境により決まる。これらのうち遺伝により決まる部分のことを**遺伝形質**，あるいは単に**形質**と呼ぶ。それぞれの遺伝形質が実際にとっている姿のことを**形質状態**と呼ぶ。遺伝形質は生物の特徴に関する項目，形質状態は項目の値と考えればよい。遺伝情報の違いは，種々の形質についてその状態の多様性を生物間にもたらす。

細胞の構造の違いというのは，生物間に見られる違いの中でもきわめて大きなものである。原核生物と真核生物の間には，核膜に包まれた核があるかないかという違いがある。原核生物は，**ミトコンドリア**や**葉緑体**，**ゴルジ体**などの細胞小器官ももたない。原核生物でもドメインが異なる古細菌と真正細菌の間では，**細胞壁**の作りが異なるなど，構造上の

★17 ――脊椎をもつ動物だけを独立させて脊椎動物門とする考え方もあり，従来はそちらが一般的だった。

違いがある。真核生物では，動物の細胞には細胞壁がない点は大きな特徴である。植物はおおむねすべての種が葉緑体をもつが，ネナシカズラなど一部の寄生植物のように葉緑体をもたない植物もあれば，原生生物にも葉緑体をもつものがある。

細胞の集まり方の違い，すなわちその個体が単細胞性であるか多細胞性であるかは，真核生物ドメインの中で見られる生物間の違いとしては，かなり大きなものといえる。

運動能力の有無は，かつては動物と植物を分ける重要な特徴とされた。今日でも，運動能力の有無やその具体的な様相，すなわちどのような運動が可能か，また，どの能力が発達しているかといった点は，生物の特定の分類群の特徴を示す形質といえる。例えば，鳥綱に属する生物（鳥類）は，下位の一部の分類群（ペンギン目やダチョウ目など）に属するものを除いて飛翔能力をもつ。

栄養獲得の様式も重要な特徴である。光合成を行うなどして自ら有機物を合成できる**独立栄養生物**か，他生物のからだを構成する有機物を栄養物として摂取する必要がある**従属栄養生物**か，ということである。

このほか，身体の形態は生物によって大きく異なる。ある程度限られた範囲の生物，例えば鳥類だけを考えてみても，嘴（くちばし）や翼，脚などの形態は種類によって異なり，それぞれの種類の食物や飛翔，行動の様式に合ったものとなっている。形態の元となる構造を作る物質も，植物ならセルロースやリグニン，動物なら骨や貝殻を作るカルシウムといったように，生物の種類によって違う。異なった生物間では身体の内部構造が異なっている。例えば動物では，消化管などの構造あるいはその発達の程度が，生活様式に応じて様々に異なっている（図3-5）。

生物の体内で産生される化学物質も，その生物の生活様式と密接に関係する。例えば，動物の消化酵素は，利用できる食物の種類に大きく影

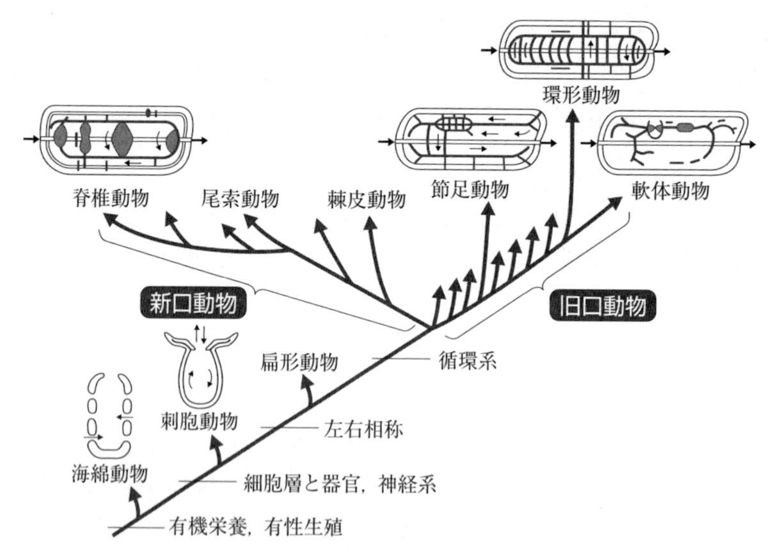

図 3-5　動物の身体構造の発達に伴う消化器と循環器の発達

分岐する矢印の先端側ほど，発達した構造をもつ動物が位置づけられた図。動物は，胚発生における原口が消化管における口となり消化管の末端に肛門が生じる旧口（原口）動物，原口が肛門となり口が別に生じる新口（後口）動物，消化管は袋状であるもの（海綿動物など）に大別できる。袋状の消化管をもつ生物では循環器系は発達していない。
出典：松本忠夫，二河成男『初歩からの生物学　改訂新版』放送大学教育振興会，2014，p.73，図 5-3

響する。植物の中にはそれを食べた動物に有害な作用をもたらす有毒物質を作り出して体内に蓄えるものがあるが，動物の中にも特定の有毒物質を分解する酵素をもつものがあり，その有毒物質を含む植物については食べることができる★18。体内にどのような化学物質をもつかは，生物の種類によって異なる。

以上述べたもののほかにも，異なる種類の生物の間では，様々な違い

★ 18 ――身近な例では，人間が普通に食べるネギやチョコレートは，イヌやネコには有毒である。人間は，ネギ類に含まれる有機チオ硫酸化合物や，チョコレートに含まれるテオブロミンを分解することができるが，イヌやネコはこれらの分解に必要な酵素を生産できないためである。

表 3-2　いろいろな生物の大きさ

	生物名	およその体重	およその体長
単細胞生物	マイコプラズマ	0.1 pg（10^{-13} g）未満	100 nm（10^{-7} m）
	細菌（バクテリア）	0.1 ng（10^{-10} g）	1 μm（10^{-6} m）
	テトラヒメナ（繊毛虫の一種）	0.1 μg（10^{-7} g）	10 μm（10^{-5} m）
	アメーバ	0.1 mg（10^{-4} g）	100 μm（10^{-4} m）
昆虫	寄生蜂の一種	0.01 mg（10^{-5} g）	100 μm（10^{-4} m）
	ショウジョウバエ	1 mg（10^{-3} g）	1 mm（10^{-3} m）
	イエバエ	20 mg（2・10^{-2} g）	1 cm（10^{-2} m）
哺乳類	ハムスター	100 g（10^{2} g）	10 cm（10^{-1} m）
	イエイヌ	10 kg（10^{4} g）	100 cm（10^{0} m）
	ヒト	100 kg（10^{5} g）	180 cm（1.8・10^{0} m）
	アフリカゾウ	10 t（10^{7} g）	700 cm（0.7・10^{1} m）
	シロナガスクジラ	100 t（10^{8} g）以上	30 m（3・10^{1} m）

を認めることができる。これらはいずれも，遺伝情報によってその状態が左右される遺伝形質である。ただし，例えば消化酵素の分泌量や胃の大きさ，貝殻の輪郭の微妙な凹凸など，それぞれの形質の状態は，しばしば環境にも左右される。

3.3.2　いろいろな大きさの生物

生物の多様性は，個体や細胞の大きさが多様であることからもうかがい知ることができる。顕微鏡でしか見えない微小なものから，数十 m あるいは 100 m を超える大きさのものまである。**表 3-2** は，様々な生物の大きさをおおよその体重と体長で表したものである。

原核生物の単細胞生物はごく小さく，重さはpg（ピコグラム，10^{-12} g），ng（ナノグラム，10^{-9} g）といった単位で表される。真核生物の単細胞生物はより大型で，肉眼で見える長さ1 mm程度のものもある★19。μg（マイクログラム，10^{-6} g），あるいはmg（ミリグラム，10^{-3} g）を単位とすることで適切に表される重量をもつ。多細胞性の生物であっても，微小な種類では，その重さが数μg程度のものもある（単位についてはコラム3-5を参照）。

一方，大型の生物に目を転じると，シロナガスクジラのように100 t（トン，1 tは10^{6} g）のオーダーの体重をもつものもある。竜脚類に分類されるスーパーサウルス，ブロントサウルスなどの恐竜は，化石から体重数十tと推定されており，100 t以上の種類までいたという見解もある。

植物では，北アメリカに生育するセコイアが，樹高100 m以上にもなる高木として知られる。日本では，特に背が高い木でも樹高30〜40 mがせいぜいで，多くの樹木は樹高10〜25 m程度である。植物の場合には動物と異なり，個体性が不明確なものが多い（第11章を参照）ので，大きさ，あるいは広がりを考えることは難しい。1つの種子から発生したと認められる植物で最大とされるものは，インドのアナンタプラムに生育するベンガルボダイジュで，樹冠に覆われる面積は約2.2 haといわれる。

生物体の大きさは，大きければそれだけ有利というわけではない。今日生きている生物のほとんどは，それぞれの生物の生き方に適した大きさになっていると考えるべきであろう。例えば，単細胞生物が巨大になれば，細胞内での物質の移動が円滑に起こらず，酸素や栄養物質が細胞全体に行き渡らなくなって生きていかれないであろう（コラム3-6）。

★19——一部の有孔虫など，1 cm程度，あるいはそれ以上の大きさになる真核生物の単細胞生物も存在する。

コラム　3－5　SI 接頭語

本文中に，g（グラム）の前に m（ミリ），μ（マイクロ），n（ナノ），p（ピコ）といった文字がついた表記が使われている。これ以外にも，長さの単位である m（メートル）や時間の単位 s（セコンド，秒）などの前に，こうした文字がつくことがある。このような文字を接頭語の記号といい，ミリ，マイクロといった言葉を SI 接頭語という。日常的に使われている M（メガ）や G（ギガ）といった言葉も SI 接頭語である。

SI とは，国際単位系 International System of Units を示す略語である。接頭語の使い方は，世界共通の規則に基づくこの国際単位系の中で規定されている。今日用いられる接頭語とその記号を以下の表に示す。例えば，km（キロメートル）は 10^3 m ということである。

表　2023 年 1 月時点で用いられている SI 接頭語とその記号

1より大きい数を示すもの		
接頭語	記号	意味
クエタ	Q	10^{30}
ロナ	R	10^{27}
ヨタ	Y	10^{24}
ゼタ	Z	10^{21}
エクサ	E	10^{18}
ペタ	P	10^{15}
テラ	T	10^{12}
ギガ	G	10^{9}
メガ	M	10^{6}
キロ	k	10^{3}
ヘクト	h	10^{2}
デカ	da	10^{1}

1より小さい数を示すもの		
接頭語	記号	意味
クエクト	q	10^{-30}
ロント	r	10^{-27}
ヨクト	y	10^{-24}
ゼプト	z	10^{-21}
アト	a	10^{-18}
フェムト	f	10^{-15}
ピコ	p	10^{-12}
ナノ	n	10^{-9}
マイクロ	μ	10^{-6}
ミリ	m	10^{-3}
センチ	c	10^{-2}
デシ	d	10^{-1}

コラム　3-6　大きな生物

2022年，オーストラリア西海岸のシャーク湾（西オーストラリア州）で，そこに藻場を形成している海草の一種 *Posidonia australis*（英語名：fibre-ball weed）が，差し渡し180 km以上にわたって同一の個体である，という論文が発表された[7]。シャーク湾全体をカバーするように設けられた10地点から144の海草試料を得て分子生物学的分析を行ったところ，すべての試料が遺伝的にほぼ同一と認められたのである。*Posidonia australis* は，タケと同様に地下茎の伸長によって増殖する。一方，有性生殖はほとんど行わず，結実することは稀で不稔と考えられている。結果として，元の1個体が数千年間にわたって成長し続け，差し渡し180 km以上にまで至ったのだという。無論，植物体の老化や動物による被食などにより地下茎が断裂することもあるため，現時点で180 km分の海草が連続しているとは限らない。

原核生物にも，過去に例がない大きさの物が発見されている。Vollandら[10]は，肉眼でも見える糸状のバクテリア *Thiomargarita magnifica* を報告した。硫黄を酸化することでエネルギーを得るバクテリアで，マングローブの水底に堆積した落葉に付着したものを採取して共焦点レーザー顕微鏡と透過電子顕微鏡で観察したところ，DNAを収める核はなく，きわめて長大な細胞をもつバクテリアであることが確認された。これだけ大きな細胞だと，細胞内での物質の移動が円滑に行われずに生存には向いていないとも考えられるが，細胞膜にDNAやリボソームなど重要な機能をもつ物質や構造がくっついた作りになっており，このことが巨大な細胞をもつバクテリアの生存を可能としているのではないかと考察されている。

3.4　まとめ

現在地球上に生息する生物種のうち，その存在が知られているものの数は，およそ175万あるいはおよそ190万などといわれるが，まだ見つかっていない種を含めた総種数は，500万から3,000万種，考え方によっては20億種ともされる。生物の種によって，大きさや形態，行動，生活様式などは様々である。

この多様な生物を一つの分類体系にまとめる試みが長年にわたりなされてきた。古くは動物と植物に二大別されていたが，今日では古細菌，真正細菌，真核生物の3つの大グループ（ドメイン）に分けて考えることが一般的である。真核生物の中には，植物，菌類，原生生物，動物の4つ，あるいはこれにクロミスタを加えた5つのグループが考えられているが，最新の研究成果を随時取り入れて見直しが行われている。

生物が異なると，生物のもつ様々な遺伝形質も異なる。細胞の構造のように，ドメインの違いを特徴づけるものもある。栄養獲得様式や，単細胞性か多細胞性かの違いのように，上位の分類階級の違いに対応する遺伝形質もあれば，種ごとに現れ方が異なる形質も存在する。

引用文献

［1］環境省・編『平成20年版　環境・循環型社会白書』日経印刷，2008.

［2］島野智之「原生生物の多様性に基づく真核生物の新しい高次分類体系」，『日本微生物生態学会誌』，24（2），61-66，2009.

［3］島野智之「界，ドメイン，そしてスーパーグループ：真核生物の高次分類に関する新しい概念」，『タクサ：日本動物分類学会誌』，29，31-49，2010.

［4］東京大学新領域研究科奈良研究室ホームページ，http://www.edu.k.u-tokyo.ac.jp/nara_lab/home/research/mycorrhizal_symbiosis（2023年2月27日閲覧）

［5］矢﨑裕規，島野智之「真核生物の高次分類体系の改訂— Adl *et al*.（2019）について—」，『タクサ：日本動物分類学会誌』，48，71-83，2020.

［6］Chapman, A. D., *Numbers of Living Species in Australia and the World (2nd ed.)*, Department of the Environment, Water, Heritage and the Arts, Australian Government, 2009.

［7］Edgeloe, J. M., Severn-Ellis, A. A., Bayer, P. E., Mehravi, S., Breed, M. F., Krauss, S.

L., Batley, J., Kendrick, G. A., Sinclair, E. A., "Extensive polyploid clonality was a successful strategy for seagrass to expand into a newly submerged environment", *Proceedings of the Royal Society B*, 289 (1976), 2022. DOI: 10.1098/rspb.2022.0538

[8] Larsen, B. B., Miller, E. C., Rhodes, M. K., Wiens, J. J., "Inordinate fondness multiplied and redistributed: The number of species on earth and the new pie of life", *The Quarterly Review of Biology*, 92 (3), 229-265, 2017.

[9] Mora, C., Tittensor, D. P., Adl, S., Simpson, A. G. B., Worm, B., "How many species are there on earth and in the ocean?" *PLOS Biology*, 9 (8), e1001127, 2011.

[10] Volland, J. M., Gonzalez-Rizzo, S., Gros, O., Tyml, T., Ivanova, N., Schulz, F., *et al.*, "A centimeter-long bacterium with DNA contained in metabolically active, membrane-bound organelles", *Science*, 376 (6600), 1453-1458, 2022.

4 地球環境の多様性と生物

加藤和弘

《目標＆ポイント》 地球上と一口に言っても，生物の生息場所として考えた場合，様々な条件の場所がある。まず，陸域と水域に大きく分けられる。地面の上と下でも，生物にとっての生息条件は大きく異なる。気候が違えば，そこに暮らす生物もまた異なる。さらに，地形や地質の条件，撹乱のあり方など，生物の生息に影響する様々な条件がある。本章では，生物にとっての環境の多様性と生物の多様性の関係について解説する。
《キーワード》 陸域，水域，気候，撹乱，地形，生活様式

4.1 生物の多様性をもたらすもの

第３章では，地球上にきわめて多様な生物が存在することを説明した。では，なぜそのように多様な生物が地球上に存在するのだろうか。

この問いに対する答えの一つは，地球上にはいろいろな**環境条件**の場所がある，という事実である。今日の地球上で見られる生物については，過去の**自然選択**（**自然淘汰**）の過程を経て，それぞれが生息する場所の環境条件に適したものが，より多くの子孫を残すことで進化して生き続けてきたと考えられる。環境条件が異なっていれば，それに適した生物が備えるべき特徴も異なることから，環境条件が多様であることが，多様な生物を進化させたと考えられる（自然選択や進化については第５章で説明する）。

環境条件の差異は，**陸域**と**水域**の間で最も顕著に見られる。それは，

生物を取り巻いている物質が，空気であるか水であるか，という違いであり，生物の生理や構造，生活や行動の様式など多くの面に大きな影響を及ぼす。地面や水底の下にも生物が生息するが，そこでは土砂や泥などの**堆積物**が生物を取り巻いている。地面や水底の上とは，生きていくための条件が大きく異なる。

さらには，気候条件，地質や地形，環境の安定性などが，生物の生息に影響を及ぼしうる。現在の地球における生物多様性は，こうした様々な環境条件の場所がある中で，それぞれに適応した生物が暮らすようになった結果と考えることができる。本章では，地球環境の多様さを，生物の生息と関係づけながら説明する。

さらに，同じ環境条件のもとで生活するにしても，その様式は一つではない。本章では，水域における生物の生活様式と，水辺のシギ・チドリ類の嘴（くちばし）の形態を取り上げ，同じ場所に生息する生物であっても，環境条件への適応のしかたや，利用する資源が異なることによって，生物の多様性が生じうることを示す。

4.2　水域の生物

生物の身体を取り囲む物質が空気であるか水であるかは，生物の生理に決定的な差をもたらす。例えば呼吸であるが，動物の場合は，呼吸に必要な酸素を体内に取り入れる仕組みが必要であり，水中の動物は**鰓**（えら）と呼ばれる器官により水中の溶存酸素を取り入れるものが多い。陸上の動物は主に**肺**などの呼吸器官により酸素を取り入れる（図 4-1）。

単細胞生物の場合は，細胞の**乾燥**が問題になる。細胞単体では，生きたまま乾燥に耐えることはできないため[★1]，単細胞の生物は，（他の生物の体表や体内を含む）湿った場所以外では，陸上での生育が難しい。陸上における多細胞生物の場合も，体内に水分を保持するための仕組み

★1 ――真正細菌の芽胞は，極度の乾燥などの悪条件に耐えることができるが，芽胞のままでは細胞としての活動はできず，休眠の状態にある。

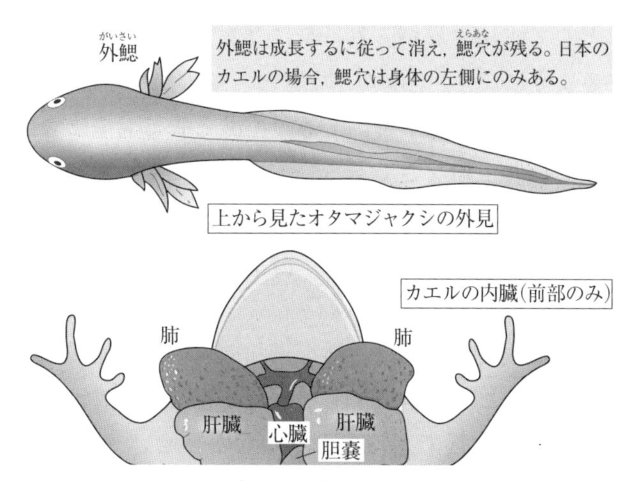

図 4-1　オタマジャクシとカエルの呼吸器の違い
オタマジャクシ（上図）は鰓をもち，水中での呼吸が可能である（鰓呼吸）。カエル（下図）は肺呼吸と皮膚呼吸により酸素を得る。オタマジャクシがカエルに成長する過程で，肺が成長し肺を経由する循環系（血液を全身に送る仕組み）が完成すると，鰓は不要になる。水中で生活する魚類や多くの軟体動物，節足動物の一部などが鰓をもつ。軟体動物でも陸上で生活するカタツムリなどは，肺嚢と呼ばれる袋状の肺で呼吸する。

が必要である。

動物の場合，体内で産生された**老廃物**を排出する必要がある。水中で生活する動物のほとんどは，老廃物を**アンモニア**の形で排出する★2。アンモニアは動物にとっては毒性があるので，これを体内にためずに水とともに水中に排出する。そのためには多量の水が必要であるが，陸上の動物の場合，使える水の量が限られるため，そのようなやり方での老廃物の排出ができない。

そこで，陸上の動物は，アンモニアを**尿素**あるいは**尿酸**に変えて排出する★3。カエルの仲間は，幼生（オタマジャクシ）でいる間は老廃物を

★2――サメのように尿素で排出するものもいる。

アンモニアとして排出するが，カエルになるまでに肝臓で尿素の合成酵素が作られるようになり，老廃物を尿素として排出するように変化する。哺乳類は尿素として老廃物を排出する。尿酸として老廃物を排出するのは，鳥類や多くの爬虫類などである。

水中では陸上と比べて温度変化が小さいことも，生物にとっては好ましい点である。北極海や南極海では，海水面は氷結してもその下には海水が広がり，多くの生物が生息する。このほか，水は空気よりも高密度であるため，浮遊した状態での生活を送りやすい点も指摘できる。

一方，水中では陸上に比べて到達する太陽光が少なくなる。このため，光合成を行う生物が生活できるのは，水面からせいぜい数十 m 下までである。それより深い場所では，生態系の一次生産者となりうるのは，海底から噴出する**熱水**やメタンなどを豊富に含む**湧水**などを利用した化学合成独立栄養生物に限られる（**第 13 章**を参照）。化学合成独立栄養生物がいない場所では，消費者や分解者は，よそから供給される有機物（移動してくる生物や沈下してくる排出物，死骸など）を利用するしかない。また，水は空気より高密度であることから，水深が大きくなると水の圧力（水圧）が飛躍的に増大する。おおむね，水深が 10 m 増すと，1 気圧に相当する**水圧**が余分にかかるようになる。

以上のように，陸上と水中とでは，生物が生きていくための条件が大きく異なっているので，それぞれに生息する生物の種類も大きく異なる。

4.3　地中の生物

陸域でも地面の上と下では，生物にとっての環境条件が大きく異なり，生息する生物の様子は地上と地中とではずいぶん異なる。

地面の下の地中において，生物にとっての生息条件が地上と大きく異

★ 3 ――殻で覆われた卵から産まれる動物の場合，孵化（ふか）するまで排出物を卵の中にためておく必要がある。水溶性の尿素は高濃度では動物に害をなすので，水に溶けにくい尿酸の形で排出する方が安全である。

なるのは，堆積物（土壌）が生物を取り囲むことによる。動物が土壌を移動するには，水や空気を移動する場合よりもはるかに大きなエネルギーを要するので，地中での移動，運動には相応の困難を伴う。したがって，動物の体形は単純なものの方が有利になる。また，地中では，生物が呼吸するための気体は，堆積物中の間隙に含まれるだけである。湿地などでは，堆積物の間隙を水が満たすため，空気の量はさらに少なくなる。そのため，大型の動物は巣穴を掘るなどして気道を確保しなければならない。

地中では光条件も地上とは大きく異なる。そこには**太陽光**がほとんど，あるいは全く届かず，光合成はできない。植物の葉は地中にはないので，葉のみを食物として利用する動物は生息できない。また，光がないため，地中で生活する動物にとっては視覚器官の必要性が小さくなる。

以上は，地中における生物の生息に不利な条件であるが，一方で有利な部分もある。**植物枯死体（落葉・落枝）**や動物の**死骸**は地面にたまるため，地面に近い地中に住む生物にとっては身近な存在となる。このような有機物を食物とする生物にとって好ましい条件といえる。太陽光が届かないということは，太陽光中の紫外線による悪影響を受けないということでもある。そして，このことは，皮膚に色素をもつなどして紫外線から身を守る必要がないことを意味する。

このほか，地上で行動する捕食者の攻撃を受けにくい点も挙げられる。そのため，通常は地上で暮らすが，繁殖中や冬眠中など捕食者に抵抗することが特に困難な時期には地中に潜るか，巣穴を掘って暮らす動物もいる。

4.4　気候と生物

自然科学における様々な統計値を載せた『理科年表』★4 には，世界の 240 箇所の気候のデータが示されている。その中で，年間の平均気温

★ 4 ――令和 5 年版を参照した。

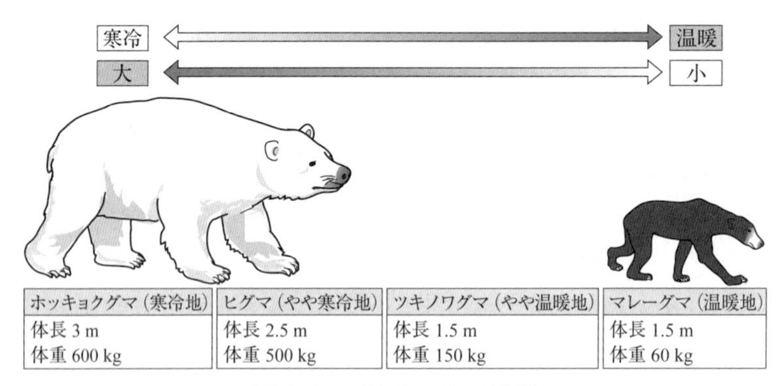

図 4-2　ベルクマンの法則

類似の仲間に属する恒温動物を取り上げた場合，寒冷地に生息する種類の方が温暖地に生息する種類に比べて大きな身体をもつ傾向がある。体形が相似で体重は身体の体積だけで決まると仮定した場合，体長が 2 倍になると体表面積は 4（$=2^2$）倍，体重は 8（$=2^3$）倍になる。つまり，体重あたりの体表面積は半分になり，体表からの放熱を抑える上で有利になると考えられる。

が最も高いのはスーダンのハルツームで 30.5 ℃，最も低いのは南極のボストーク基地で −54.7 ℃である。年間の降水量が最も多いのはインドのチェラプンジで 10166.1 mm。一方で乾燥地については，1 年を通じて降水がほとんどないところもある。同じ地球上でも，場所によって気候条件にはこれだけ差がある。当然，それぞれの場所にはそれぞれの気候条件に合った生物が生息する。

まず，気温の影響を見てみよう。温暖な場所と寒冷な場所で，生息する生物の種類が異なることは，一般によく知られている。同じ種類の恒温動物を取り上げた場合，暖かい場所に生息する種ほど小さな身体をもつ傾向があり，**ベルクマンの法則**と呼ばれる（図 4-2）。関連して，暖かい場所の種ほど耳や首，尾などの突出物が大きくなる傾向もあり，**アレンの法則**と呼ばれる。これらの法則性は，**恒温動物**の場合，自らの呼吸で作り出すエネルギーにより体温を一定に保つ必要があることに原因を求めることができる。寒冷な場所では，身体の体積の割に表面積が大きい場合，体表からの熱の損失が大きくなり，体温の維持が難しくなる。そのため，大きな身体や，小さな突出物が有利にはたらくことになる。なお，変温動物の場合はこの法則が成り立たないので注意が必要である★5。

植物の場合は一般的に，温暖な地域では**常緑広葉樹**が，やや寒冷になると**落葉広葉樹**が，さらに寒冷になると**常緑針葉樹**が優占的に生育する（図4-3）。これは，それぞれの気候条件に最もよく適した樹木が優占した結果といえる。植物の葉では光合成と呼吸が行われるが，その過程で植物体内の水分が失われる。落葉樹は，光合成の効率が落ちる低温期（日照も弱くなる）に葉を落としてしまい，水分の損失を防ぐ。一方，針葉樹の葉は，低温や乾燥にも耐えられる性質を備える★6。そこで，温暖な地から寒冷な地に向かって，優占的な樹木が，常緑樹から落葉樹，広葉樹から針葉樹へと変化すると考えられる。さらに寒冷になると樹木の生育が困難となり，植物群落は地衣類や蘚苔類，ごく限られた種類の草本植物から構成されるようになる。

温度のほかに，水分条件も植物のありように影響する。温暖であっても雨季と乾季があり，乾季においては降水が非常に少ない場所では，水分の損失を防ぐために乾季には落葉する樹木が生育する。なお，年間を通じて降水量が少ない場所では樹木は生育できず，植物群落において草本植物が優占する。降水量が非常に少なくなると，種類を問わず植物は生育できず，砂漠となる。

このように，生息・生育場所における気候の違いは，それぞれの場所

★5——変温動物の場合は，寒冷な場所ほど身体が小さくなる例も知られている。成長に費やすことができる時間や栄養の制約が寒冷地ほど大きい，寒冷地では大きな身体を日光で温めるのに時間がかかり活動が難しい，などの理由で，寒冷地では変温動物の身体は小さいほど有利だからといわれている。

★6——給水効率は悪いが無駄な蒸散も起こりにくい仮道管を備える，気孔がワックス層に覆われていて内部を乾燥から守る，葉に脂分や糖分を多く含み凍結しにくい，葉面積が小さい，といった点が寄与しているとされる。

図 4-3　常緑広葉樹（スダジイ・左），**落葉広葉樹**（カツラ・中），
常緑針葉樹（カヤ・右）**の葉**

常緑広葉樹の葉は厚く丈夫で，通常は 1 年以上の寿命をもつ。葉からの蒸散を抑制する必要がある乾季や，低温による障害を防ぐべき冬季を毎年迎える場所では，常に葉をつけていることは生育上不利になりうる。落葉広葉樹の葉は薄く，その寿命は 1 年未満である。生育不適期には落葉することで植物が受けるダメージを抑制できるが，落葉中は光合成ができない。常緑針葉樹の葉は細長く，また硬くて丈夫である。広葉樹に比べ蒸散速度が小さく，光合成を活発に行うためには不利であるが，葉をつけたまま生育不適期をある程度は耐えることができる。内部に樹脂などを多く含み，凍結しにくく低温に耐えるようになっている。さらに寒冷な土地には落葉針葉樹も見られる。

において優位に立つ生物が備えるべき形質に違いをもたらす。結果として，異なる気候の場所では見られる生物もまた異なる。

4.5　地形と生物

気候と比べ局所的に変化する地形もまた，それぞれの場所に生息する生物の違いをもたらす。ここでは，山地の生物と流水中の生物を例にとって説明する。

4.5.1　山地の地形と生物

山に登ると，**標高**が増すに従って周囲の植生の様子が変わる。これは主に**気温**の低下に伴う変化である。標高が 100 m 増すと気温は約 0.6 ℃下がり，このことが植生にも影響する。気温だけではない。山頂や尾根においては，風が強く，また土地が崩れやすいため，背の高い樹木が育ちにくいが，**地形**が急峻なほどその傾向が強まる。さらに，山頂や尾根では侵食を受けやすく，落葉・落枝がその場に堆積しにくい。結果として土壌が形成されにくく，**貧栄養**の土地になりがちである。このことも植物の生育に影響する。

このように，ある場所の生物の生息，生育に影響する環境条件は多様である。ただ，明確にいえることは，いずれの条件についても，生物の生息が可能な限界に近い，いわば極限状態の下では，限られた種類の生物しか生きることができないということである。例えば極度の低温や貧栄養条件，塩分が集積した土壌は，いずれも生物にとって厳しい条件であり，それぞれ耐えられる生物の種類は少ない。そのような条件の場所では，条件に**耐性**をもつ生物は他種の生物との激しい競争なしに生きることができる。

4.5.2　流水における生物

河川の特に上流域でよく見られる速い水流は，水中の生物にとっても危険である。水流に捉えられてしまうと，それまでいた場所から流されてしまう。流されている間に身体が傷つくこともあるし，流された先で食物や住み場所が確保できずに生き続けられなくなることもありうる。

そこで，速い水流の中の生物には，そうでない場所の生物との間にいくつかの違いがある。流水中の岩に**固着**するための吸盤をもっていたり（アミカの幼虫／図 4-4a），**遊泳**力が強かったり（イワナ），流水への

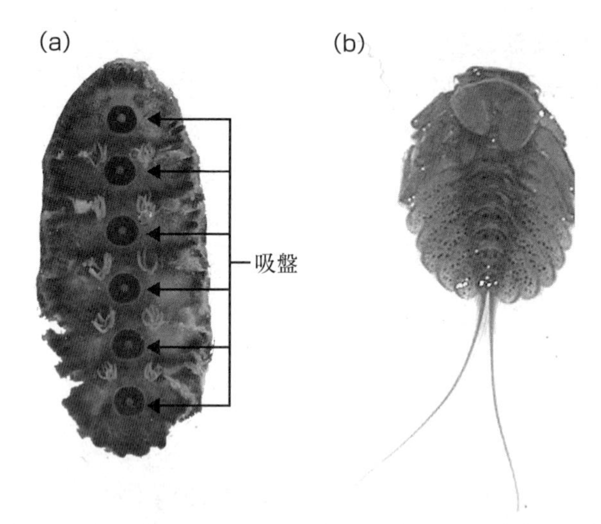

図 4-4　速い流れの中での生活に適した構造や形態をもつ底生無脊椎動物の例

a：アミカの幼虫（腹面）。吸盤があり，水中の岩などに固着して生活できる。
b：ヒラタカゲロウの幼虫。全身が平たい形状をしている。この姿で水底の石に貼りつくようにしているため，速い水流の下でもなかなか押し流されない。

抵抗を小さくする体形をもっていたりする（ヒラタカゲロウの幼虫／図4-4b）などの例を挙げることができる。また，石と石の間に網を張り，流下有機物をそれにかけて集めて，食物とする生物もいる。このように，流水に耐えるための特徴をもっていたり，それを利用できたりする生物は，その場において有利な立場に立てる。ただ，こうした特徴は水流がない，あるいは遅い場所では無駄になりがちで，余分なコストの元になる。その場合には，こうした特徴をもたない種，例えば流速が遅い場所で効率よく動き回れる種などが有利になる。

4.6 環境の安定性と生物

4.6.1 撹乱と安定

生物は，ある一定の場所で生き続ける，あるいは繁殖を繰り返して世代を重ね続けるとは限らない。生息場所における現象によって，その場から取り除かれてしまうことは珍しくない。

山火事は，ある土地から大半の生物を排除してしまう現象の中でも，比較的よく見られるものである。湿潤で雨の多い日本ではそのような例はあまりないが，世界の降水量が少なく比較的乾燥した地域では，山火事，あるいは**野火**と呼ばれる大規模な火災が，一帯の植生を焼き尽くし，多くの動物の住み処もなくしてしまうことは珍しくない。例えば，北米やシベリアでは針葉樹林が，オーストラリアではユーカリ樹林が大面積にわたってしばしば燃えてしまう。

強風や落雷により，森林の木々が倒され，あるいは損傷して枯死し，その部分だけ植生が欠けてしまうことも起こる。病虫害により植生が広範囲に損なわれることもある。

大雨や多量の雪解け水によって，河川の水かさが増すことはよくある。そのような河川では水流の勢いが増して，水底や河原の生物を流し去ったり，上流から土砂や石礫（せきれき）が流れてきて堆積し，もともとあった水底や河原が埋もれてしまったりする。強風下の海岸では，日常よりもはるかに強い**波浪**が岩礁に打ち寄せる。そのような時，岩礁に付着していた生物の中には，耐えきれずに剥離してしまうものも生じる。

このように，生物が生息している場所に強い作用がはたらき，その結果としてそこに生息していた生物の一部，ないしすべてが失われる現象のことを，**撹乱**と呼ぶ。**河川の増水**や波浪，強風は物理的な作用，野火は化学的な作用，病虫害や植食動物による食害は生物的な作用といえる。

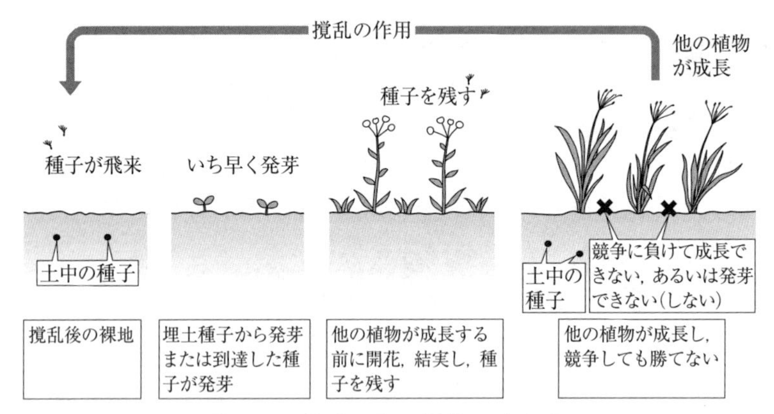

図 4-5　撹乱に強い植物の生き方
撹乱により生じた裸地でいち早く発芽し，他の植物が大きくなる前に開花，結実して種子を残す。他の植物が大きくなった後は，土中で種子のまま休眠するか，他の裸地に無事到達できた種子が発芽して成長する。

強度の撹乱は生物の多くをその場所から排除してしまうため，これが頻繁にあるとそこには生物が定着することができない。一方で撹乱は，ある場所で特定の生物が競争に勝って優占し続けることを妨げる効果もある。撹乱がある程度の間隔を置いて生じる場合，撹乱によって生物がいなくなった土地に素早く進出する生物がまず繁栄し，その後，生物間の競争に強い生物が次第に優占する（図 4-5）。最初に進出した生物は何らかの形で**休眠**して次の撹乱を待つか，あるいは撹乱直後の状態にある別の場所に移動するかして，世代をつなぐことになる。

4.6.2　撹乱に強い生物とは

植物の場合，植物体を破壊してしまうような作用（強風や増水，落雷，野火など）に耐えて生き残ることは容易ではない。確かに，川岸に生えるツルヨシはある程度の水流に耐え，山地の稜線近くに生育するハイマ

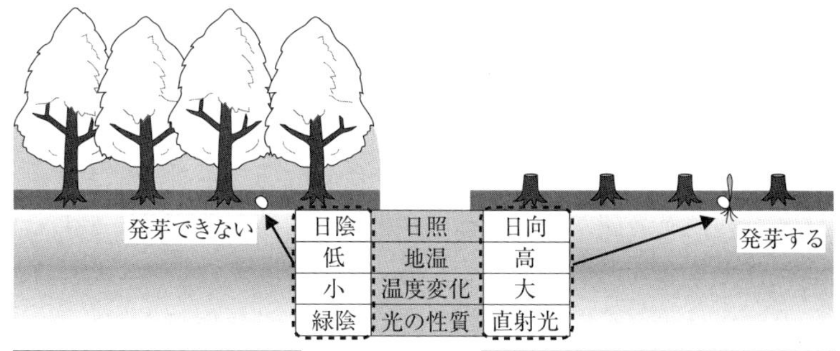

図 4-6　撹乱に伴う環境条件の変化を種子がどう検知するか

他の植物が生えていると，その植物体により太陽光が遮られる。その結果，日陰になり暗くなるほか，到達する光も葉を透過した光となるので，色調が変化する。植物の下では届く光が少ないので，地温は低く，また地温の変化は小さい。撹乱によりそれまで生えていた植物が取り除かれると，太陽光が直接地表に届くようになり，地表部の光条件や温度条件が変化する。こうした変化に反応して発芽する種子は，撹乱による裸地の形成にあわせて発芽できる。

このような種子は，発芽にあたり一定の温度条件，水条件を要求するだけでなく，ある程度強い光を浴びることや，ある程度以上の温度変化があることを要求したり，緑の葉を透過した光が当たると発芽しにくくなったりする。これらの性質は，地上に他の植物が生えているときに発芽することを避ける上で有利である。

ツはある程度の強風に耐えられる。しかし，大規模な出水や山火事に耐えて地上部分が生き残る植物は稀である。

そのような激しい撹乱の直後に，外部から運び込まれた種子が発芽するか，地中にあった種子が撹乱に伴う環境条件の変化に反応して（図4-6）発芽することができれば，発芽した植物の周りには光や水を巡って競い合う他の植物は，同時に発芽した植物以外にはないことになる。そのような状況で，短期間のうちに成長して，次の撹乱の前，かつ，競争相手となる他の植物が大きくなるまでに開花，結実に至ることができれば，撹乱が多く起こる場所でも繁殖の機会を得やすい。

このような生育様式をもつ植物は，①他の植物との**種間競争**に弱い，②成長が早い，という特徴をもつことが多い。このほか，種子を多量に作る，種子の散布範囲が広い，種子が土壌中で休眠状態のままある程度の期間生存できる，といった性質を備える植物もある。

波打ち際のフジツボ類のように，撹乱をもたらす作用そのものに強い生物もある。この作用に対する耐性は種間で異なっており，その結果，撹乱の頻度や強度の場所による違いに応じてフジツボ類の種組成も変化する。

4.6.3 植物における 3 つの生活史戦略

Grime[1] は，植物が生きていくスタイル（**生活史戦略**）を以下の 3 つに分けた。生きていくための資源が十分にありストレス★7 が弱い場所では，多くの植物種が潜在的に生きていかれるが，実際にはその中での競争に勝ち抜いたもののみが生き続けることができる。種間の競争に勝って生き続けようとするスタイルが，**競争戦略**である。これに対し，山地の生物を説明した時に触れたように，他の植物の大半にとっては生きていくことが厳しいような場所（ストレスの強い場所）で，それに耐えて生きていくスタイルが，**ストレス耐性戦略**である。一方で，撹乱が頻繁に起こる場所で，撹乱によって生じる他の植物との競争が少ない時期を利用して生きていく戦略もある。これは，**撹乱依存戦略**，あるいは**荒地戦略**と呼ばれる。これらの戦略の関係は，図 4-7 のようにまとめることができる。

動物の場合は，生活を植物に依存する度合が高いため，その生活は植物の状態に強く影響される傾向にある。そのため，ストレスや撹乱の影

★7 ——植物が十分な生産活動ができなくなる外的要因を指す。例えば，活動に不適な高温や低温，乾燥や過湿，貧栄養条件，低照度，過剰な塩分などが挙げられる。

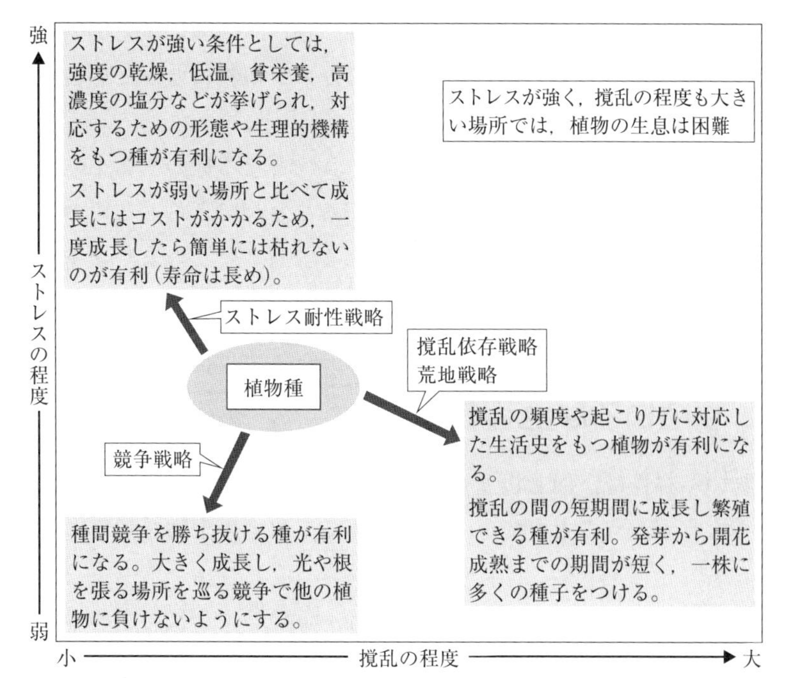

図 4-7　Grime[1] が提唱した植物の 3 つの生活史戦略の模式図
植物の成長を制限する外的な要因を，成長に不適な条件であるストレスと，植物体を破壊する撹乱にまとめた上で，それぞれの強弱・大小の組み合わせにより生育条件を 4 通りに整理し，それぞれに対応する植物の生活史戦略があると考えた。ただし，ストレスが強く撹乱の程度が大きい場所で生育できる植物はないとした。

響はより複雑である。

4.7　生物が作り出す環境

個々の生物にとって，周囲に生息する他の生物もまた，環境を構成する重要な要素である。陸上の動物の場合，生息場所の植物の状況が重要な環境条件となるのが普通である。植物の場合，周囲に生えている植物は，光や水を得る上での競争相手となるため，植物にとっても他の植物は重要な環境構成要素である。

このため，生物間の競争に打ち勝つ，食物となる他の生物を効果的に摂食できる，他の生物の攻撃から身を守ることができる，といった性質を備えた生物が，生き残る上で有利になる。周りにどのような生物がいるか，すなわち生物的な環境の様相によって，生き残る上で有利にはたらく性質のあり方が異なるといえる。

4.8 いろいろな生活様式

生物の多様性は，同じ場所に異なる**生活様式**をもつ生物が共存することからもうかがうことができる。例として，水中の生物を考えよう（図4-8）。

水中の生物としてまず思い浮かぶのは，魚類のように，水の中を遊泳する能力をもっている生物であろう。意図した場所に移動でき，食物の獲得や天敵の回避，繁殖相手の探索などにおいて有利である。しかし，遊泳するためには，時として水の流れにも逆らわなければならない。それには力が必要であり，ある程度大きな身体をもっていないとうまくいかない。

遊泳はせず，あるいはごくわずかな範囲のみを移動する能力しかもたず，ほぼ漂っているだけという生物が，水中にはかなり多い。大半は単細胞の微生物だが，クラゲの仲間のように大型の生物も一部含まれる。これらは**プランクトン**と呼ばれる。これに対して，遊泳能力をもつものを**ネクトン**という。

プランクトンとして生活するためには，浮いていなければならない。光合成をする生物の場合，光が届かない深さにまで沈んでしまったら生

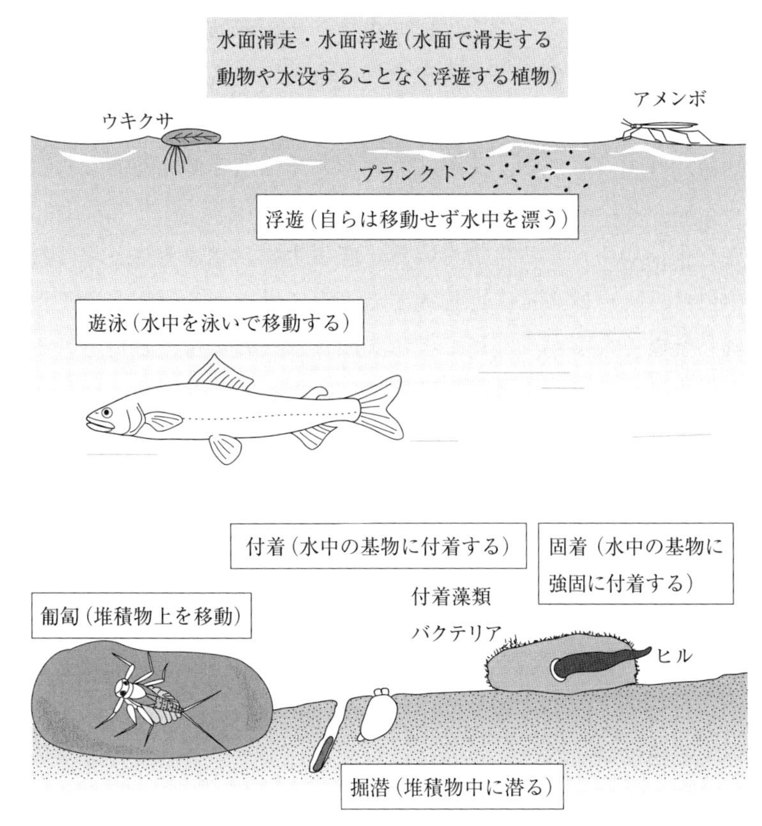

図 4-8　水中の生物の生活型

水面から水底の堆積物中まで，性質の異なった様々な生息場所がある。生息場所の条件に応じて異なる種類の生物が見られ，それぞれの生息場所に適した体形や行動様式を備えている。図には示していないが，付着藻類やバクテリアが形成するマット状の群落に潜って生きている動物（ユスリカの幼虫など）や原生生物，石の間の隙間に網を張って生きている動物（ヒゲナガカワトビケラ幼虫など）もいる。

きていくことができなくなる。他の生物やその死骸を食べる生物の場合は，利用できる水深の幅は光合成を行う生物よりも大きい。とはいえ，一般的に水中の深い所ほど食物は少なくなる。プランクトンとして生きる生物は，浮力をもつか，沈みにくい形態や構造を備えるなどしなければならない。

水底を生活場所とする生物もいる。**底生生物**，**ベントス**と呼ばれる。その中には，もっぱら水底で匍匐するように動き回る生物が含まれる。浮力は必要なくなるが，利用できる空間は水底の一帯に限定される。

底生生物の中には，水底の堆積物に穴を掘って潜り，そこに暮らしているものもある。二枚貝はその例である。堆積物の上にいる場合よりも捕食者に対してより安全だが，移動できる範囲が限定されてしまう。

水中の基物に付着して生活している生物もいる。**付着生物**あるいは**ペリフィトン**と呼ばれる。真正細菌，単細胞の藻類，水中に生息する菌類などが主な構成員となる。多細胞の藻類や，フジツボの仲間などより大型の動物にも，付着生活を送るものがある。種類によって付着する力が異なり，日常的に波が打ちつけたり，速い流れにさらされたりする場所に生育する種類は，基物に強固に付着する。

水中の生物と一口に言っても，主なものだけでこのように生活様式の多様性を認めることができる。生活様式が異なれば，生き残る上で有利になる身体サイズや形態，構造，生理，あるいは行動上の特徴も異なる。結果として，これらの特徴が異なる多様な生物が見られる。

ここでは，水中で生活する様式を例に挙げたが，生活様式の多様さは，ほかにも様々なところで見出しうる。その中でも，植物が種子を周囲に散布する様式（風に乗せる，水に流す，動物にくっつけて運ばせる，果実を鳥に食べさせて種子を遠くに排出させる），動物が植物を食べる様式（葉を食べる，果実を食べる，花蜜や樹液を摂取する），植物が冬を

図4-9　ロゼット（オオアレチノギクの仲間）
茎が非常に短く，そこから葉が密に広がった状態。地面に接するように葉を平たく広げている。日中は地温も上昇するため，それを利用して植物体の温度も上昇する。周囲に背の高い植物がなければ，冬の日光を受け止め，ある程度の光合成が可能である。

乗り切る様式（種子を作る，地下茎で冬越しする，葉を地表に拡げロゼット（図4-9）を作る，冬芽をつける）などは，比較的容易に観察できる。

同じ場所に生息する動物で，異なる種類の食物を利用するものの間では，形態が異なることも知られている。図4-10は，干潟などで採食するシギ・チドリの嘴の形態に応じて，利用する食物の種類が異なっていることを示したものである。これは，食物，すなわち動物にとっての資源の違いが，動物の多様性に結びついた例と考えることができる。異なる**資源**を利用することで，同じ場所に異なる種類の動物が共存することができる。

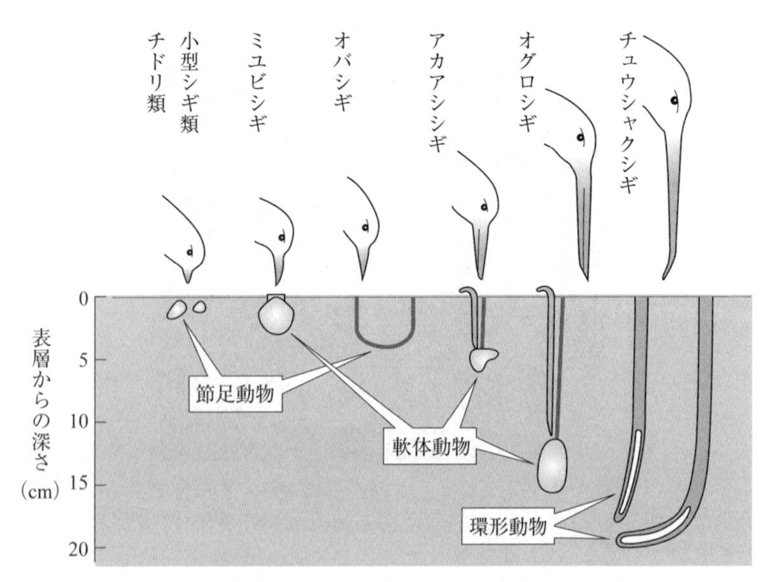

図 4-10　干潟で採食するシギ・チドリ類の嘴の形態と利用する食物の対応関係

長い嘴をもつ大型の種は，堆積物中で深く潜るゴカイ（環形動物）なども捕食できる。短い嘴をもつ小型の種は浅いところの貝（軟体動物）やカニ（節足動物）などを捕食する。最近の研究で，短い嘴をもつ種は多くの棘のある舌をもち，堆積物の表面に生息する微生物が構成する膜状のコロニー（バイオフィルム）を食物としている可能性が明らかになり，一部の種では実際に採食していることも確認された。

出典：松本忠夫，二河成男『初歩からの生物学　改訂新版』放送大学教育振興会，2014，p.82，図 5-11

4.9　まとめ

地球上には，様々な環境条件の場所があり，それぞれに適応した生物が生息している。環境条件が異なれば，そこで最適となる生物の形態や生理は異なるため，多様な環境条件は生物の多様性を生み出すこととなる。

環境条件の多様性をもたらすものとしては，生息する場所が陸域であるか水域であるかの違い，あるいは堆積物の上か中かの違い，気温や降水量といった気候条件の違い，地形や土壌の条件の違い，水域では水の流れの様子の違いなどを挙げることができる。また，ある場所からそこに生息している生物を取り除いてしまう作用，すなわち撹乱も，生物の生育に影響する。

本章では詳述しなかったが，生物にとっては周りで生きている他の生物もまた，環境を構成する要素である。生物同士の関係が多様であることと，今日見られる生物の多様性の間には深い関係がある。これについては，次の段階の科目である「**生物環境の科学**」で詳しく取り上げている。

同じ場所でも，生物によって生活様式が異なったり，利用する食物（資源）が異なったりするが，このこともまた，今日において多様な生物が存在することにつながっている。

引用文献

［1］Grime, J. P., “Evidence for the existence of three primary strategies in plants and its relevance to ecological and evolutionary theory”, *The American Naturalist*, 111（982）, 1169–1194, 1977.
［2］国立天文台・編『理科年表 2023 〈令和5年｜第96冊〉』丸善出版，2022.

5 生物の誕生と進化

二河成男

《目標&ポイント》 35億年以上前に地球上で生物が誕生し，進化と多様化を経て，現在の多様な生物が出現した。本章では，生物はどのようにして誕生したと考えられているのか，生物の進化や種分化とはどういう現象を指すのか，化石や適応放散は進化の証拠であり，そこからどのようなことがわかるのか，そして，生物の進化において，突然変異，自然選択，遺伝的浮動がどのような役割を担っているのかを概説する。
《キーワード》 化学進化，ミラーの実験，進化，種分化，生殖的隔離，化石，適応放散，突然変異，自然選択，遺伝的浮動

5.1 生物の起源

5.1.1 自然発生説

最初の生物がどのようにして誕生したか，という問題は，古代ギリシャの時代から未解決のままである。当時の哲学者であり自然科学者であった**アリストテレス**は，生物は基本的に親から生まれるが，中には泥や露から生まれるものもあると考えた。このような地球の環境中にあるものから生物が生まれてくるとする考え方を**自然発生説**という。その後も自然発生説による生物の誕生は支持され続けたが，やがて実験によって否定されていく。その中でも有名なものは19世紀になって行われた**パスツール**による実験である。

パスツールは，首の部分が湾曲したフラスコを用意し，その中に生物

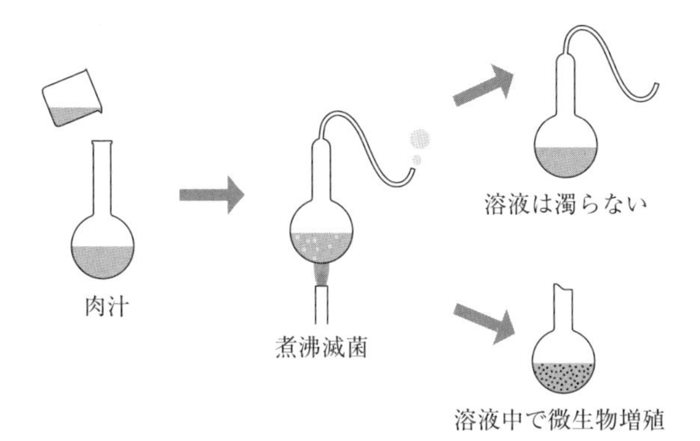

図 5-1　パスツールの実験

にとって栄養となるものを入れて滅菌した（図 5-1）。フラスコ内部は外部とつながっているが，気体以外のものが出入りできない状態にした。もう一つ同じフラスコを用意し，そちらは滅菌後，首の部分を破壊し，外部からものが入ることができる状態にした。

その結果，首を破壊した方は，内部の栄養は腐ってしまったが，首をそのままにしたものは，腐ることやカビが生えることもなかった。自然発生説では栄養があれば，生物の素のようなものがそこに宿って，生物が新たに生じ，増殖すると考えられていた。しかし，この実験では栄養だけでは増殖せず，外部から何らかの形で生物が入ってきて，初めて腐敗などが起こることが示された。つまり，自然発生説は否定されたことになる。

5.1.2　パンスペルミア説

自然発生説が長年支持され続けた理由の一つは，生物のからだの作りが単純なものと考えられていたためでもある。しかし，実際に生物が細胞からなり，その細胞の中にも構造があることがわかった。さらには，その細胞が化学物質で構成され，その内部で複雑な化学反応を行っていることが示されると，生物は簡単に生じるものではなく，複雑なものであることがわかった。

そのため，今度は複雑な生物がどのようにして生じたかを説明できなくなってしまった。さらには生物が地球上で誕生したことまで疑われるようになり，生物は地球以外で生じたのではないかとする考え方も現れた。その代表が20世紀初めに示された**パンスペルミア説**である。

パンスペルミア説では，宇宙の様々なところに“生命の種（たね）”のようなものがあったと考える。それがもともと地球の周りにあったか，あるいは彗星などによって運ばれるなど，何らかの形で地球に到達し，地球上の生物の起源になったとする。ただし，現時点では宇宙にアミノ酸などの生物のからだの素となる化学物質が多数存在することが知られているが，“生命の種”になるものは知られていない。

“生命の種”があるという当初のパンスペルミア説の考え方は自然発生説と何ら変わらない。現在のパンスペルミア説はより洗練されたものとなっているが，それでも地球上ではなく，宇宙の別の場所で生物が誕生したことや，地球に飛来する仕組みも説明できていない。また，そのような“生命の種”があるなら，地球以外の太陽系の惑星にも生物が存在するであろう。場合によっては，現在の地球にもそのような“生命の種”が降り注いでいるはずである。しかし，現時点ではこれらの発見はなされておらず，パンスペルミア説が地球で生物が誕生した説より確からしいところはない。

5.1.3　地球上での生物の誕生

では，どのようにして地球上に生物が誕生したのだろうか。これは地球上にあった物質から生じたとするのが現在の説である。それでは自然発生説と変わらないと思うかもしれない。無生物的なものから生じる点

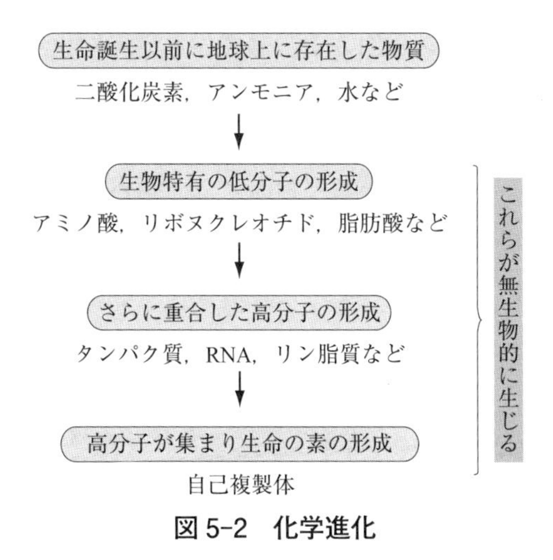

図 5-2　化学進化

は似ているが，泥や露などからできるわけではない。原始の地球にも存在した小さな化学物質（低分子）が徐々に集まって，少し大きめの分子になり，現在の生物を構成する分子となる。それらがさらに集まって組織的な構造ができ，生命の誕生につながったと考えられている。原始の地球において，このような低分子から生物を構成する分子が無生物的に生じる過程を**化学進化**という（図 5-2）。

よって，化学進化を経て，生物が誕生したことになる。生物と無生物の違いは，**第２章**で示したように自己複製，代謝，環境応答，細胞のような組織化された構造や遺伝の仕組みといった性質にある。このような性質が無生物的な物質に生じるのは難しいと思うかもしれない。しかし，無生物的な物質でも上記のような特徴は垣間見える。例えば，食塩の結晶は規則正しく元素が並んでおり，組織化された構造である。様々な泡も，一定の厚さの膜で覆われている構造と見ると組織化されている。代謝に関しても，無生物でも似たようなことは起こる。例えば，過酸化水素水に二酸化マンガンを加えると過酸化水素水に化学反応が起こり，水と酸素が生じる。

このように物質にも，生物のもつ基本的な特徴と類似するものがある。そのことが地球上で生物が生じた理由にはならないが，宇宙の遠い先に行かなくとも生物の“素”は身近にあるともいえる。一方で，現在の生物において，生物を生物たらしめている種々の特徴や性質には，生物が自身で合成している独特の分子が不可欠である。生物の誕生する前にこのような分子はどのようにして合成されたのであろうか。

化学進化では，そのような生物を構成する分子が無生物的に合成され，徐々に蓄積したと考える。つまり，原始の地球に存在した小さな分子が集まって，少し大きな分子が作られる。それがさらに集まって，生物機能を担うタンパク質，脂質，糖，核酸などの分子ができる。さらにそれらが集合して原始的な生物が誕生したと考える（図 5-2）。

では，実際にそのような分子は無生物的に合成できるのであろうか。20 世紀半ばにその一部を実験的に示したのがミラーである。ミラーはその当時，原始地球の大気に豊富に存在したと考えられていたメタン，アンモニア，水素，水（水蒸気）を混ぜて，雷を模した放電を行った（図 5-3）。その結果，様々な分子ができ，その中にアミノ酸が存在することを明らかにした。つまり，適切な環境条件であれば，生物が合成し利用している分子を無生物的に合成できることを示している。現在では，ミラーが実験に用いた条件は，実際の原始地球

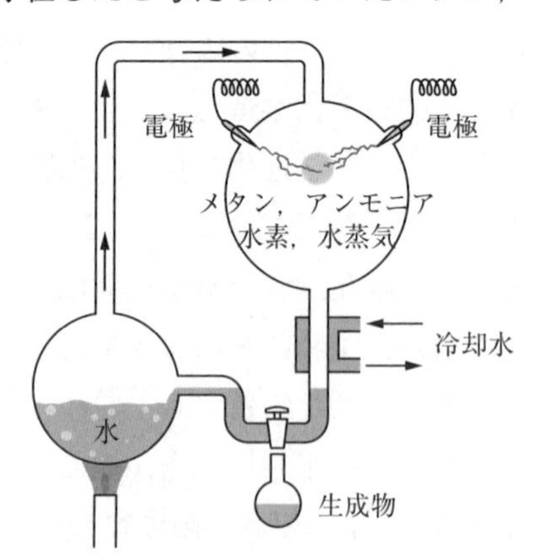

図 5-3　ミラーの実験

の大気組成を正しく再現できていないと考えられているが，より正確な大気組成を用いて同様の実験を行っても，アミノ酸などが合成されることがわかっている。現在では，アミノ酸だけでなく核酸の一部の構造も，特定の分子と環境があれば，自然に合成されることが示されている。

一方で，これらのアミノ酸等の生物を構成する分子は，地球ではなく，太陽系が形成されていく過程で宇宙において作られ，それらを含む隕石が原始地球に飛来することによってもたらされたものも多分にあるとする考え方もある。事実，太陽系形成時に作られたアミノ酸が一部の隕石の内部に観察されている。また，太陽系の創生時に作られた物質を含むとされている小惑星から探査機によって持ち帰った試料からも，多数の種類のアミノ酸が発見された。このように地球上での生命の誕生に地球外由来で合成された物質が寄与している可能性が示唆されている。

現在の地球では生物自身で合成する必要があるアミノ酸等の物質が，太陽系形成時の地球外の環境や原始地球環境では無生物的に合成され，蓄積されたことが徐々に明らかになってきた。そして，これらの分子が集まって生物が作り出されたはずであるが，高分子が集まって自己複製体が形成される過程や，そこから生物が生じる部分に関しては，いまだ解明されていない。

5.2　生物の進化と多様化

地球上に生物の祖先が誕生したのは35億年以上前である。その原始的な生物が，現在では200万種に至ろうかという種類に**多様化**し，各々の生物は様々な形で暮らしている環境に適応した性質をもっている。これは生物に**種分化**と**進化**が生じたためである。

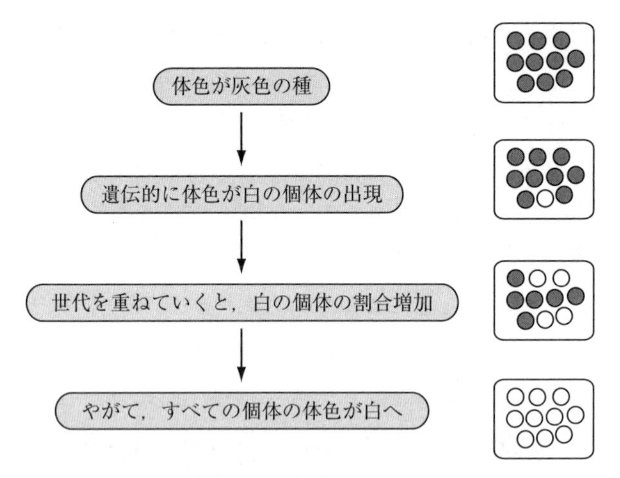

図 5-4　進化：種の遺伝的な変化

5.2.1　進化

進化とは，**種に生じる遺伝的な変化**のことをいう。一般的な使い方とは異なるかもしれないが，これが生物学での進化の意味である。説明を加えると，進化は個体に生じるのではなく，種あるいは遺伝的な交流のある集団に生じる。よって，ある特別な性質をもつ個体が生じたとしても，それは進化が起こったわけではない。そのような個体に生じた遺伝的な変化が子孫に伝達され，その新たな変化が種内に広まり，その種の多くの個体がそのような性質をもつようになることで，初めて進化が起こったといえる（図 5-4）。つまり，種の遺伝的な特徴が世代を経る過程で変化していくことを進化という。図 5-4 の場合，体色を灰色にする遺伝的な特徴をもつ個体が減り，白色の個体が増加している。これが進化である。

5.2.2　種分化

種（生物種）は，既に述べたように共通する性質をもち，生殖可能な個体の集まりである。したがって，同じ種の間では子孫を残すことができる。一方，**種分化**とは1つの種であったものが，2つないしはそれ以上の集団に分かれ，“集団の中”では子孫を残すことができるが，“集団の間”では子孫を残すことができなくなった状態である。つまり，1つの種が，2つないしはそれ以上の種に分かれることをいう。また，これらの集団の間で子孫が残せなくなることを**生殖的隔離**という。厳密には，この生殖的隔離が生じることを種分化という。

生殖的隔離が起こる原因の一つは，地理的な障壁によって種が分断されること（**地理的隔離**）である。地理的隔離が長期間続くと，その障壁で分断された2つの集団では，様々な生殖に関する仕組みに違いが生じる。そして，最終的には生殖的隔離が生じ，種分化する（図5-5）。これを**異所的種分化**という。また，地理的隔離はなくとも，繁殖時期や方法が異なる集団が何らかの理由で生じることによっても生殖的隔離が生

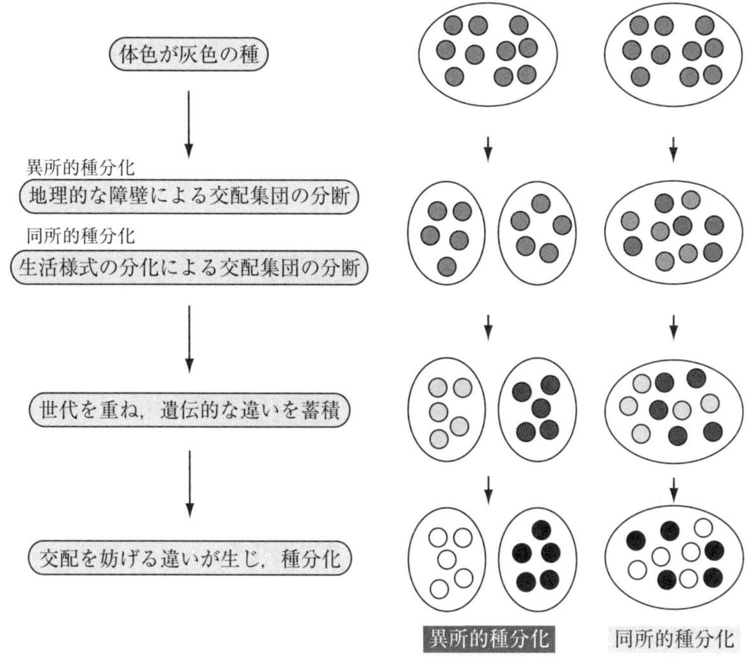

図5-5　種分化

じる。このような場合も種分化が起こる。これを**同所的種分化**という。

5.3 生物進化の証拠

5.3.1 過去の生物と現在の生物

現在の生物の姿は，様々な方法で見ることができる。一方で，過去の生物の姿を見ることは難しい。基本的に生物は命を失うと，そのからだは他の生物によって分解され，再利用される。しかし，ある条件が整うと分解されることなく土の中に埋もれ，その形が長期にわたって残ることがある。これが**化石**である（図 5-6）。化石には生物のからだそのものが石化したものもあれば，その生活痕跡，例えばその足跡，巣，糞なども化石となることがある。

そのような過去の生物が生きていた証しである化石から，様々なことを知ることができる。脊椎動物の化石であれば，多くの場合，その骨格の形状を知ることができる。同じ場所で他の生物の化石を調べれば，どのような環境で暮らしていたかも推測できる。また，その化石を含む地

図 5-6　アンモナイトの化石

層の年代を推定できるので，いつの時代に生きていたかも推定することができる。例えば，恐竜は約2億3000万年前から6500万年前まで地球上に存在していたことがわかっている。しかし，現在の地球上には恐竜は存在しない。このようにある種類の生物がいなくなることを**絶滅**という。恐竜自体は絶滅したが，一部の恐竜の子孫は今も地球に生きている。それは鳥類である。鳥類の化石は恐竜の化石と同一の時代の地層からも発見される。どこまで恐竜でどこから鳥類かという区別は難しいが，羽毛をもち，それを利用して滑空していた恐竜が鳥類の祖先となったことは，化石からも示されている。

進化は，先に示したような何か新しい性質をもつ生物群が生じるだけでなく，外見上は変化のない生物にも起こっている。例えば，イチョウは，ジュラ紀（およそ1億7000万年前）の地層からその葉や種子の化石が発見される。現在のイチョウは，化石のイチョウとは別の種になっているが，葉の形状に類似性が見られる。このように長期にわたって，形態的な変化が見られず，現在も地球上で生きている生物は生きた化石ともいわれる。

長期にわたって同じような外見を保っている生物にも進化は起こっている。カブトガニは，その形態的に類似した化石が約4億5000万年前の地層から発見されている。一方で，現在，地球上には4種のカブトガニが存在し，そのうちの3種の分岐（種分化）は新生代に入ってから（6500万年前以降）起こっている。種が分かれるのも進化の一つなので，生きた化石も進化しているといえる。

5.3.2　適応放散

生物の進化において，大陸から離れた海洋島に生じた**生物の多様化**は興味深いものが多い。ガラパゴス諸島やハワイ諸島の固有種は様々なことを示してくれる。これらの地域の島はいずれも火山の噴火によって生じた島である。ハワイ諸島の最古の島は約500万年前に誕生したことから考えると，最も古い固有種の誕生は古くとも約500万年前になる。近くに陸地がないため，陸地に暮らす生物は，何らかの偶然によってたどり着いたものがその起源となった。ガラパゴス諸島も同様に火山島であり，近くに陸地はない。

このような地域の固有種には，祖先となる種がその地で多様化した結果，多数の種からなる生物群となったものがよく見られる。例えば，ハワイの固有種であるハワイミツスイという小型の鳥は，ハワイだけでもともと1種だったものが30種以上にも種分化したことが知られている(ただし，現在も生き残っているものは20種程度)。ハワイミツスイはハワイ以外には化石も含めて知られておらず，多様化した後にハワイに移ったのではなく，ハワイに移った後に多様化した（図5-7)。このように単一の祖先から多様な特徴をもつ種が種分化によって生じることを**適応放散**という。

適応放散は何も海洋島に限ったことではない。アフリカ最大の湖であるヴィクトリア湖では，1万5000年の間にシクリッドというスズキ科の魚が500種以上に種分化したと推定されている。また，オーストラリア大陸の有袋類も適応放散の結果と考えられている。南米などの別の地域の有袋類はいずれもオポッサムのようなネズミに似た形態をしている。一方，それらの子孫であるオーストラリア大陸の有袋類は形態的にも生態的にも多様化している。

5.4　進化の仕組み

5.4.1　突然変異

生物の進化は，種に遺伝的な変化が生じることである。このような変

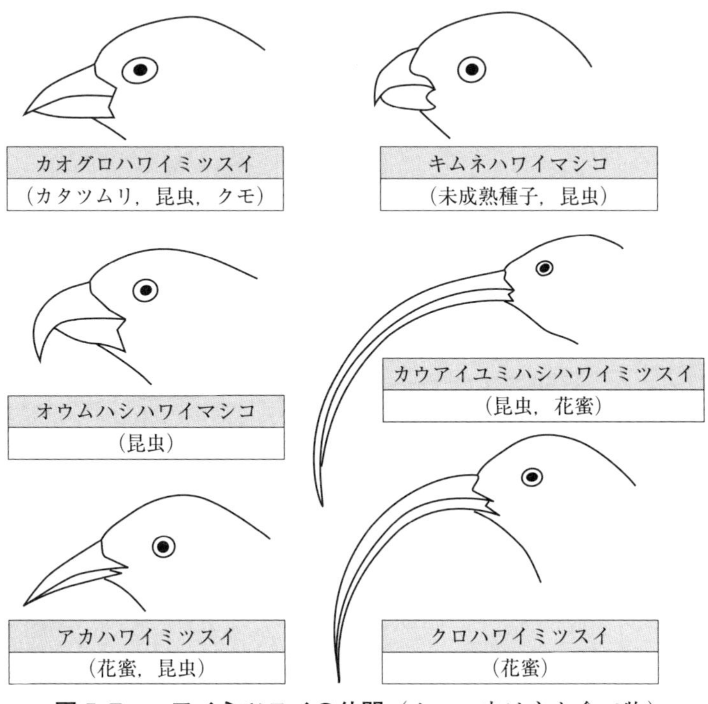

図 5-7　ハワイミツスイの仲間（カッコ内は主な食べ物）

化は，初めにある個体に生じる。それが世代を経る中で種内に広まる，言い換えると，その遺伝的な変化をもつ個体の割合が増加することである。したがって，まず遺伝的な変化をもつ個体が生じることが，生物の進化において必要なことである。このように，ある個体に遺伝的な変化が生じることを**突然変異**という。そして，遺伝的な変化とは，“設計図”であるDNAの情報に変化が生じることである（図5-8）。

放射線や紫外線，特定の化学物質にさらされた時やDNAのコピーを作製（複製）する際の誤りによって突然変異は生じる。1つの細胞から

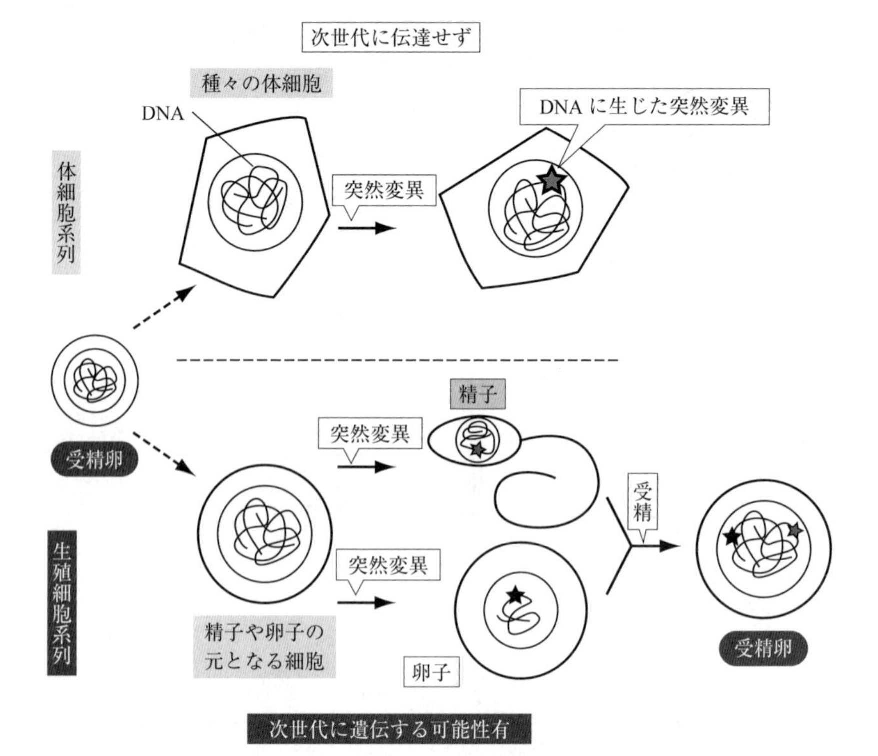

図 5-8　突然変異

なる生物なら，自己複製の際に DNA も複製されるため，DNA に突然変異が生じると変化した部分は変化したまま複製され，突然変異が次世代に伝達されることになる。ヒトのような複数の細胞からなる生物でも同様に，細胞に起こった突然変異はその細胞から分裂によって生じる新たな細胞にも伝わる。ただし，次世代に伝わる突然変異は，次世代の元となる**配偶子**（精子や卵子）か，配偶子の元となる細胞で起こった突然変異のみである（図 5-8）。突然変異は遺伝情報の変化であるため，生物の形や性質の変化を伴う場合がある。

5.4.2　自然選択と遺伝的浮動

個体の配偶子やそれに至る細胞で生じた突然変異が，一体どのようにして種内に広まっていくのであろうか。その仕組みの一つが**自然選択**である。自然選択がはたらくと，生物の生存や繁殖に有利な変異が種内に広まる，という現象を生み出す。

先に説明したような形で，生物の遺伝情報が記されたDNAには突然変異が一定の頻度で生じている。ある１つのDNAに起こった突然変異に着目すると，その突然変異の将来の運命は，交配可能な個体群や種（ここではこれらをまとめて，**集団**という）の中に広まっていくか，集団には広まらず消失してしまうかである。突然変異が広まる方法は，次世代への伝達による。したがって，ある突然変異をもつ個体が子孫を多く残せば，それだけその突然変異が集団に広まる確率は高くなる。他方，突然変異が集団から消失する方法は，次世代への伝達を行わないことによる。それは子孫を残さないことである。

子孫を残すことは生物の本質的な部分でもあるので，これではどの突然変異も広まっていきそうである。しかし，現実にはある環境中で，生き残ることができる次世代の数は制限されており，病気，栄養不足，捕食される，繁殖できないといった理由で次世代に遺伝子を伝達できないことが多い。そうすると，病気に強い，栄養の獲得能力が高い，捕食されにくい，繁殖しやすいといった性質を伴う突然変異をもつ個体は，その突然変異を次世代に伝達する確率は高くなる。一方，それとは逆に，病気になりやすい，栄養の獲得能力が低い，捕食されやすい，繁殖しにくいといった性質を伴う突然変異をもつ個体は，その突然変異を次世代に伝達しにくくなる。これが何世代も続くと，**生存や繁殖に有利な突然変異**が集団中に広まることになる（図５-９）。

ここで大切なことは，広まるのは突然変異とそれによって生じている

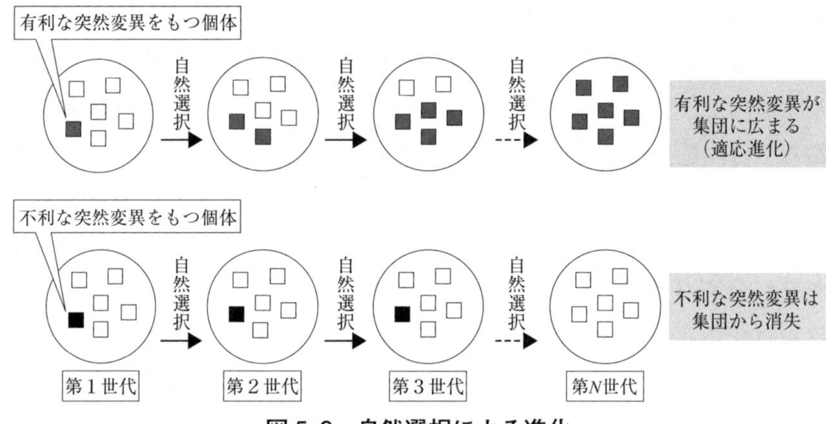

図 5-9　自然選択による進化

生物の性質である。つまり，広まるのは遺伝情報と性質であって，強いものが生き残る（弱肉強食），あるいは環境に適応したものだけが生き残る（適者生存）といった，ある個体の生存における競争を指し示すものではない。自然選択は，より生存や繁殖に適した遺伝的な性質が集団に広まる仕組みの説明であり，適者や強者が生き残るといったことを説明するものではない。

もう一つ重要なことは，突然変異は何も生存や繁殖に有利であったり，不利であったりするだけではない，ということである。生存や繁殖に影響を与えない突然変異もある。このような突然変異は**中立な突然変異**という。そして，このような中立な突然変異が関わる生物の遺伝的な変化，つまり進化が多数起こっていることが明らかになっている。これを**分子進化の中立説**という。中立な突然変異の特徴は，突然変異が集団に広まるか，消失するかは，偶然に左右される点である（図 5-10）。このことを**遺伝的浮動**という。中立な突然変異の多くは，DNA のわずかな変化であり，多くの場合外見や性質の違いを伴わない。

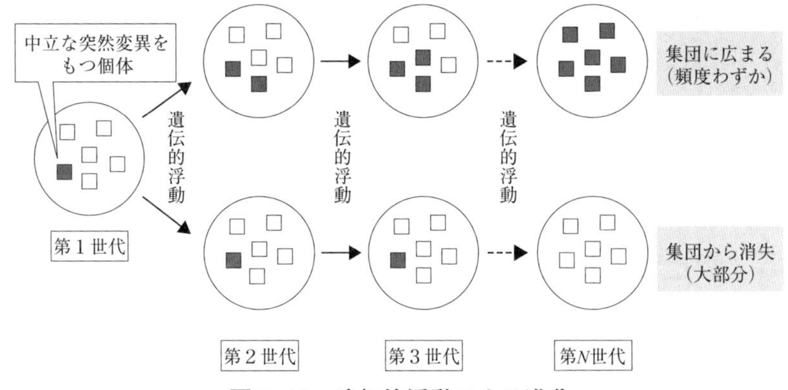

図 5-10　遺伝的浮動による進化

5.4.3　性選択や血縁選択

自然選択では，繁殖に有利な変異が集団に広まりやすい。よって，性をもつ生物では，配偶者の獲得しやすさや，繁殖の可能性が高い個体を見分ける能力といった性質を高める突然変異が広まりやすい。例えば，鳥類では，繁殖期の雄に派手な体色を示すものや，求愛のダンスを行うものがいる。このような性質が進化したのは，そのような派手な体色や求愛のダンスが，雌を獲得する点で有利であり，繁殖に成功しやすかったためと考えられる。よって，そのような体色やダンスに関わる遺伝的な性質が，自然選択によって集団に広まったと考えられる。また，雌の獲得のために雄同士が争う生物では，争う際に用いる角などの器官が雄だけで大きく発達しているものがある。これも同様の仕組みであり，このような配偶者の獲得に関わる自然選択を**性選択**という。

また，共同で生活する社会性の進化も，単純な自然選択での説明は難しい。他者の生存や繁殖を高める利他的な行動を促す突然変異は，自身の遺伝情報を伝達する確率を下げてしまうためである。ただし，他者ではなく遺伝的に近い関係（血縁関係）にある個体を選んで利他的な行動を行う突然変異であれば，利他的行為を受ける個体も血縁関係にあるので同じ突然変異をもつ可能性が高い。このような条件であれば利他的な性質を伴う突然変異も集団に広まることになり，共同で生活する社会性が進化することを説明できる。これを**血縁選択**という。

5.5 まとめ

進化とは，種の遺伝的な性質が変化することをいう。この進化を通して，現在の多様な生物が誕生した。一方，生物がどのようにして誕生したかは，明確にはわかっていないが，化学進化を通して誕生したとする説が広く受け入れられている。生物が進化できるのは，一つには突然変異が生じるためである。それによって，性質の異なる個体が生じる。そして，生存や繁殖に有利な突然変異は集団に広まる。これによって生存や繁殖に有利な性質が進化する。一方，突然変異には有利でも不利でもない突然変異がある。これも，集団に広まることがある。

参考文献

[1] D. サダヴァ・他『カラー図解　アメリカ版　大学生物学の教科書　第4巻 進化生物学』石崎泰樹，斎藤成也・監訳，講談社，2014.
[2] カール・ジンマー，ダグラス・J・エムレン『カラー図解　進化の教科書　第1巻 進化の歴史』更科功ら・訳，講談社，2016.
[3] カール・ジンマー，ダグラス・J・エムレン『カラー図解　進化の教科書　第2巻 進化の理論』更科功ら・訳，講談社，2017.
[4] Sylvia S. Mader, Michael Windelspecht『マーダー生物学』藤原晴彦・監訳，東京化学同人，2021.

6　細胞〜その成分と構造

二河成男

《目標＆ポイント》 生物は細胞からなる。そして，細胞は分裂によって増殖する。本章では，細胞とはどのようなものか，細胞はどのような元素や分子から構成されているか，原核細胞と真核細胞の違いは何か，真核細胞の内部にある細胞小器官とはどのような構造か，について解説する。また，細胞がどのように分裂するかも示す。

《キーワード》 細胞，細胞説，真核細胞，原核細胞，細胞小器官，核，タンパク質，DNA，染色体，分裂

6.1　細胞とは

6.1.1　生物のからだは細胞からなる

生物のからだは**細胞**からできている。数えたわけではないので概算ではあるが，ヒトのからだは成人で37兆個の細胞からなるという推定がなされている。他の動物や植物も多くの場合，個体のからだは複数の細胞からなる。一方，大腸菌，酵母，アメーバ，ゾウリムシなどのように，個体のからだが1つの細胞からなる生物もたくさんいる。いずれにしても，生物の個体は細胞から形成されており，**細胞が生物の最小単位**であることがわかっている。

このような考え方は，19世紀に確立したものである。細胞自体の発見は，17世紀のロバート・フックによるコルクの顕微鏡観察にまで遡る（図6-1）。当初は栄養をためる1つの体内器官ではないかと考えら

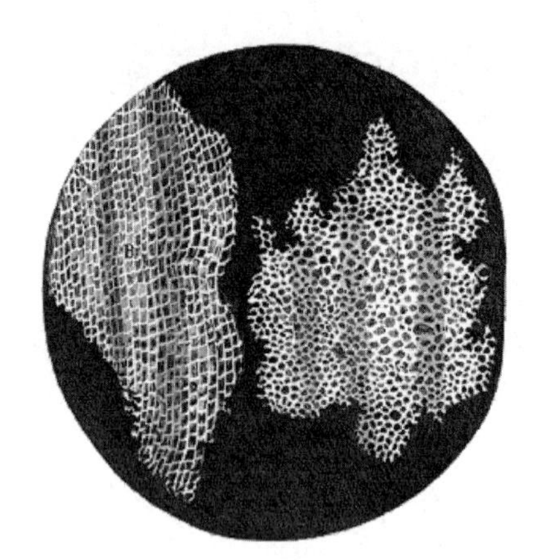

図 6-1　フックが見た細胞

れていた。しかし，19 世紀に入ると，細胞が生物のからだを構成する本質であることがわかってきた。そして，**細胞説**という形でその本質がまとめられた。細胞説は次の 2 点からなる。

①生物のからだは細胞からなる。

②細胞は細胞から生じる。

では，細胞とはどのようなものかを見ていこう。

6.1.2　細胞とはどのようなものか

細胞は袋状の膜に包まれた構造である。ただし，実際には実に様々な形状や性質をしている。ヒトのからだにさえ，200 種類あまりの細胞があり，その形状や性質が異なっている。また，生物の種類が異なれば，異なる種類の細胞がある。ここでは，その多くに共通する点を紹介していく。その一つが，細胞は**細胞膜**という膜に包まれることによって，内側と外側が区別されている点である（図 6-2）。

細胞膜によって内外を区別することによって，細胞はその内部の環境

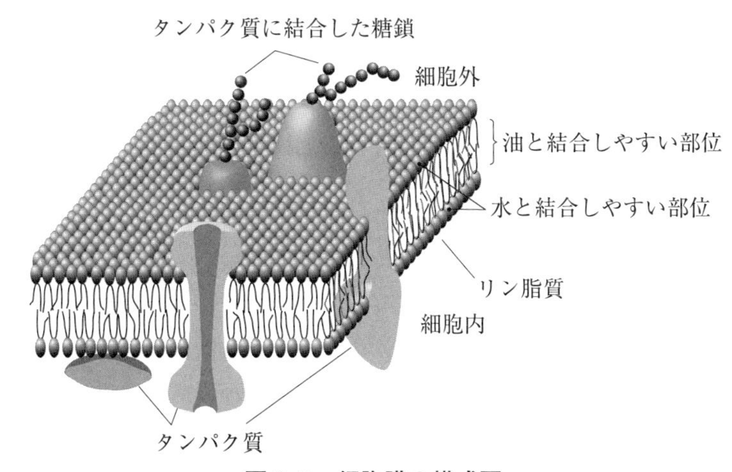

図 6-2　細胞膜の模式図

を安定に保つことができる。そして，その細胞の中で行われていることは，細胞が生きていくための活動である。複数の細胞からなる生物の細胞であれば，細胞が生きていく活動に加えて，その生物個体が生きていくための活動も行っている。

細胞が生きていくための活動とは何であろうか。細胞が生きていくとは，動物や植物が生きていくことと何ら変わらない。必要な栄養を内部に取り込んで，不要なものを外部に排出する。取り込んだ栄養から，細胞の活動に必要なエネルギーを取り出したり，細胞内の活動に必要な物質を合成したりしている。

細胞の内部におけるエネルギーや物質の合成は化学的な反応であり，液体の水が不可欠である。よって細胞内は，合成に必要な物質や合成された物質などが液体の水に溶けた状態で存在する。したがって，細胞は小さな水風船のようなものともいえる。ただし，細胞はより動的な構造である。細胞内外への物質の出入りや細胞内部での化学反応等が能動的に行われている。また，動き回る細胞もいれば，形状を変化させる細胞もいる。

6.2　細胞を構成する要素

6.2.1　細胞を構成する元素

動物や植物のからだは分解していくと，細胞になる。では，細胞を分解していくと何になるのか。どこまで分解するかによるが，まずはどのような**元素**からできているかを見ていこう。19 世紀から 20 世紀の生物学による大きな発見の一つは，生物のからだも物質からなり，物理や化学の法則に従っているということである。したがって，その性質を知る上で，その構成要素となる元素や分子の種類を知ることは役に立つ。

細胞あるいはその集合体である生物を構成する元素として，**炭素**（C），**酸素**（O），**水素**（H），**窒素**（N）がまずは挙げられる（図 6-3，表 2-1 参照）。さらには，**リン**（P），**硫黄**（S）も不可欠である。また，**ナトリウム**（Na），**カリウム**（K），**カルシウム**（Ca），**マグネシウム**（Mg），**亜鉛**（Zn），**鉄**（Fe）といった**金属元素**も存在する。これら以外にも様々な元素が微量に含まれている。

これら生物のからだを構成する各元素の割合は，地殻や海（海水）のそれとは異なり，生物独特である。生物が他の構造物とは元素の構成要素が異なる特別な構造であることがわかる。

6.2.2　細胞を構成する分子

化学的には，元素は概念であり，その実体は**原子**である。例えば，炭素という元素には，複数の種類の炭素原子が含まれる。地球上で主に見られるものはその中の 2 種類になる。これら 2 種類の性質はほぼ同じなので，生物学では基本的には区別していない。

細胞内の元素は，原子として単独に存在するわけではなく，多くの場

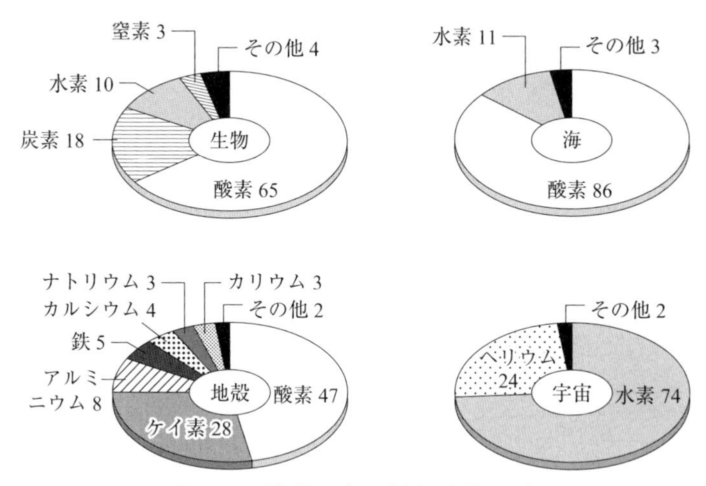

図 6-3　構成元素の割合（質量比）

合，他の原子と結合して**分子**の状態になっている。細胞内の分子は，主に炭素，酸素，水素，窒素が結合したものであり，それらに加えて，リンや硫黄など他の元素が結合したものもある。地球上に元素は 100 種類ほどあるが，その中で生物において主に使われているものがこれだけでは少ないように思うかもしれない。しかし，分子は元素の結合がわずかに変わっただけで，性質も大きく変わる。例えば，二酸化炭素と一酸化炭素はよい例である。ヒトならば，二酸化炭素は体内に入ってきても問題ないが，一酸化炭素は酸素ガスの取り込みを阻害するため，毒としてはたらく。また，化学的な性質も，二酸化炭素は酸素ガスがあっても燃えないが，一酸化炭素は燃えるといった違いもある。

6.3　細胞内の分子

細胞内で有用な役割を担っている分子は，**水**，**タンパク質**，**糖**，**脂質**，**核酸**である（図 6-4）。順を追って見ていこう。

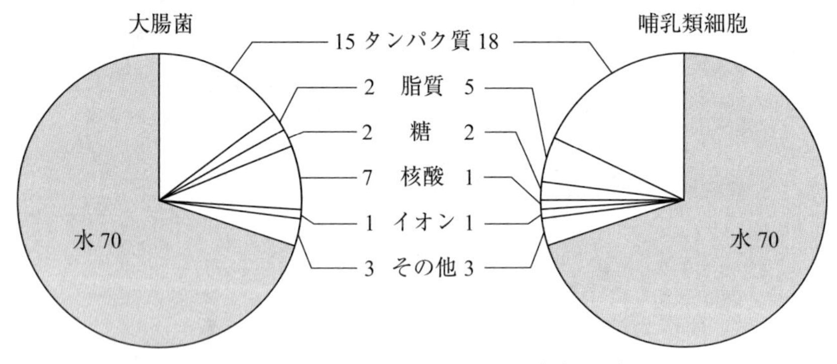

図 6-4　細胞を構成する分子（質量比）

6.3.1　水

細胞内に主に存在する分子は**水**である。動物や植物といった多数の細胞からなる生物では，細胞の内部だけでなく，その外側にも水がたくさんある。このように生物にとって，水はなくてはならない分子である。その役割の一つは，体内や細胞内の物質を水に溶けている状態にすることにある。溶けていると輸送もしやすく，他の物質も近づきやすい。これは，水が常温では液体として存在することとも関連している。また，水は細胞内の物質の合成や分解といった化学反応にも利用される。植物の光合成では光のエネルギーを利用して，水分子から電子を取り出して利用している。これら以外にも様々な局面で水は利用されており，生物に特異的な分子ではないが，重要な役割を担っている。

6.3.2　タンパク質

タンパク質は細胞内の**機能分子**といわれ，細胞内の様々なはたらきを担っている。ヒトでは 2 万種類以上のタンパク質が利用されており，大腸菌でさえも 4,000 種類以上である。

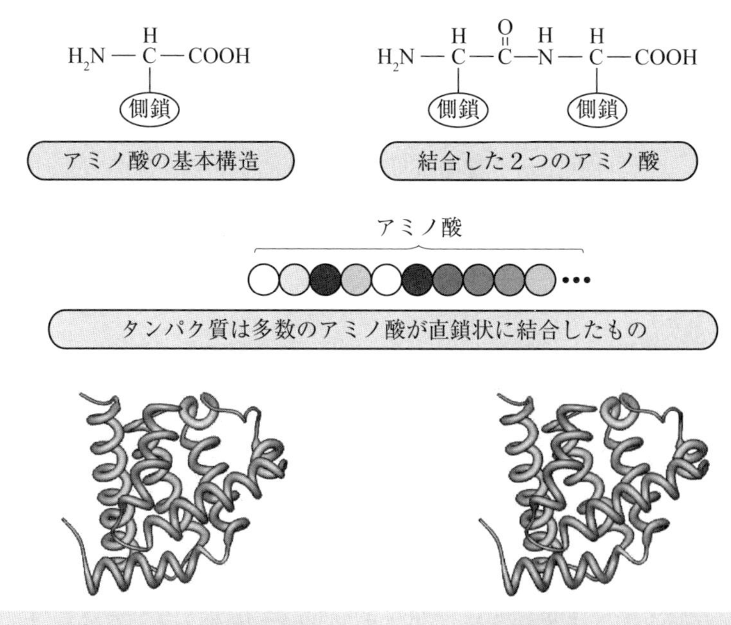

図6-5　アミノ酸とタンパク質

タンパク質は，**アミノ酸**という物質が直鎖状につながった分子である（図6-5）。タンパク質に使われるアミノ酸は，特殊なものを除くと**20種類**に限定されている。そのアミノ酸が，平均すると300から400程度，タンパク質の種類ごとに決まった順序で決まった数のアミノ酸でつながっている。例えば，牛乳にはカゼインというタンパク質が含まれている。温めた時にできる表面の膜にはそのカゼインがたくさん含まれている。牛乳に含まれるカゼインは4種類あり，どれも200程度のアミノ酸からなるタンパク質であり，各々決まったアミノ酸の並びをもっている。

20種類のアミノ酸は，基本的な構造は類似しており，**側鎖**と呼ばれる部分だけが違っている（図 6-5）。この側鎖の性質によって，そのアミノ酸がもつ性質も異なってくる。そして，タンパク質はただアミノ酸が並んでいるだけでなく，それが立体的にも正しい位置に配置される必要がある。これは**タンパク質の折り畳み**（フォールディング）といわれ，細胞で作り出されるタンパク質は，種類ごとにその折り畳まれ方も決まっており，正しく折り畳まれることによって，アミノ酸が正しい位置に配置される。このため，特定の場所に特定のアミノ酸が配置され，タンパク質の種類ごとに特定の機能を示すことができる。

タンパク質の役割の一つは，細胞内でのエネルギーの合成や必要な物質の合成を行うための化学反応を効率的に行うことにある。このような役割をもつタンパク質を**酵素**という。一部の洗濯用洗剤に使われている酵素も生物由来のタンパク質である。また，細胞内の構造や，細胞の外に輸送され体内の組織の構造を維持するための**構造タンパク質**もある。ツメ，皮膚表面，毛髪などは，**ケラチン**という構造タンパク質がその形状を維持している。その他にも細胞膜を突き抜けて存在する**受容体タンパク質**は，細胞外部の物質の存在や環境の変化を感じて内部に伝えるはたらきをもつ。**輸送タンパク質**は，細胞外の分子やイオンの細胞内への取り込み，細胞内の分子やイオンの排出といったはたらきを担っている。

6.3.3 糖

糖は，**ブドウ糖**（**グルコース**）やショ糖（スクロース）がよく知られている。これらは細胞が利用するエネルギーや細胞自身で合成する物質の源となっている。細胞は糖を化学的に分解して，その際に生じるエネルギーで ATP という物質を合成し，それを利用して酵素を触媒とした化学反応や筋肉の収縮を行っている（第 8 章参照，ATP 自体は核酸に分類される）。また，細胞によっては細胞膜の外側に**糖鎖**や**細胞壁**といった構造があり，それらにも糖が含まれている。

6.3.4　脂質

生体内の分子で，水に溶けにくく油と親和性があるものが**脂質**である。例えば**中性脂肪**も脂質の一つである。栄養を長期に保存するための役割をもち，脂肪細胞内部に保持されている。この中性脂肪の過度の蓄積が肥満である。一方，細胞膜は**リン脂質**という脂質がその構造形成に必須の役割を担っている。

6.3.5　核酸

核酸は，細胞内で占める量は少ないが，重要な役割を担っている分子である。その一つが **DNA** である。DNA は生物の**遺伝情報を保持**する分子である。生物の**設計図**あるいは**レシピ**ともいえる。また，その設計図を読み取る際に合成される核酸が **RNA** である。また，RNA にはタンパク質の合成に関わるものもある（第 10 章参照）。そして，細胞が利用するエネルギーの運搬体として利用される核酸が **ATP** である。細胞で作られた ATP が，化学反応に必要なエネルギーを供給したり，筋肉を動かすタンパク質にエネルギーを与えたりする。

6.4　原核細胞と真核細胞

生物の細胞には大きく 2 種類ある。**原核細胞**と**真核細胞**である（図 6-6）。ただし，1 つの生物にこれらの 2 種類の細胞が混在することはなく，どちらか一方の細胞からなる。動物，植物は真核細胞からなる。酵母やアメーバ，カビなども真核細胞である。大腸菌，シアノバクテリア，マイコプラズマなどの細菌といわれる生物は原核細胞である。

原核細胞と真核細胞の大きな違いは，細胞内の**核**という構造の有無に

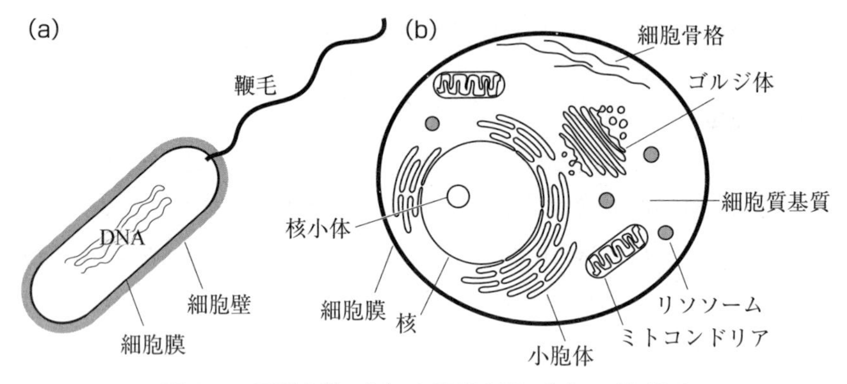

図 6-6　原核細胞（a）と真核細胞（b）の模式図

ある。核は，生物の設計図である DNA を収納する。原核細胞は核をもたない，より単純な構造をした細胞である。一方，真核細胞は核をもち，内部の構造も複雑である。

6.4.1　真核細胞

真核細胞には，原核細胞とは異なり，核以外にも様々な構造をもつ。それらは**細胞小器官**という（図 6-6）。DNA を収納する核も細胞小器官である。核以外にも，**小胞体**，**ゴルジ体**，**リソソーム**，**ミトコンドリア**といったものが真核細胞に基本的に見られる細胞小器官である。植物の細胞はこれらに加えて，**葉緑体**や**液胞**を細胞小器官としてもつ。これらはいずれも，細胞膜同様の膜に包まれている。

これらの細胞小器官は膜に包まれることによって，その内部に別の環境を作ることができる。小胞体やゴルジ体の内部は細胞外部に近い環境が形成され，細胞外部や他の細胞小器官で利用するための物質を合成する。タンパク質も，内部で使われるものは**細胞質基質**（**細胞の内部で細胞小器官を除く領域**）中で合成されるが，外部に輸送されるものは小胞

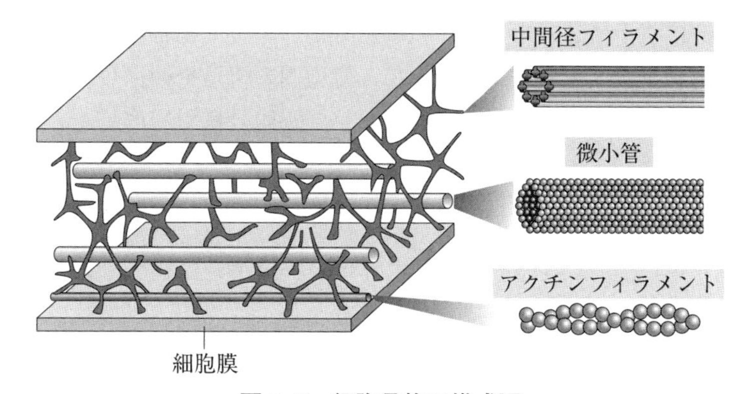

図 6-7　細胞骨格の模式図

体の膜上で形成される。そして，形成された端から小胞体内部に輸送される。ゴルジ体は，小胞体で合成されたものを適切な場所に輸送するための配送の役割を担っている。輸送には小さな膜で包まれた小胞を使う。リソソームは酸性環境を形成し，不要な物質を分解する。ミトコンドリアや葉緑体はその内部にもさらに膜構造があり，この膜で区別された空間を利用して，効率よく ATP を合成する（第 8 章を参照）。いずれも膜で包まれていることによって，これらの特殊な役割を細胞内部で担うことができる。

6.4.2　細胞骨格

膜に包まれたこれらの細胞小器官以外にも細胞小器官に分類されるものがある。それらは**細胞骨格**，**鞭毛**，**繊毛**などであり，細胞の形や運動に関わっている。鞭毛も繊毛も，細胞骨格の一つである微小管がその構造の中心である。よって，細胞骨格からなる構造ともいえる（図 6-7）。細胞骨格として，微小管，アクチンフィラメント，中間径フィラメントの 3 種類が知られている。いずれも，特定のタンパク質が連なった繊維状の構造である。この細胞骨格によって細胞の形を維持したり，細胞骨格をレールのようにして，細胞内の構造を輸送したりする。筋肉の収縮もアクチンフィラメントという細胞骨格を利用したものである。

一般的に真核細胞は原核細胞よりも大きい。例えば，原核細胞の大腸菌はその長さが 1 μm 程度である。一方，真核細胞の場合，ヒトの細胞を例にすると，比較的小さな赤血球で直径が 7～8 μm，卵細胞のような大きい細胞では直径が 100 μm ぐらいになる。したがって，真核細胞では細胞内部の構造の維持や，物質の輸送を行う仕組みも発達している。そして，先に示したように細胞骨格がこれらの機能において重要な役割を担っている。

6.4.3　原核細胞

原核細胞は核をもたない（図 6-6）。そのため，遺伝情報である DNA は細胞内の他の物質とともに存在する。また，シアノバクテリアなど，一部の生物ではその細胞内に特殊な構造をもつが，原核細胞に共通する細胞の内部構造はない。しばしば鞭毛という構造をもつが，真核細胞の鞭毛とは異なるものであり，細胞小器官といえるものではない。細胞自体も小さいため，細胞内部において物質を能動的に輸送する仕組みもなく，基本的にブラウン運動のような受動的な力で内部の流動が起こっている。

一方で，構造や仕組みが単純であるがゆえに，様々な環境でも生き残ることができる。摂氏 90 ℃を超えるような高温，あるいは強酸や強アルカリの液中で生活し，繁殖を行うものもいる。また，最適な条件では 10 分ごとに増殖するものもいる。寿命などもない。温度が下がれば休眠し，氷に閉じ込められても生き残っている。

6.5　細胞分裂

細胞は**分裂**によって増殖する。しかし，単純に2つに分かれるわけではない。新たに生じる細胞に，生きていくために必要なものを分配する必要がある。細胞内の物質の多くは細胞内に多数存在するので，半分に分裂すれば，必要な物質は配分される。しかし，1つしかないものは正確に複製し，配分する必要がある。その一つが遺伝情報をもつDNAである。

6.5.1　真核細胞の分裂と染色体

真核細胞においてDNAは核の内部にある。そして，DNAには保護のためのタンパク質が結合し，**染色体**という構造をとっている。特に細胞が分裂する時には，棒状の明確な構造をとる。この染色体の動きを中心に細胞分裂の過程を順に見ていこう（図6-8）。

まずは分裂する前に，DNA（染色体）の複製が行われる。ヒトの細胞の場合，核の中のDNAは46本に分かれて存在する。よって，46本のDNAが各々複製される。次に，染色体が凝縮する。この凝縮によって，染色体はよく知られた棒状の構造になる。既に複製を終えているので，2本の同じ染色体が中央付近か末端でつながった構造（この結合部は動原体である）として観察される。次に，核を包んでいた核膜が細かく分かれて，消失する。そして，これら染色体は，細胞の分裂が生じる中央の部位に集まる。その後，染色体の動原体に，新たな細胞の中心体から伸びた**紡錘糸**という構造が結合する（紡錘体は中心体と紡錘糸の複合体）。

準備が整うと，動原体部分を介して対になっていた染色体が離れ，各染色体は紡錘糸によって中心体（細胞の両末端）へと引き寄せられて，

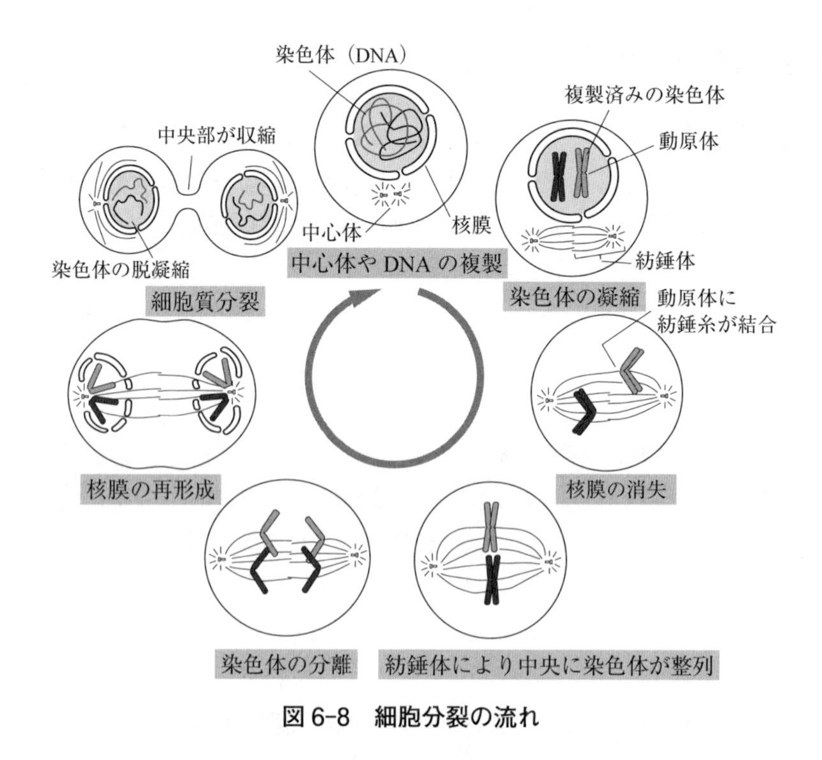

図 6-8　細胞分裂の流れ

分配される。この過程は厳密に制御されており，ヒトであれば2つの新たな細胞には46本ずつの染色体が正しく分配される。その後，細胞自体も2つに分かれ，染色体の周りに核膜が再形成される。そして，棒状に凝縮していた染色体も，通常の形態であるDNAが伸びた状態になる。これで分裂の完成である。例えば，ヒトの細胞を実験室で培養すると，1回の分裂から次の分裂まで早くとも20～24時間かかる。

6.5.2　原核細胞の分裂

原核細胞も分裂の仕組みは類似している。細胞が分裂する前にDNA

の複製が必要である。また，分裂する前に細胞自体も大きくなる。大腸菌のような円筒状の細菌の場合，筒が伸びるように大きくなる。そして，分裂する際は中央がくびれることによって，分裂が完成する。

6.6　まとめ

細胞は細胞膜で包まれた袋状の構造である。その中でエネルギーを取り出したり，必要な物質を合成したりしている。細胞は炭素，酸素，水素，窒素などの元素からなる。細胞ではこれらの元素は分子を形成している。そして，水，タンパク質，糖，脂質，核酸などの分子から細胞はできている。また，生物の細胞には原核細胞と真核細胞がある。その違いの一つは，核という構造の有無にある。動物や植物などは核を有する真核細胞であり，大腸菌などの細菌は核のない原核細胞である。真核細胞の中には，核，小胞体，ゴルジ体，ミトコンドリア，細胞骨格などの細胞小器官がある。いずれの細胞も分裂して増える。その際に，複製された遺伝情報を正確に分配する仕組みも発達している。

参考文献

［1］D. サダヴァ・他『カラー図解　アメリカ版　新・大学生物学の教科書　第1巻　細胞生物学』石崎泰樹，中村千春・監訳，講談社，2021.
［2］D. サダヴァ・他『カラー図解　アメリカ版　新・大学生物学の教科書　第2巻　分子遺伝学』中村千春，石崎泰樹・監訳，講談社，2021.
［3］Bruce Alberts, Karen Hopkin, Alexander Johnson, David Morgan, Martin Raff, Keith Roberts, Peter Walter『Essential 細胞生物学　原書第5版』中村桂子，松原謙一，榊佳之，水島昇・監訳，南江堂，2021.
［4］Sylvia S. Mader, Michael Windelspecht『マーダー生物学』藤原晴彦・監訳，東京化学同人，2021.

7　自己複製と個体発生

二河成男

《目標＆ポイント》 生物の最も顕著な特徴は，その自己複製能力にある。本章では，生物の自己複製の仕組みについて，動物や植物を例に，有性生殖による生殖，卵から成体が形成される個体発生，そして，個体発生の過程で形成される生物個体の階層性について解説する。
《キーワード》 自己複製，生殖，受精，配偶子，減数分裂，個体発生，細胞分化，階層性

7.1　自己複製

生物と無生物の違いの一つは，生物の自己複製能にある。**自己複製**とは，自分自身と同じ生物を生み出すことである。より簡単にいうと，子を作ることを意味する。ただし，生物学での自己複製は物質的に全く同じ生物を生み出すことではなく，遺伝的に同等の生物を生み出すことである。ヒトの場合は，性の異なる2個体から子が生じ，子は親と似ているが，同じではない。酵母などでも自身が分裂（出芽ともいう）することによって，自己複製を行う。その母細胞（親に相当）と娘細胞（子に相当）では遺伝情報も同じであるが，同じ場所に同じ分子が存在するといったような物理的に全く同じものではない。

7.1.1　生殖

生殖とは，生物が自身の子を作ることをいう。英語では reproduction

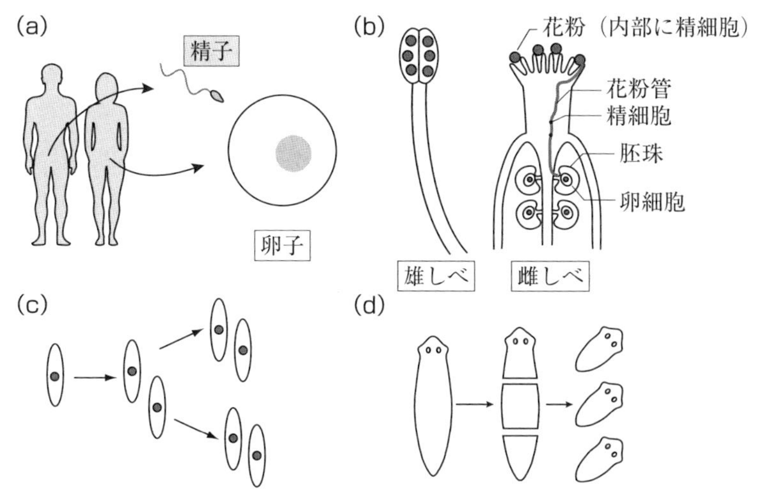

図 7-1　生殖の方法

a：ヒトの精子と卵子の受精
b：被子植物の受粉と精細胞と卵細胞の受精
c：単細胞生物の分裂
d：プラナリア。からだの一部から再生，有性生殖も可能

といい，そのまま訳せば再生産となる。生殖の方法は生物によって様々である（図 7-1）。多くの動物では，雄と雌の個体から卵という形で子が作られる。植物では，雌しべと雄しべから卵を経て，種子という形で子が作られる。大腸菌は分裂によっている。酵母は出芽という分裂を行うだけでなく，動物や植物と同様に性を介しても子を作る。ここでは動物の生殖を中心に，自己複製の過程である生殖について説明する。

7.1.2　受精卵と配偶子

動物は基本的に，新たな個体は卵の状態で生まれる。母親の子宮で育つ哺乳類では，出産される時を“生まれる”と表現するが，ここではそれ以前の卵の状態を生まれたとする。一方で，私たちが食べている，日本で一般に市販されているニワトリの“卵”や，サケなどの“卵”であるイクラは，厳密にはここでいう卵ではない。

卵という同じ言葉を使ったので混乱したが，正確にいうと，新たな個体となる卵は**受精卵**である。受精卵は精子と卵子の**受精**によって生じる。受精とは，精子と卵子が融合することである（図 7-2）。一方，食品として市販されているニワトリの“卵”もサケの“卵”も無精卵である。これらは精子との融合，つまりは受精を逸した卵子であり，ここから新たな個体が生じることはない。

精子や卵子は**配偶子**ともいう。それぞれ，雄の生殖器官である**精巣**，雌の生殖器官である**卵巣**で形成される配偶子なので，**雄性配偶子**，**雌性配偶子**ともいう。配偶子も細胞なので，細胞分裂によって生じる。精巣では精原細胞が活発に分裂しており，そこから精母細胞が生じ，特別な細胞分裂を経て，精子が形成される。卵巣でも同様に最終的に卵母細胞から卵子が形成される。この配偶子が形成される特別な細胞分裂を**減数分裂**といい，**体細胞分裂**とは異なる分裂の過程を経て生じる。

7.1.3　減数分裂

減数分裂によって生じる雄性配偶子（精子）や雌性配偶子（卵子）には，もともとの母細胞にあった遺伝情報の半分が伝達される（図 7-2）。つまり，減数とは染色体の数が減じることを指している。ヒトのからだを構成している細胞は，父親由来の染色体 1 組分と母親由来の染色体 1 組分をその核の中に収納している。1 組の染色体は異なる種類の 23 本の染色体からなるので，2 組分 46 本の染色体が細胞の核内にある。通常の**体細胞分裂**（図 6-8 参照）であれば 46 本が複製され，新たに生じる細胞それぞれに 2 組分 46 本の染色体が配分される。ところが減数分裂では，

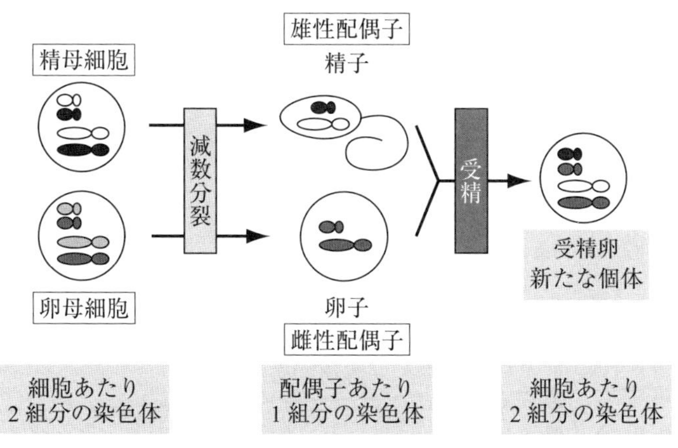

図 7-2　有性生殖における配偶子形成と受精

複製された後に2回連続して分裂が起こる。その結果，1細胞（配偶子）あたり1組分23本の染色体のみが分配されることになる。

減数分裂のもう一つの特徴は，遺伝的に異なる配偶子（細胞）を作ることにある。**図 7-3** は，減数分裂を体細胞分裂と比較した模式図になる。減数分裂では，染色体の複製後，**相同染色体**（異なる性の親に由来するが，同じ種類の染色体）同士で対合が生じる。そして，その一部で遺伝情報の置き換わりである**染色体の交叉**（乗換えあるいは**遺伝的組換え**）が起こる。その後，最初の分裂（第一分裂）が生じる。この時に，それぞれの細胞には23本×2の染色体が分配される。ただし，体細胞分裂のように各染色体が父親由来と母親由来それぞれ1本を新たな細胞に分配することはない。その代わりに各種類の染色体は，両親由来の染色体のうちどちらかが分配される。よって，ある染色体は父親由来，別の染色体は母親由来となることもある（**染色体分配の偶然性**）。

1回目の分裂の後，速やかに2回目の分裂（第二分裂）が起こる。この段階で，複製された後に動原体付近でつながっていた染色体が分かれ

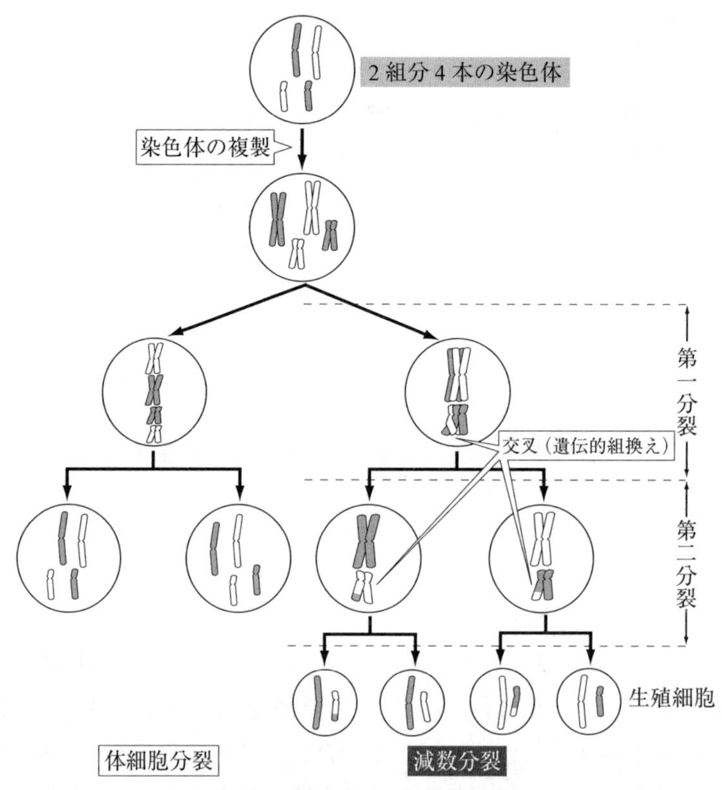

図 7-3　体細胞分裂と減数分裂の比較

て2つの配偶子に分配されるため，配偶子に1組分23本の染色体が分配される。この減数分裂の仕組みは，動物や植物で共通している。

精子の場合は，1つの母細胞から減数分裂を経て4つの精子が形成される。しかし，卵子の場合は1つの母細胞から1つの卵子が形成される。残りの3つは極体といって機能をもたない小さな構造となる。このように1つの卵子に受精後の成長に必要な栄養などを蓄積しておくことによって，受精後の発生における速やかな細胞の増殖が可能となる。ただし，遺伝情報は卵子でも1組分23本である。そして，ヒトの場合，最終的に減数分裂によって卵子が完成するのは，精子との受精が起こった直後である。卵巣からの排卵直前に減数分裂の1回目の分裂が完了し，受精後に2回目の分裂が完了する。

減数分裂の仕組みは，体細胞分裂よりも少し複雑である。1度の複製で2度の分裂を行うのは，染色体を1組分にするためである。このことによって，受精後に受精卵の染色体数が再び2組分になる。また，**染色体の交叉**や**染色体分配の偶然性**は，ある個体で作られる配偶子のもつ染色体の組み合わせを変えること，つまりは遺伝的な違いを生み出すためである。

7.1.4　受精

ヒトの場合，受精は輸卵管という子宮から卵巣に伸びた管で起こる。卵巣から排卵された卵子は輸卵管に移動する。輸卵管の卵子は，その細胞膜の外を**透明帯**という構造で囲まれており，さらにその外側を卵丘細胞に覆われている（図7-4）。精子は運動性をもち，輸卵管自体の収縮

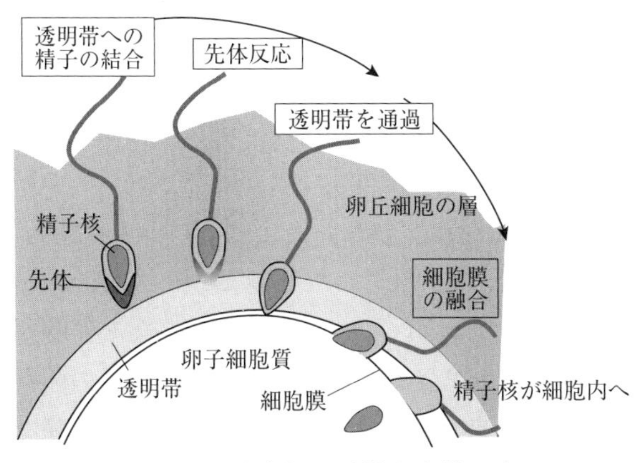

図7-4　哺乳類の受精と先体反応

運動にも助けられながら，卵子の方向へ移動する。卵子に到達すると，精子は酵素を用いて卵丘細胞の層を溶かしながら卵子に近づく。そして，透明帯に達すると，**先体反応**という精子先端の構造変化が生じ，受精の準備を整える。その後透明帯を通過して，精子の細胞膜は卵子の細胞膜と融合し，精子の核が卵子の内部に入り込む。そして，卵子と精子の核が融合して，2 組分 46 本の染色体をもつ**受精卵**となる。

7.2　個体発生

7.2.1　初期発生

受精卵が生じた時点で，自己複製が完了したと見ることもできる。しかし，実際には，それだけでは新たに生じた個体が自己複製を行える状態，つまり成熟した状態になっていない。分裂によって生じる細菌などであれば，新たな個体（細胞）が生じれば，速やかに次の分裂の準備に取りかかり，状態がよければ大腸菌などは 30 分後に次の自己複製を行う。つまり，30 分以内に成熟した状態になる。一方，動物や植物では事情が異なる。受精卵から成熟した個体へと変化する必要がある。このように受精卵から個体が形成されることを**個体発生**（あるいは**発生**）という（図 7-5）。おおよそ成熟個体と同じ形になるところまでの期間を指す場合と，生殖ができるまでのより長い期間を指す場合がある。

発生の始まりは受精である。受精卵は，受精直後から活発に体細胞分裂を行う。まずは細胞の数を増やすことが優先され，一つひとつの細胞の大きさ自体は小さくなっていく。例えば，ヒトでは受精後 5 日で 70〜100 個の細胞になるまで分裂し，**胚盤胞**という状態になる（図 7-6）。その間に大きさとしては，直径で 2〜3 割大きくなる程度である。そして，この頃に，輸卵管から子宮に移動し着床する。この胚盤胞の内部は**内部細胞塊**といい，将来発生が進むと個体のからだや羊膜を形成する。

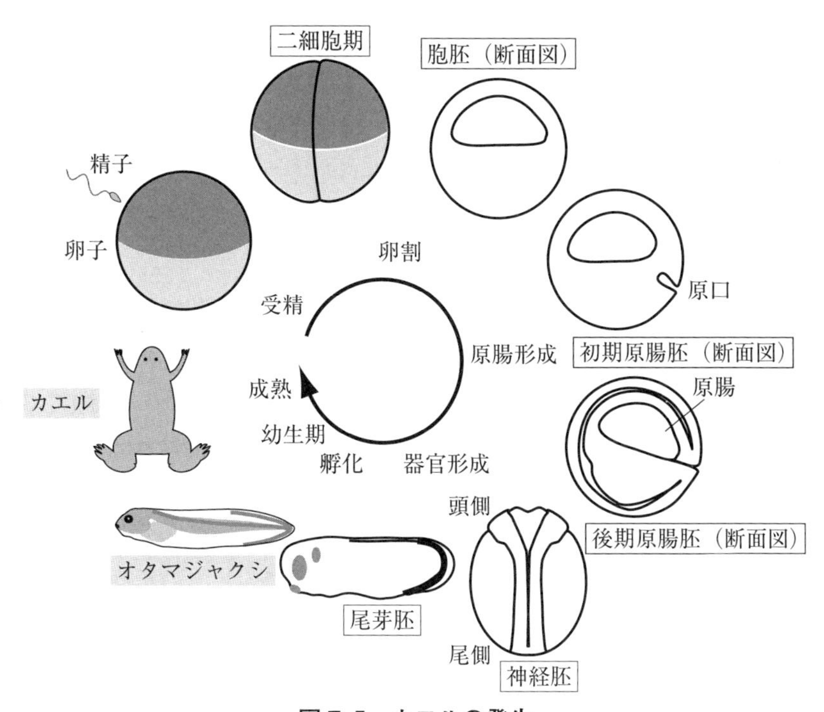

図7-5　カエルの発生

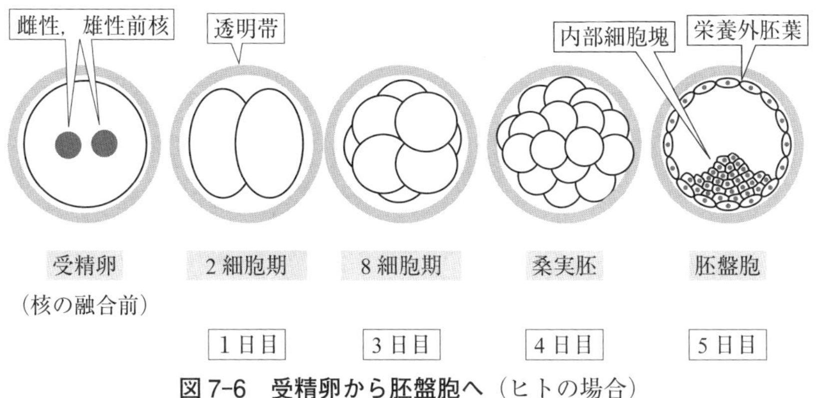

図7-6　受精卵から胚盤胞へ（ヒトの場合）

周囲の部分は**栄養外胚葉**といい，胎盤を形成する。そして，受精後1カ月ほどで，個体となる部分は4～6 mmほどに成長し，頭部や胴体，そして手足の元となる肢芽が形成される。受精後2カ月経つと，体内の臓器もその原型が形成され，外見上もヒトらしくなってくる。

7.2.2　細胞分化

このような受精卵から生物のからだができてくる過程で，細胞は分裂しながら様々な種類の細胞に特殊化していく。このことを**細胞分化**（あるいは**分化**）という。ヒトの場合，受精卵は分裂を繰り返した後に，内部細胞塊と栄養外胚葉に分化する。そして，内部細胞塊は各臓器の細胞に分化する。細胞の分化では，**多能性**をもつ細胞（様々な種類の細胞に分化する能力をもつ）が，発生が進むに従って徐々に多能性を失い，特定の種類の細胞になっていく（図7-7）。一方で，ヒトの細胞の多くは一旦分化すると，元の未分化の状態に戻ることは難しい。

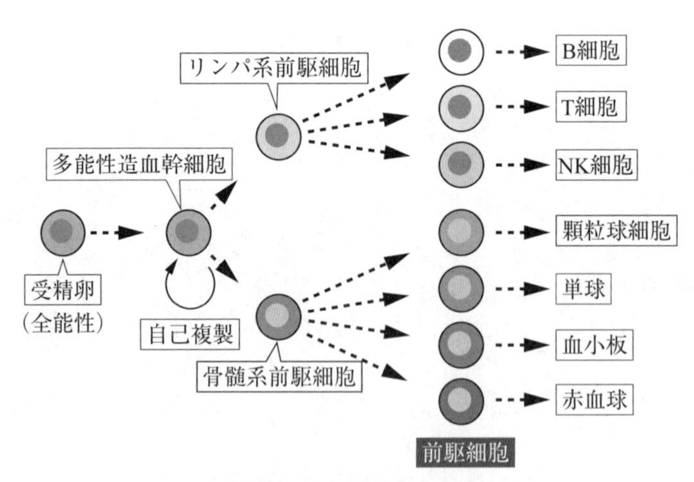

図7-7　細胞分化の例
造血幹細胞から血液の各種細胞が分化する。

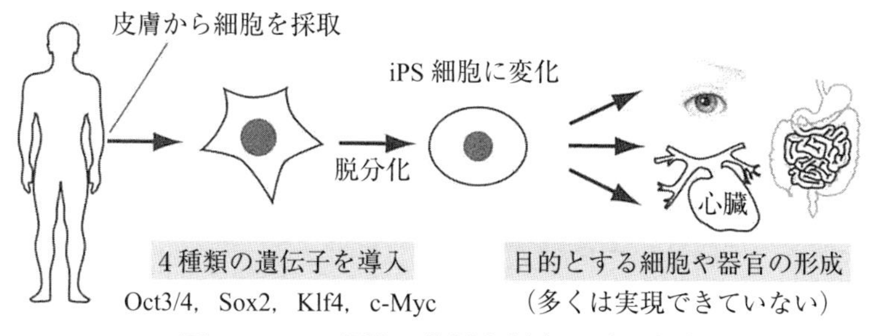

図 7-8　iPS 細胞の作製と将来の利用方法

この未分化の状態に戻すことを人工的に可能にしたのが **iPS 細胞**である。iPS 細胞は，成人の皮膚細胞を人工的に処理し，未分化の状態に変換した細胞である（図 7-8）。からだを形成するすべての細胞に分化する能力を有した細胞であると考えられている。2012 年にその発見の功績をたたえ，山中伸弥博士にノーベル賞が授与された。

7.2.3　誕生から成体へ

動物や植物など，複数の細胞からなる生物は，生まれた時点では次の自己複製を行うことができない。受精後，発生を経て，成熟して，生殖器官が十分に発達する必要がある。そして，生殖器官だけが成熟すればいいわけではなく，他の様々な器官も成熟する必要がある。ヒトの場合，10 代の途中まで成長を続け，ようやく成熟した個体となる。身体の運動能力，手の使い方，社会的技能，言語といった，脳や神経が関わる部分についても，器官などと同じようにその発達していく速度はおおよそ決まっている（図 7-9）。例えば，運動面では，生後 3～5 カ月で首がすわり，8～11 カ月でつかまり立ち，1～1.5 年で二足歩行ができるようになるといった形で徐々に成長していく。そして，身体的な成長の最終段階では，性的に成熟し，生殖可能な個体となる。

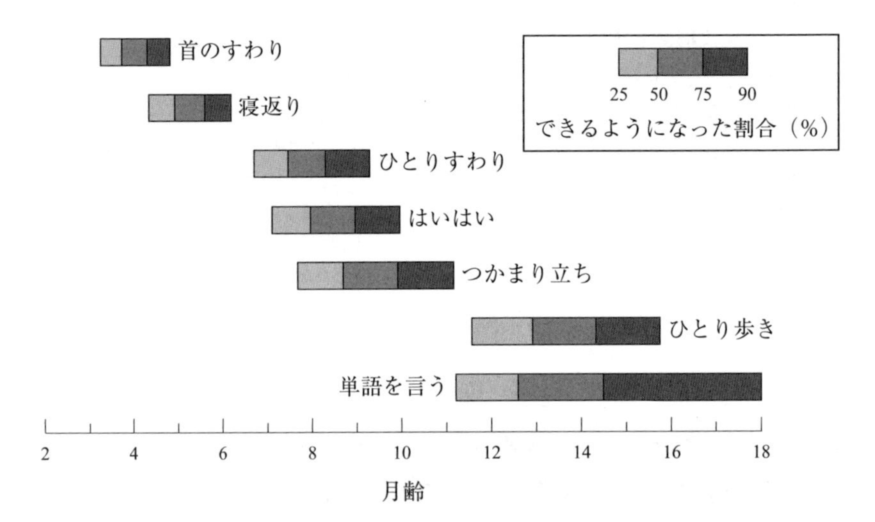

図 7-9　誕生後のヒトの運動機能や言語機能の発達
『平成 22 年度乳幼児身体発育調査』の「表 11-1　一般調査による乳幼児の運動機能通過率」および「表 11-2　一般調査による乳幼児の言語機能通過率」より作成した。正確な数値が必要な場合は元の表を参照のこと。
出典：https://www.e-stat.go.jp/stat-search/files?tclass=000001036771&cycle=8&year=20101

動物の中には，発生あるいは成長の過程で，そのからだの構造を大きく変えるものもいる。例えば，ウニ，ヒトデ，ナマコなどの棘皮（きょくひ）動物は，卵から孵化（ふか）した時は浮遊型の形態を示す。やがて，私たちの知るような海底の移動に適した構造へと変化する。また，昆虫の場合，チョウやカブトムシなどは，卵から孵化すると幼虫，蛹（さなぎ）を経て，成虫となる。幼虫と成虫とではその形態も食餌も大きく異なっている。

植物の場合，例えば花を咲かせる被子植物では，動物と同様に受精によって受精卵に相当するものができる。受精卵は雌しべの子房の中で成長して**種子**になり，成長を一旦停止する。やがて条件が揃うと発芽し，

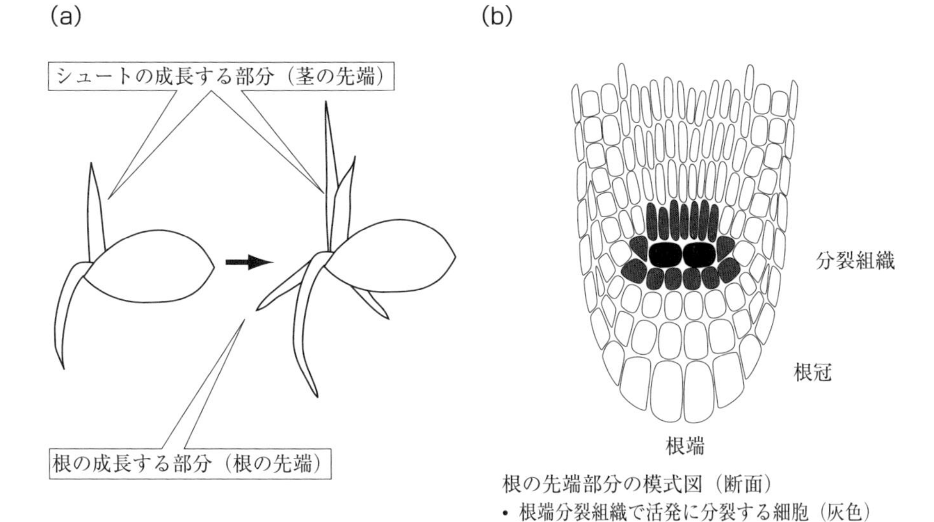

図 7-10　植物のシュートと根（a），根の先端に見られる分裂組織（b）

種子から根と芽（シュート）が出てくる（図 7-10）。根は土の中に伸びていき，芽は逆の方向に伸びていく。そして，芽や根の先端で活発に細胞分裂を繰り返して成長していく。幹や茎の部分も，形成層という外側近くにある部分の細胞が分裂して成長することによって，太くなっていく。そして，ある程度成長すると，刺激に応じて，シュートの先端に生殖器官を形成する。これが花である。

7.3　生物のからだに見られる階層性

動物や植物のからだは，分化した細胞の集まりとも見える。しかし，生物のからだは**階層性**も同時に備えているところに特徴がある。階層性とは，複数の異なる要素が集まって一つの機能集合体を作り，さらにそ

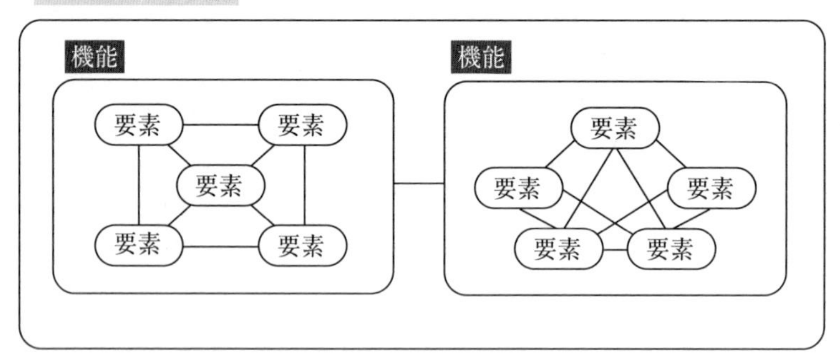

図 7-11　階層性と創発
関連をもつ要素が集まることによって，要素にはない新たな機能が生まれる。その機能が要素となって集合体を形成すると，より包括的な機能が生まれる。

れが複数集まって，より複雑な機能集合体を形成するような状態のことをいう。例えば，生物のからだは，分化した細胞の単純な集合体ではなく，高度に組織化されている。集まることによって，細胞の機能が足し合わさっただけでなく，新たな機能が生じる**創発**が起こっている（図 7-11）。例えば，動物の心臓は，収縮できる細胞が単純に集まっただけではない。細胞が集合し袋状のものが形成され，さらに細胞が協調して収縮することによって，内部の血液を押し出すことができる。あるいは，植物が根から水を吸い上げるには，土から水を回収する根，水を蒸散させる葉の気孔，そして根と葉をつなぐ道管が必要である。これらが組み合わさることによって，地表から数十 m，根の末端からするとさらに高低差のあるところに水を供給することができる。このような階層性と階層性から生み出される創発によって生物機能を作り出す点も，細胞の分化に加えて，生物の個体発生の特徴である。

生物のからだの階層性を確認しておこう（図 7-12）。まず，生物は

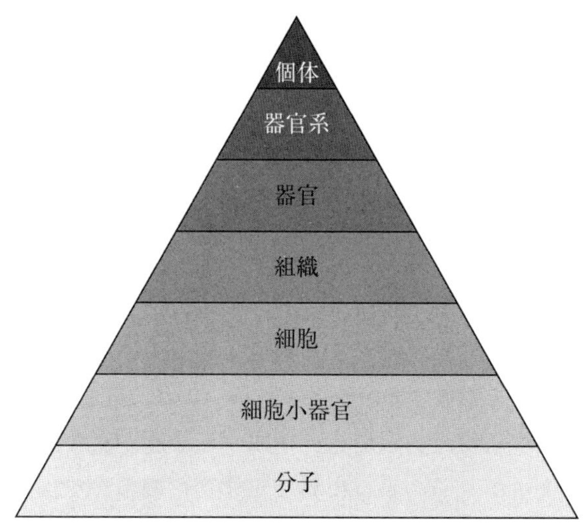

図7-12　生物個体に見られる階層性

元素が様々に組み合わさった**分子**からなる。水や酸素ガスも分子であり，DNAやタンパク質も分子である。よって，低分子のものが組み合わさって，より大きな高分子ができている。元素のままでは種類も少ないが，分子になると格段に種類が増え，それによって化学的な性質も多様化する。そして，生物によって合成される高分子が集まって，**細胞**ができる。分子はあくまでも無生物であるが，それが集まることによって生物が形成される。

大腸菌などの原核細胞は分子が袋に押し込まれている状態だが，真核細胞は細胞内に**細胞小器官**という様々な構造をもつ。よって，真核細胞は細胞小器官が集まったものともいえる。その結果，真核細胞は原核細胞と比べると，巨大でその形態や機能も多様である。この細胞小器官が集まった細胞が誕生したからこそ大型の生物も誕生したと考えられている。

そして，細胞が集まり，個体が形成される。この2つの階層の間にもいくつかの階層が存在する。細胞は，いくつかの異なる性質をもつ細胞が集まって，**組織**を形成する。例えば，動物の組織には，体内の構造の表面に存在する上皮組織，上皮組織の内側で構造を包み保護する結合組織，様々な構造の動きに関わる筋組織，そして，神経による信号伝達に関わる神経組織がある。

これらの組織は独立して存在するわけではなく，層状に重なって特定の機能をもつ**器官**を形成する。多くの器官がこれら4種類の組織をもつ。ただし，同じ上皮組織であっても，構成する細胞が異なれば違った上皮組織になる。よって，そのように異なる要素（細胞）で作られた組織からなる器官は，基本的な構造に類似性があっても，全く異なる機能をもっている。例えば，胃も肺も先ほどの4つの組織からなるが，その機能は異なっている。そして，器官が集まって**器官系**を形成し，器官系が集まって**個体**となる。これも，哺乳類ならほぼ同じ器官系をもつが，その性質は少しずつ異なっており，その結果個体も生物の種類ごとに異なっている。さらに，個体が集まって，**個体群**，**種**，**生物群集**といったより高次のものへと階層が積み上がっていく。

7.4 まとめ

動物や植物の生殖は，多くの場合，雌雄の性があり，各々の性で減数分裂によって作られる配偶子が受精することによって，受精卵として次世代が生じる。その受精卵が発生を経て，成熟した個体となる。この過程で細胞は分裂して増殖し，分化することによって性質の異なる細胞を作り出す。また，生物のからだには階層性が見られ，これが生物と物質の違いを生み出している。

参考文献

［1］A. Singh-Cundy, M. L. Cain『ケイン生物学　第 5 版』上村慎治・監訳，東京化学同人，2014.

［2］Sylvia S. Mader, Michael Windelspecht『マーダー生物学』藤原晴彦・監訳，東京化学同人，2021.

［3］Bruce Alberts, Karen Hopkin, Alexander Johnson, David Morgan, Martin Raff, Keith Roberts, Peter Walter『Essential 細胞生物学　原書第 5 版』中村桂子，松原謙一，榊佳之，水島昇・監訳，南江堂，2021.

8　代謝の役割

二河成男

《目標＆ポイント》 生物のからだは物質が集まったものであり，必要なエネルギーも化学物質から取り出すことができる。これらの化学物質の合成やエネルギーを取り出す反応を代謝という。本章では，代謝とは何か，代謝における酵素の役割，化学反応としての代謝の特性を概観する。また，ATP の合成と光合成によるグルコースの合成を通して，代謝について学ぶ。
《キーワード》 代謝，化学反応，酵素，触媒，代謝経路，解糖系，クエン酸回路，電子伝達系，光化学反応，カルビン・ベンソン回路

8.1　代謝とは何か

生物のからだや細胞の中では，生命活動の維持のために様々な**化学反応**が起こっている。このような化学反応の具体的な役割は大きく 3 つに分けられる。それらは，

①必要なエネルギーを得るため
②必要な物質を生産するため
③不要な物質を分解・排出するため

の 3 つである。生体内でのこれらの化学反応を**代謝**という。新陳代謝という言葉もあるが，これは体内の新しいものと古いものとを入れ替えることである。生物学での代謝は化学反応であり，新陳代謝とは意味が異なる。

ヒトを含めて動物は一般的に，食べ物から生命活動のための**エネル**

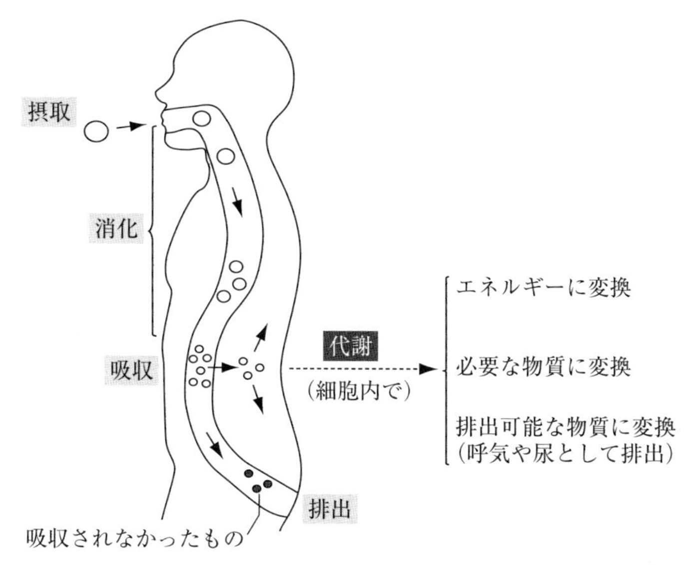

図8-1 代謝と食物の関係

ギーを得ている。ただし，口の中に入れれば，それがすぐにエネルギーとして利用できるわけではない。ヒトなどの場合は，口の中から小腸へ移動する過程で，物理的（咀嚼（そしゃく））あるいは化学的（消化酵素）な作用によって食べ物が分解され，小腸の細胞によって吸収できる程度にまで小さな物質になる。その大きさは正確ではないが，1 nm（1 mm の 100 万分の 1）程度に相当する。糖であれば，**グルコース**（ブドウ糖）やスクロース（ショ糖）1 つ程度の大きさである。そして，腸でからだの内部に吸収された物質は，血流などに乗ってエネルギーを必要とする細胞に輸送される。そこでさらに，細胞内部での化学反応によって，エネルギーが取り出される（図 8-1）。人間が社会生活で石油を分解して（燃やして）エネルギーを得るように，生物のからだも糖を分解して，そこからエネルギーを取り出す。この細胞内部におけるエネルギーを取り出すための化学反応が代謝である。また，胃や腸内での化学的な作用（消化）や肝臓での有害物質の分解（解毒）なども代謝の一つである。

必要な物質を作る場合も，エネルギーの取り出しと類似の過程を経る。動物ならば，その源となる物質を栄養として外部から摂取する必要がある。外部から摂取したものはそのまま使われる場合もあれば，体内での化学反応によって別の物質に作り変えられて使われる場合もある。ヒトの成人ならば，タンパク質の合成に必要な 20 種類のアミノ酸のうち，9 種類は自身で作ることができず，栄養として摂取しなければならない。一方，残りの 11 種類は自身で作ることができる。植物ならば，必要なアミノ酸はすべて自身で作ることができる。このような体内や細胞内での化学反応による必要な物質の合成も代謝という。

8.2　化学反応の触媒：酵素

不要物の分解なども含めて，代謝は基本的に各細胞の内部で行われている。そして，代謝はいずれも何らかの物質を産生する。エネルギーを取り出す際も，細胞の世界では電気にするのではなく，**ATP（アデノシン三リン酸）**（図 8-5 参照）という分子を合成することによって，ATP 自体にエネルギーを保存して輸送する。ATP のようなエネルギーを運ぶために利用される物質を**エネルギー運搬体**という。そして，エネルギーを必要とする化学反応は，細胞内の ATP からそのエネルギーを受け取る。この時，ATP がもっていたエネルギーを受け渡す先もまた分子である。ただし，エネルギーのすべてを受け渡すことはできないので，余った分は熱として放出される。

このような代謝の本質である化学反応を生物由来の物質を用いずに化学的に行おうとすると，多くの場合，高温や高圧といった特別な条件が必要になる。しかし，生物は同様の化学反応を常温常圧の環境で行って

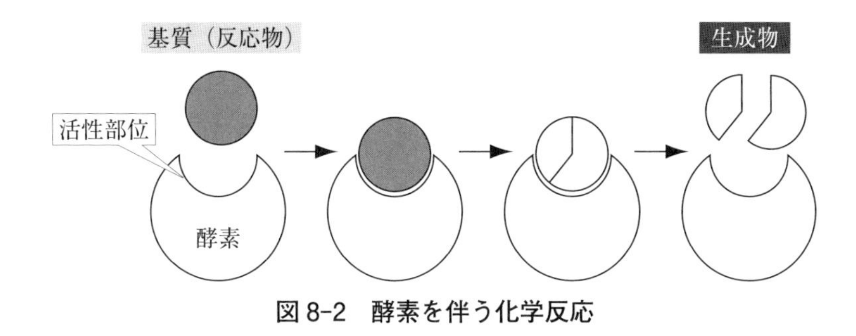

図 8-2　酵素を伴う化学反応

いる。そのために必要なものが**酵素**という分子である。酵素はタンパク質であり，遺伝情報にその設計図が記されている（**第 10 章**参照）。よって，細胞自身で必要な酵素を合成できる。この合成自体も，広い意味では代謝の一つといえる。

酵素のはたらきは化学反応の**触媒**である。触媒は化学反応の反応速度を大きくする物質のことを指す。反応速度とは，単位時間あたりにある物質の量がどれだけ変化したかを表す物理量である。反応速度が大きいほど，短時間にたくさんの物質が作られる。多くの化学反応は，触媒がなければ生じない。生じたとしてもその速度は遅く，とても生物や細胞が必要とする量の物質を作ることができない。酵素が触媒として機能することによって効率よく化学反応が起こり，必要な量の物質を合成することができる。よって，生物が生きていく上で，様々な酵素が必要となる。

酵素の存在下における化学反応の特徴を確認しておこう。酵素には**活性部位**（**活性中心**とも）という，特定の**基質**（化学反応の反応前の物質，反応物ともいう）と特異的に結合する部位がある（図 8-2）。基質と活性部位は鍵（基質）と鍵穴（活性部位）の関係にあり，ある酵素の活性部位には特定の基質しか結合できない。酵素はその形は決まっており，活性部位の形もまた決まっているためである。よって，酵素は特定の基質の触媒にしかなれない（図 8-2）。このことを**基質特異性**という。

基質が活性部位に結合すると，その酵素のもつ触媒作用により，基質は特定の**生成物**（化学反応によって基質から作られる物質）に変換される。そして，酵素が特定の化学反応しか触媒できないため，基質が決まれば，自ずと生成物も決まる。このことを**反応特異性**という。つまり，同じ基質であっても酵素の種類が違えば，異なる物質が作られる。酵素が異なれば，反応特異性も異なるためである。

酵素が触媒する化学反応において，酵素の活性部位に結合した基質は，生成物になると速やかに活性部位から離れる。この過程の前後で酵素自身は何も変化しない。したがって，再び基質が活性部位に結合すると，再び化学反応が生じ，基質が生成物になり，活性部位を離れる。この繰り返しによって，酵素自体は変化することはない。よってわずかな量の酵素があれば，生成物を作り続けることができる。ただし，基質がない時や生成物が多量にある時，あるいは化学反応に必要なエネルギーが供給されない時などは，たとえ酵素に触媒の能力があったとしても，化学反応は起こらない。

細胞の中は，このような性質をもつ酵素がおそらく数百種類かそれ以上存在し，さらに各種類の酵素が，1 つだけではなく複数存在する状態にある。このような状況では，分子が供給されれば，それを基質とする酵素の触媒作用による化学反応が速やかに起こり，生成物が作られる。一方で，酵素がなければその化学反応は起こらないので，細胞は酵素の合成や分解，あるいは活性自体を制御することによって，その酵素の触媒作用で作られる生成物の量を制御することができる。

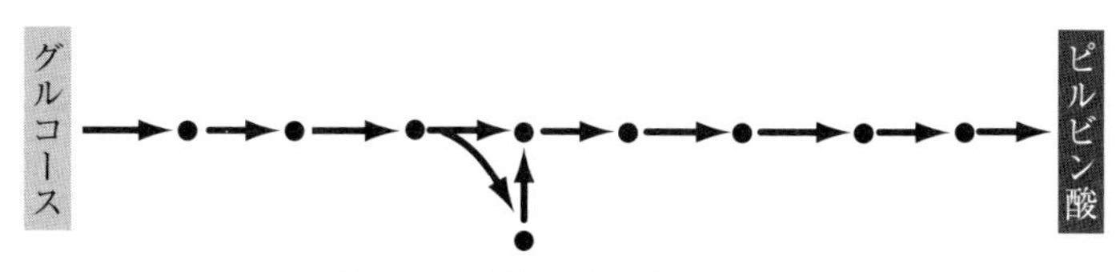

図 8-3　解糖系の代謝経路
矢印は異なる酵素が触媒する化学反応を示す。化学反応ごとに異なる代謝中間体（●）が生成される。

8.3　代謝と酵素

細胞は，酵素を利用して種々の分子を合成することができる。しかし，酵素は簡単に目的の生成物を作ることはできない場合が多い。例えば，ほとんどの生物はグルコースをピルビン酸という分子に分解し，その過程で ATP を合成する代謝を行う。この代謝を**解糖系**という。糖を分解して，ATP にエネルギーを移し替える反応ともいえる。このグルコースを分解する過程で，10 種類の化学反応によってピルビン酸は作られる（図 8-3）。つまり 10 種類の酵素が必要になる。一つひとつの酵素が触媒する化学反応では，基質とわずかに異なる生成物が作られる。つまり，少しずつ変化を積み重ね，最終的な生成物に至る。このように，複数の酵素を触媒とした連鎖的な化学反応が代謝の特徴である。最初の基質から最終的な生成物が作られる化学反応の道筋を**代謝経路**という。

また，代謝経路には反応物や生成物を介して，別の代謝経路とつながるという特徴が見られる。例えば，解糖系により作られたピルビン酸は，解糖系ではもう利用できない。その代わりに別の代謝の基質として利用される。ピルビン酸以外にも，解糖系の反応の途中段階でできた分子が，中性脂肪を産生する代謝経路の基質の一部として利用されるなど，代謝経路は 1 つの経路が単独で存在するのではなく，他の代謝経路とつな

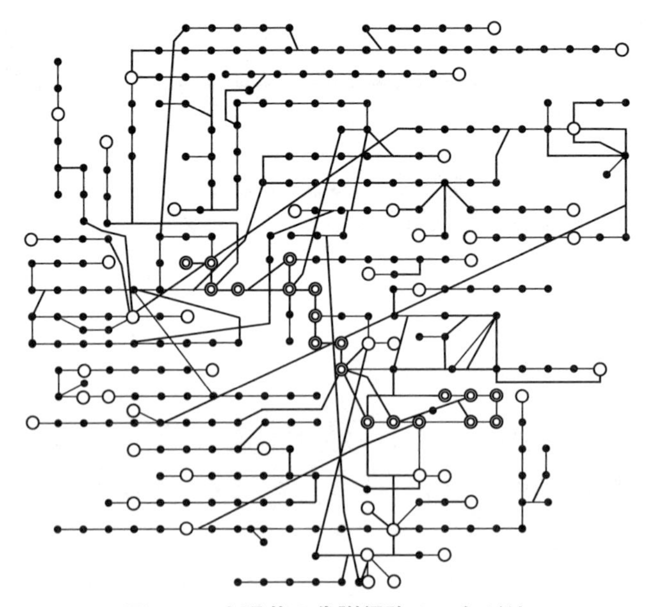

図 8-4　大腸菌の代謝経路のつながり

大腸菌で生合成される主な分子の代謝経路を線図で示した。解糖系とクエン酸回路（第 8.4 節を参照）の基質や生成物（◎），アミノ酸などの細胞内で必要な分子（○），他の代謝産物（●）は，酵素が触媒する化学反応（—）でつながっており，細胞内で起こる化学反応のネットワーク構造が見える。

がっている。このことは，細胞内で行われている代謝経路を俯瞰した模式図を見るとよくわかる（図 8-4）。このように代謝全体がつながることによって，細胞の代謝によって生じる生成物を無駄なく利用できる。実際，腸の表面からからだの内側に一旦取り込んだ物質は，様々な代謝を経て，炭素成分は二酸化炭素に，酸素成分や水素成分は水にまで分解されて排出される（酸素成分は二酸化炭素としても排出）。窒素成分は気体にはできず，主に尿素や尿酸として排出する。このように使用可能な部分は使い切ってしまい，利用できないものだけを体外に放出するこ

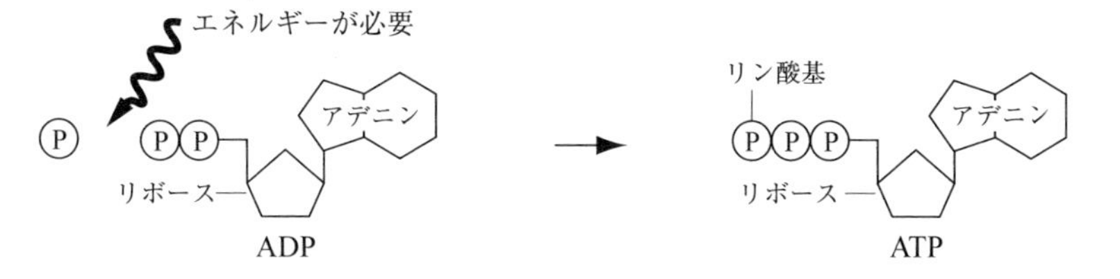

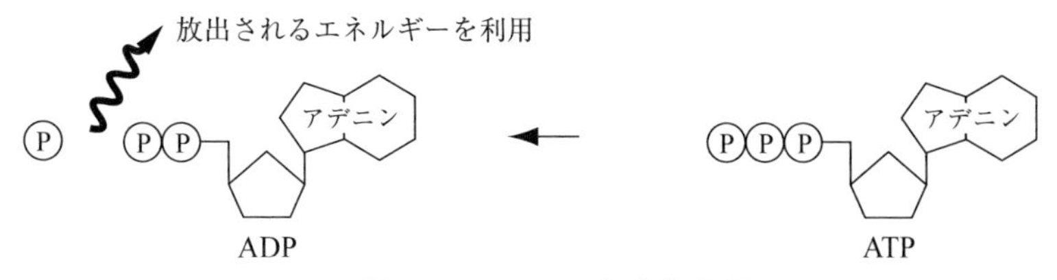

図 8-5　ATP の合成と分解

とができるのも，代謝の連鎖的な性質によっている（図 8-4）。

以上のように生体内や細胞内では，多数の酵素と化学反応によって物質が作られ，それらの物質をもとに生命活動が行われている。我々が脳においていろいろ考えたり，感じたりできるのも，基本はこのような生体内の分子の化学反応が制御されているためである。

8.4　ATP の合成

細胞の活動に必要なエネルギーを供給する **ATP**（**アデノシン三リン酸**）の合成を例に代謝の仕組みを見ていこう。まずは，ATP がどのような化学反応で合成されるか，という点に着目する。ATP は **ADP**（**アデノシン二リン酸**）を基質として合成される。ATP も ADP もアデノシンに**リン酸**が結合した分子である（図 8-5）。違いは，結合しているリン酸基の数である。ATP はその名称のようにリン酸基を 3 個もつ。ADP は 2 個である。よって，ATP の合成は，ADP にさらにリン酸基を 1 つ付加する化学反応になる。逆に，ATP からエネルギーを取り出す際は，ATP からリン酸基が 1 つ取り去られ，ADP が作られる。これを **ATP の加水分解**という。この反応には水が必要なため，そのような名称がつけられたのであろう。ATP の加水分解は，エネルギーが必要な化学反応と同時に起こるため，必要なところにエネルギーが供給される。

次に，実際の ATP の合成にどのような代謝が関わっているかを，食べ物のところから確認していこう。食べたものは口から小腸に至る間に小さく分解される。これも酵素のはたらきによる。細胞は自身で合成した酵素を外部に分泌し，細胞の外で利用することもできる。ヒトでは，唾液，胃液，膵液などに食べ物を分解する酵素が含まれている。例えば，グルコースは，食べ物の中では**グリコーゲン**や**デンプン**という形で存在する。これらはグルコースが多数つながった分子であり，このままでは腸で吸収できないし，分解し過ぎて二酸化炭素や水になってしまっても利用できない。したがって，口から腸の間に分泌される酵素は，デンプンのグルコース同士のつながりを切るはたらきをもつものであり，グルコースをさらに分解する酵素は分泌されない。

先に示したようにグルコースは，小腸で細胞に取り込まれ，必要とする細胞に運ばれる。細胞内では解糖系による代謝を受け，ピルビン酸になる。この過程でグルコース 1 分子から，ATP2 分子が合成される。そして，真核細胞であれば，ピルビン酸はミトコンドリアに輸送され，別の代謝経路によってさらに分解される。そのミトコンドリア内部での代謝の過程で，中心となる代謝経路の一つが**クエン酸回路**（あるいは TCA 回路）である（図 8-6）。ミトコンドリアでの代謝において，ピルビン酸は種々の酵素の作用によりさらに分解され，最終的には二酸化炭

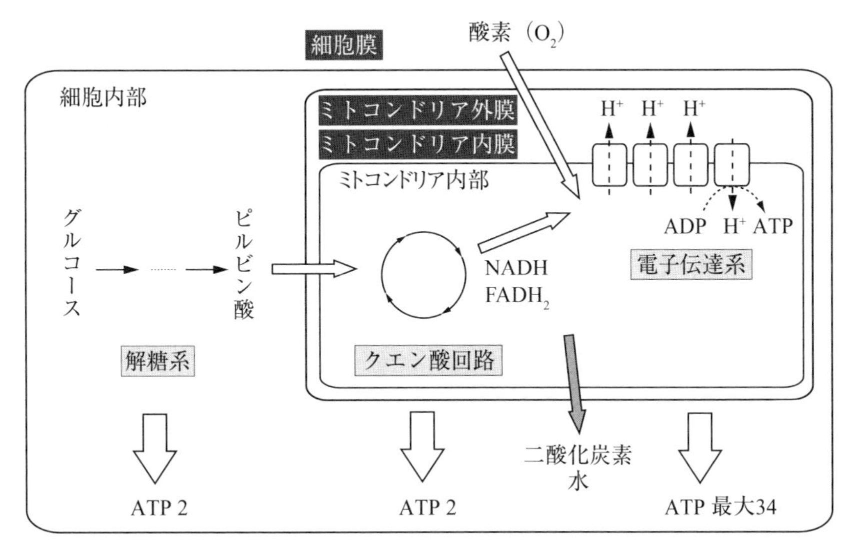

図 8-6　細胞内の ATP 合成
数字はグルコース 1 分子あたりの ATP の収量を表す。

素と水になる。そして，その過程でクエン酸回路は NADH と $FADH_2$ という分子を合成する。これらの分子はピルビン酸から放出されたエネルギーを，次の代謝経路である**電子伝達系**に渡す役割を担っている。電子伝達系はこのエネルギーを利用して，水素イオン（プロトン）をミトコンドリア内膜の外側に輸送する。その結果，内部の水素イオンの濃度が下がるので，水素イオンは内部に入ろうとする。そのエネルギーを利用して ATP を合成する酵素のはたらきによって，効率よく ATP が合成される。このようにしてグルコース 1 分子から得られたピルビン酸 2 分子から，30 分子程度の ADP が ATP に変換される。

ミトコンドリアの中では，ATP の合成の過程でピルビン酸と酸素ガスが消費され，二酸化炭素と水が生じる。この酸素ガスは肺で呼吸によって取り込まれたものであり，二酸化炭素は最終的に肺を通して排出される。私たちが息を吸って吐くことは，このような細胞内のはたらきと関連している。

8.5　光合成によるグルコースの合成

ATPは，グルコースを用いて合成する代謝経路以外にも，アミノ酸や中性脂肪から合成する代謝経路もある。しかし，アミノ酸も中性脂肪もそれらを構成する炭素の由来をたどるとグルコースに行き着く。

では，そのグルコースはどのように産生されるのか。動物もグルコースを作ることができる。しかし，それは解糖系の代謝経路を逆方向にたどるものであり，ATPを消費してしまう。したがって，長期的に見ると，外部からグルコースなどの栄養を摂取しなければ，エネルギーが不足してしまう。

一方で，地球上の生物の中には，光がもつエネルギーをもとに，二酸化炭素を基質としてグルコースなどの有機物を産生する生物がいる。これらの生物は，自ら蓄えたグルコースなどの分子からエネルギーを取り出さずとも，グルコースを作ることができる。この代謝を**光合成**という（図8-7）。特に植物の光合成はその過程で酸素を発生するので，**酸素発生型光合成**という。

酸素発生型光合成は，2つの代謝経路によって，水と二酸化炭素からグルコースを作る。その2つの代謝経路は**光化学反応**と**カルビン・ベンソン回路**である（図8-7）。

光化学反応では，まず**クロロフィル**（葉緑体にある緑色色素）で集めた光のエネルギーを電子に渡す（図8-7）。次に，その電子がもつエネルギーを利用して，**葉緑体**の内部にある，**チラコイド**という膜で包まれた構造の内部に水素イオン（プロトン）を輸送する。そして，チラコイ

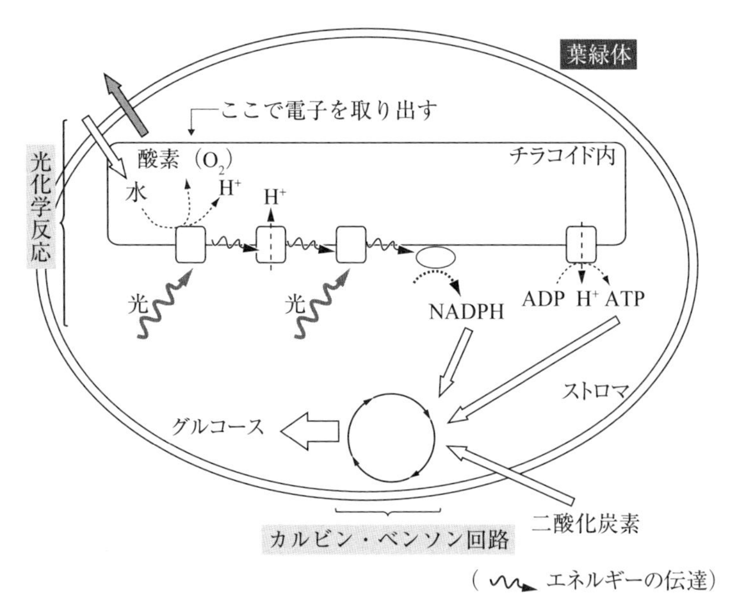

図 8-7　葉緑体での光合成

ド内部の水素イオンが濃度勾配に沿って外部に流れ出ようとするエネルギーを用いて，ATP を合成する。膜を介した水素イオンの利用という点では，ミトコンドリアの ATP 合成と共通性が見られる。理論的には光が十分にあれば，2 分子の水から 3 分子の ATP を合成できる。また，この過程で水から電子を取り出す反応が生じる。その際，副産物として**酸素ガス**（O_2）が作られる（水素イオンも生じ，濃度勾配に寄与する）。多くの生物にとって必須な酸素ガスも元をたどれば，ATP を合成するための副産物であったことも興味深い。

この過程でもう一つ，次の代謝経路に欠かせない NADPH も合成される。NADPH は ATP と同じく化学反応にエネルギーを供給する。しかし，ATP は単にエネルギーを供給するだけだが，NADPH は特定の化学反応に必要な電子を提供する。ただし，これは生物学というよりも化学の範囲なので，ここではNADPHも光合成には欠かせない要素であるという程度の理解でよい。

次の**カルビン・ベンソン回路**では，大量に作られたATPとNADPHを用いて**グルコース**を生産する。この代謝は葉緑体の内部（ストロマ）で行われる（図8-7）。この反応の基質の一つが**二酸化炭素**である。ATPのもつエネルギーをふんだんに使って，二酸化炭素の炭素を別の化合物の炭素と結合して，最終的にグルコースなどの輸送や貯蔵が容易な糖を合成する。

光合成は，光と二酸化炭素と水があれば，グルコースを際限なく合成できる。ただし，グルコースはエネルギー源にはなるが，生存に必要な分子を作る上では炭素源にしかならず，ほかに必要な窒素やリンはグルコースから供給できない。したがって，植物であっても，炭素源以外の栄養摂取は必要である。

8.6 まとめ

代謝とは，必要なエネルギーを得たり，必要な物質を生産したり，不要な物質を分解・排出したりするために，生体内で生じる化学反応のことをいう。代謝における化学反応は，酵素が触媒としてはたらく。酵素は，その基質特異性と反応特異性により，生体内の化学反応を制御している。1つの物質を作る代謝であっても，多数の酵素が関わっており，その一連の化学反応を代謝経路という。ATP合成に関わる解糖系，クエン酸回路，電子伝達系，光合成によるグルコースの産生に関わる光化学反応，カルビン・ベンソン回路などの代謝経路がよく知られている。

参考文献

[1] D. サダヴァ・他『カラー図解　アメリカ版　新・大学生物学の教科書　第3巻　生化学・分子生物学』石崎泰樹，中村千春・監訳，講談社，2021.

[2] Sylvia S. Mader, Michael Windelspecht『マーダー生物学』藤原晴彦・監訳，東京化学同人，2021.

[3] Bruce Alberts, Karen Hopkin, Alexander Johnson, David Morgan, Martin Raff, Keith Roberts, Peter Walter『Essential 細胞生物学　原書第5版』中村桂子，松原謙一，榊佳之，水島昇・監訳，南江堂，2021.

9 感覚と応答

二河成男

《目標＆ポイント》 生物には様々な感覚が備わっており，外界の状況を感知して適切な応答を行っている。本章では，ヒトがもつ感覚とその特性，受容した感覚の伝達に関わる神経のはたらき，これらの感覚を集積，情報処理する脳のはたらき，そして受容した感覚に対する応答について概観する。
《キーワード》 視覚，嗅覚，味覚，聴覚，神経，脳，筋細胞，ホルモン分泌，恒常性の維持

9.1 感覚，神経，脳，応答

生物に共通に見られる特徴の一つは，内外の状態に応じて適切な応答を行うところにある。体温の変化を感知して，代謝を高めたり，水分を体表面から蒸発させたり，移動したりといったことは，どれも刺激に対する応答である。このような応答を行うためには，まずは内外の状態を感知することが必要になる。

動物を例に考えてみよう。このような外部からの刺激を，種々の**感覚器官**を使って感知している。この感知した刺激を応答につなげるには，**中枢神経系**に感知したことを伝える必要がある。この伝達に利用されているのが**神経**である。神経は刺激そのものを伝達することはできない。刺激の有無を電気的な信号に変換して，伝達する。この信号が中枢神経系に伝達され，その情報処理が行われる。聴覚であれば，聞こえてくる音は，複数の波長の音が混ざり，音としての大きさ（音量）も波長ごと

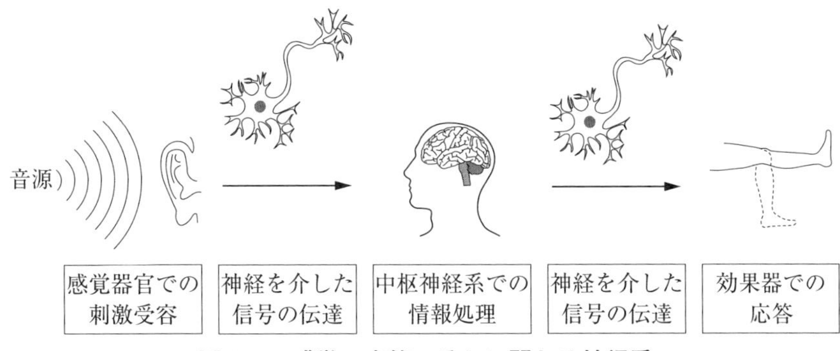

図 9-1 感覚，応答，それに関わる神経系

に異なっている。一般には音色といわれる状態である。耳では一旦，混ざった音を波長ごとに区別し，さらにその大きさも測定し，その情報を電気的な信号に変換した後に神経に伝達する。その信号を受けた**脳**では，それらの分割された情報をまとめて，その音がどのような楽器から生じたものでどんな音か，あるいはどのような人の声で何を話しているかといったことを認識する。そして，それに対して必要に応じて何らかの**応答**が行われる。例えば，体を動かす場合，筋肉の収縮制御のための信号は，まず脳から脊髄に伝達され，脊髄から伸びる神経によって筋肉に伝達される。拍手をするといった連続的な動作の場合，種々の筋肉の調整が必要であり，それを実際に行うのは，脳の中でも複数の部位（大脳皮質や小脳など）が関わっている。このような中枢神経系からの制御によって，複雑な動きが可能となる。

以上を要約すると，刺激を感覚器官で受容し，その信号が神経を伝わって中枢神経系に至る。様々な応答は，中枢神経系から神経を介して，筋肉などの効果器を動かしている（図 9-1）。あるいは脳下垂体のように神経細胞が直接ホルモンなどを分泌する場合もある。これらの刺激の受容と応答に関わる要素を以下で説明する。

9.2 感覚

刺激や環境の変化を感じるのは，様々な感覚器官である。動物ではそれらの多くはからだの表面部分にある。感覚は生物によって異なっている部分が多い。この後の記述も何も説明がなければ，ヒトや哺乳類の感覚だとして読んでもらいたい。

9.2.1 視覚

ヒトの**視覚**は，**眼**で外界からの光の刺激を受け取る感覚である。外部からの光はレンズの機能をもつ水晶体を通り，網膜に到達する（図9-2a）。暗いところでフラッシュを使って顔を写した時に瞳孔が赤く写る“赤眼”という現象があるが，これはフラッシュの光が網膜で反射したものである。この**網膜**に光を受容する**視細胞**という細胞がある。視細胞は光を受容するとその情報を**視神経**を介して脳に伝える。脳では**視覚野**という視覚を担当する部位で情報処理が行われ，物体が見えたり，光を感じたりする。

視細胞は，その構造から**桿体細胞**（かんたい）と**錐体細胞**（すいたい）の2種類に分けられる（図9-2b）。桿体細胞は主に明暗を感じる細胞であり，夜などの薄暗いところで利用される。錐体細胞は，色を感じる細胞であり，昼間の明るいところで利用される。錐体細胞には3種類あり，それぞれ，赤，緑，青の波長の光に対して応答する。いずれの視細胞も入り組んだ膜構造が発達した部分（外節）があり，その膜の部分に光を受容するタンパク質を大量に保持しており，この部分で光を感じている。

視細胞で光を受容するタンパク質は，**オプシン**という。桿体細胞と3種類の錐体細胞のそれぞれのオプシンは少しずつ異なっている。そのた

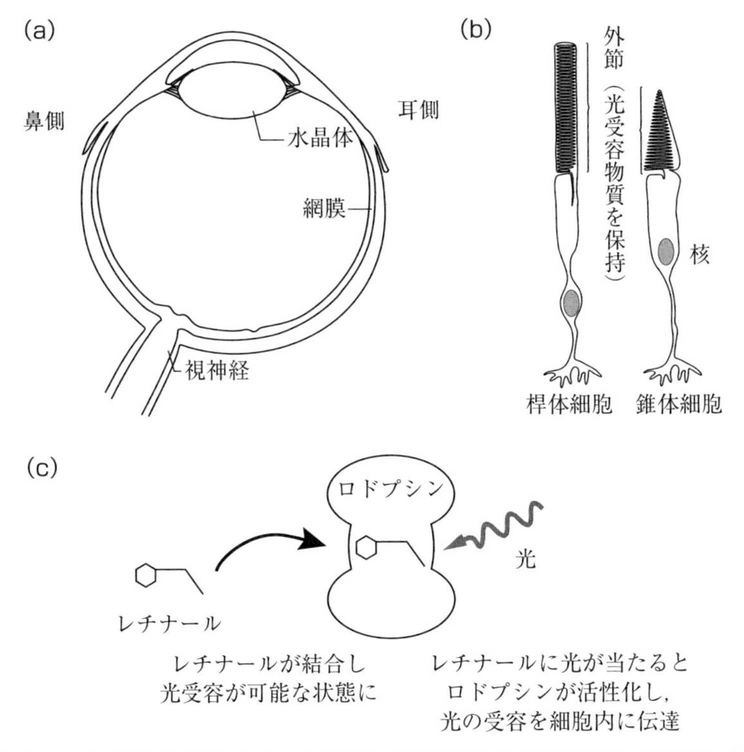

図9-2 ヒトの眼の構造（a），視細胞（桿体細胞と錐体細胞）の構造（b），光受容体ロドプシンの光への応答機構（c）

め，上に示したような細胞ごとに応答する光の特性が異なってくる。これらのオプシンは，単独では光を受容できず，**レチナール**（ビタミンAの一種）という分子と結合することによって機能を発揮する。桿体細胞のこの複合体を**ロドプシン**という（図9-2c）。このロドプシンが，桿体細胞の外節にある膜に局在する。そして，光を受けることによって，ロドプシンは別のタンパク質の機能を活性化し，光を受けたことを桿体細胞内部に伝達する。錐体細胞でも同様な仕組みで光を受容する。

9.2.2　嗅覚

ヒトの**嗅覚**は，鼻の中の鼻腔という構造の上部（**嗅上皮**）で刺激を受け取る感覚である（図 9-3）。嗅上皮では，空気中に存在する**化学物質**（**におい**や**香り**の本体）の刺激を受容する。嗅上皮のある鼻腔は左右に分かれているので，嗅上皮も左右 2 箇所にある。そこには，においを受容する**嗅細胞**（嗅覚受容細胞ともいう）が存在する。嗅細胞はにおいを受容すると，その情報が脳へ伝達される。

嗅細胞は，嗅上皮の外側を覆う粘液中に**嗅繊毛**という構造を突き出している（図 9-3）。この部分に**嗅覚受容体**という，におい物質を受容するタンパク質が存在する。におい物質がこの嗅覚受容体に結合することにより，においを感じる。1 種類の嗅覚受容体が感知できるにおいは限定されるので，様々なにおいを区別するためには，多くの種類の嗅覚受容体を必要とする。ヒトの場合，400 種類ほどの嗅覚受容体の情報を遺伝情報として保持している。また，ヒトの嗅細胞自体は 1,000 万あるといわれている。そして，嗅細胞は細胞あたり 1 種類の嗅覚受容体だけを合成している。このような受容体の多様性と特異性によって，様々なにおい物質を区別して感知できる。

9.2.3　味覚

味覚は，舌で刺激を受け取る感覚である。その表面にある**味蕾**（みらい）で，食べ物に含まれる**化学物質**（味の本体）の刺激を受容する。味蕾には，味を受容する**味細胞**があり，味細胞で味を受容すると，その情報は神経を経て味覚野という大脳の部位に伝達される（図 9-4）。

味細胞は味孔へと**微絨毛**という構造を伸ばし，そこに局在する**味覚受容体**というタンパク質を用いて，唾液に溶けた化学物質を受容する。よく知られている味覚受容体には，塩を受容する**塩味受容体**がある。食塩

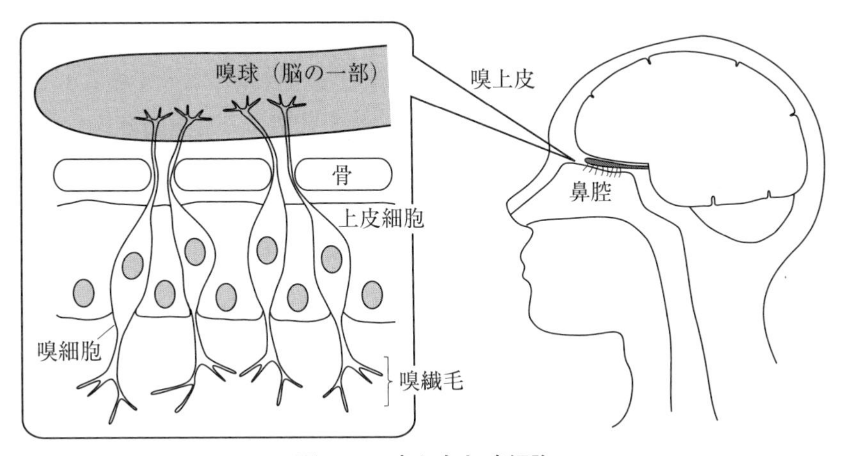

図 9-3　嗅上皮と嗅細胞

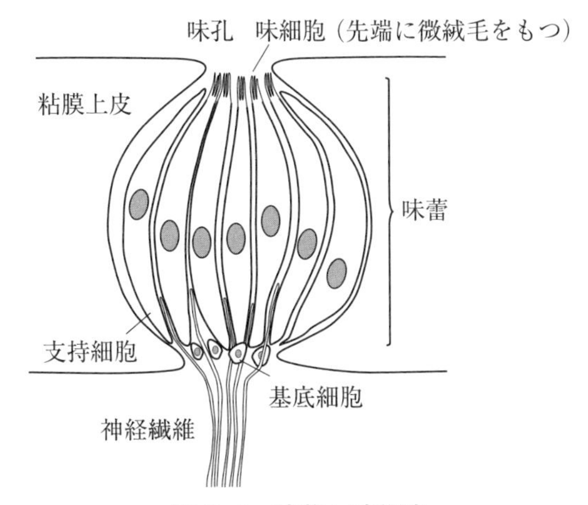

図 9-4　味蕾と味細胞

は水に溶けると，ナトリウムイオンと塩化物イオンになる。塩味受容体は主にこのナトリウムイオンを受容する。苦みを感じる受容体も存在する。苦みは，生物にとっては毒となる物質が多く，苦みの受容体は20種類以上あることがわかっている。昆布だしの旨味の成分であるL-グルタミン酸を受容する**旨味受容体**や，糖分を受容する**甘味受容体**も発見されている。

9.2.4 聴覚と2つの平衡感覚

ヒトの**聴覚**は，**内耳**で音の刺激を受け取る感覚である。内耳には**蝸牛**（うずまき管）といううずまき状の構造があり，その内部に音を受容する**有毛細胞**がある（図9-5）。また，内耳には蝸牛で受容する聴覚以外に，頭部の傾きや回転運動などの動きに対する感覚を受容する感覚器官（半規管）もある。これらも音と同様に有毛細胞で受容する。いずれの場合も有毛細胞の末端にある**感覚毛**に物理的な力の変化が伝達されることによって，音，重力の方向，運動の方向を感じる。つまり，音，重力，運動が，上記の器官内に生じる物理的な動きに置き換えられ，それを有毛細胞が感知している。

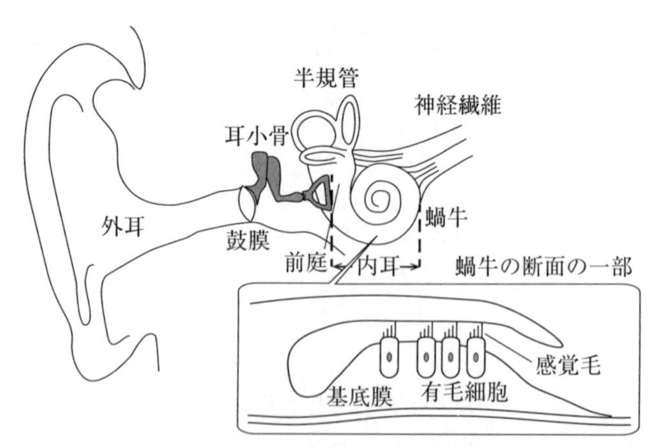

図9-5　耳の構造と有毛細胞
音は蝸牛内の基底膜の振動に変換される。その振動は有毛細胞を刺激し，神経を通して脳に伝達される。

9.2.5　皮膚感覚

皮膚には様々な感覚受容に関する構造がある。そして，それらの構造で様々な刺激を受容している。よくわかっているのが，**痛覚**，**触覚**，**温度覚**である。皮膚には，複数の異なる感覚神経の末端が存在し，各々異なる刺激を感知している（図9-6）。ヒトの場合，同じ皮膚でも手のひらや唇と，腕や脚では分布する感覚神経の種類も異なっている。手のひらや唇などには，皮膚の伸展，振動，圧，瞬間的な接触といった刺激に対する感覚神経が多数存在する。一方，腕や脚などは，毛包のまわりに感覚神経の末端があり，毛髪への刺激によって，皮膚が押されたり，なでられたり，あるいは，空気が流れたりするような物理的刺激を感知する。また，痛み，かゆみ，温度を感知する感覚神経は，皮膚全体におおよそ一様に分布している。このように，皮膚は，体内と体外を区別する機械的な防御壁の役割だけでなく，感覚器官としても多様な役割を担っている。

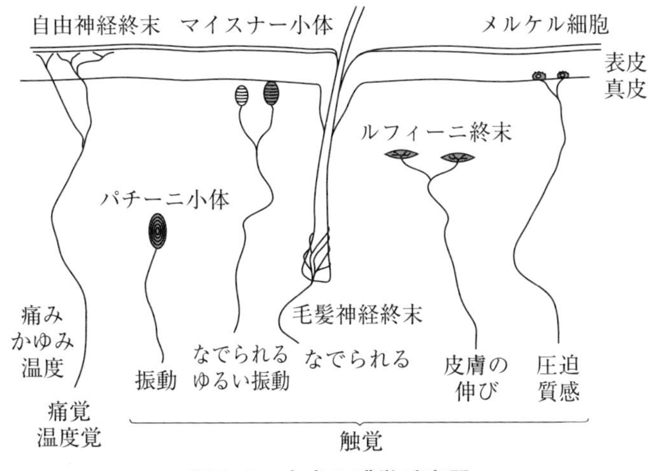

図9-6　皮膚の感覚受容器

皮膚の感覚に関わる痛覚受容体として，TRPV1 というタンパク質が知られている。これは，カプサイシン受容体ともいわれる。カプサイシンは唐辛子の辛味成分であり，TRPV1 はカプサイシンを受容できることからそのような別名がつけられた。TRPV1 はカプサイシンだけでなく，熱（摂氏 43 ℃以上），酸（水素イオン）といった侵害性刺激を感じることがわかっている。このように痛みに関わる受容体は複数の刺激に応答するものがある。

9.3 神経による伝達

9.3.1 神経細胞とは

神経細胞（ニューロン）は，脳や神経を構成する主な細胞である。感覚器官や他のニューロンからの信号を受け取り，それを電気的な信号に変換し，自身の末端や他の細胞にその信号を伝達する。中には，感覚受容体をもち感覚受容の機能ももつものや，他の細胞から受け取った信号の情報処理，さらにはホルモンを放出するといった応答を行うものもある。他の細胞への情報伝達自体は神経細胞以外でも見られる。ニューロンの特徴は自身の内部での情報伝達に**電気的な信号**を利用する点にある。

ニューロンは，構造的に異なる 3 つの部位，**樹状突起**，**軸索**，**細胞体**からなる（図 9-7）。樹状突起は，他の細胞から信号を受け取る役割を担う。軸索は他の細胞に信号を伝えるはたらきをもつ。そして，細胞体には核があり，樹状突起と軸索の間に位置する。ニューロンでは他の細胞へ信号を伝達する際に，細胞同士が接する程度に近接している必要がある。よって，ニューロンは，距離的に離れた細胞に信号を伝達する時には，自身の軸索を利用する。ヒトのニューロンの中には 1 m 以上の長い軸索をもつものもあり，軸索の末端を接触させることにより，離れた

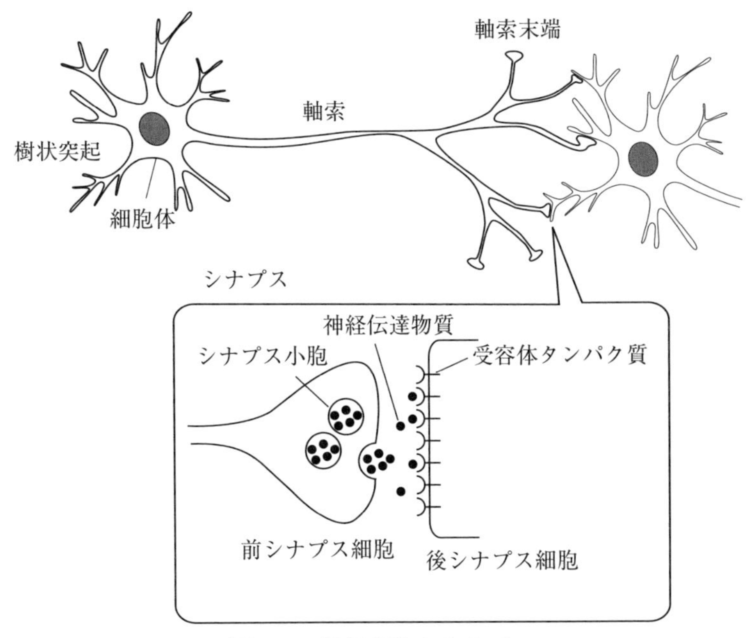

図 9-7　神経細胞とシナプス

場所で生じた信号を特定の細胞に短時間で伝達できる。

このような長い軸索中の信号の伝達を早く，正確に行うために，ニューロンは電気的な信号を用いている。樹状突起などで他の細胞から刺激を受けると軸索の根元が活性化され，軸索末端への信号の伝達を開始する。開始のきっかけは，その根元における細胞内への**ナトリウムイオン**（正（+）の電荷を帯びている）の取り込みである。ナトリウムイオンが流入すると，その周辺は電気的に正（+）になる。その正になった変化が波のように軸索を伝わっていく（図 9-8）。この“波”が末端まで到達することによって，ニューロン内の端から端に信号が伝達される。この“波”は実際には軸索を伝わる間に弱まっていくので，軸索の

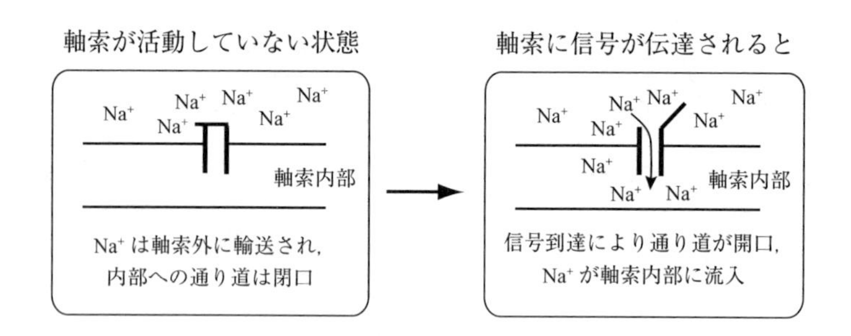

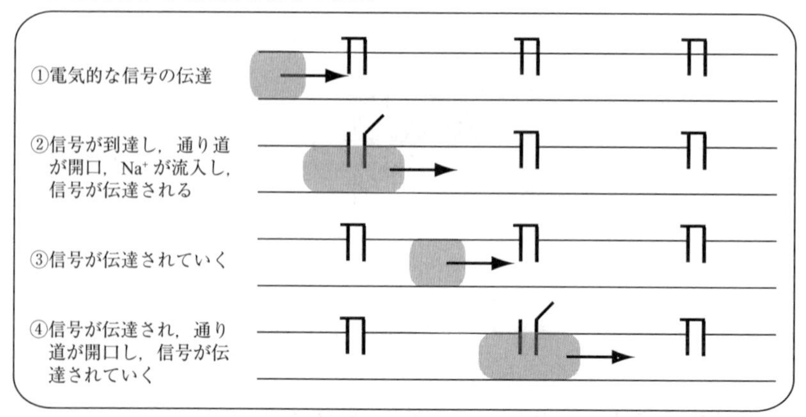

図 9-8　軸索での電気的な信号の伝達とナトリウムイオンのはたらき

途中で繰り返しナトリウムイオンを取り込むことによって，“波”を強めてその電気的な信号を末端まで伝える。

ニューロンの末端では，次に情報を受け取る細胞との間に**シナプス**という構造が形成されている（図 9-7）。ナトリウムイオンによって生じた電気的な信号がシナプスを形成する末端まで伝わると，それが刺激となって信号を伝達する細胞はシナプス末端で**神経伝達物質**という分子を放出する。信号を受け取る細胞は，シナプスの細胞表面に局在する受容

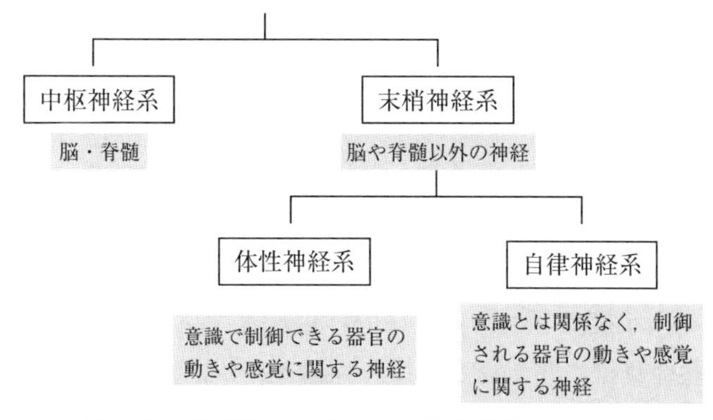

図 9-9　神経系の分類（異なる分類体系もある）

体で神経伝達物質を受容することによって，信号を受け取る。

9.4　中枢神経系

9.4.1　神経系

神経系は，ニューロンとニューロンを取り巻くグリア細胞からなる器官系である。神経系は大きく2つに分けられる（図9-9）。1つは脳・脊髄からなる**中枢神経系**である。様々な刺激は必ず中枢神経系を経てから，その刺激に対する応答が行われる。足の先で受容した刺激もその場で応答するのではなく，中枢神経系を介して行われる。もう1つの神経系は，**末梢神経系**である。これは脳や脊髄以外の神経を指す。そして，末梢神経系は，**体性神経系**と**自律神経系**に分けられる。どちらの末梢神経系にも，からだの内外の刺激や変化を感じ，それを中枢神経系に伝達する感覚受容に関わる神経（求心性）と，中枢神経系からの指令を末梢の筋や内臓に伝達するはたらきに関わる神経（遠心性）がある。

9.4.2 脳

ヒトの特徴の一つはその脳の機能にある。感覚，行動，記憶，感情，運動，思考，言語等様々なことが脳で制御されている。そして，脳は神経の集まりである。ヒトの場合，脳全体で 1,000 億近いニューロンがあり，さらにその 10 倍ものグリア細胞がある。しかし，脳はただ細胞が集まっているだけでなく，組織化されている。脳はその構造から**大脳**，**間脳**，**脳幹**，**小脳**の 4 つの部位に分けられる（図 9-10a）。間脳と脳幹は主に生命維持に関わっている。小脳は様々な運動の制御や運動に関わる感覚の統合に関与している。大脳は先に示した行動，記憶，感情，思考，言語などの高次精神機能に関与している。また，感覚の情報処理も大脳の役割である。

大脳は，内側の**白質**と外側の**大脳皮質**に分けられる。大脳皮質は 3 mm 程度の厚さであるが，大脳の表面はしわ状の構造があるため，表面積がとても広く，A2 程度の面積（新聞の 1 ページ分）にもなる。この大脳皮質が脳の高次精神機能の中心である。大脳皮質は，その領域ごとに役割が異なっており，どの部位がどのような役割を担っているかが明らかになっている。さらに，皮膚の感覚や，運動のための筋肉への指令については，各部位と大脳皮質の領域が明らかになっている（図 9-10b）。興味深い点は，感覚神経や運動神経が集まっている器官の感覚や運動に関わる脳の領域は広く，その逆は狭くなっていることである。たとえば，手の指や手のひらの感覚を処理する大脳皮質の領域は広いが，胴体などは狭い。運動に関しても同様であり，話したり食べたりと様々な動作が必要な下顎や舌などに指令を伝える大脳皮質の領域は広い。一方で，胴体の部分は物理的にはからだの半分程度の大きさをもつが，大脳皮質で胴体の骨格筋を動かすことに関わる領域は狭い。

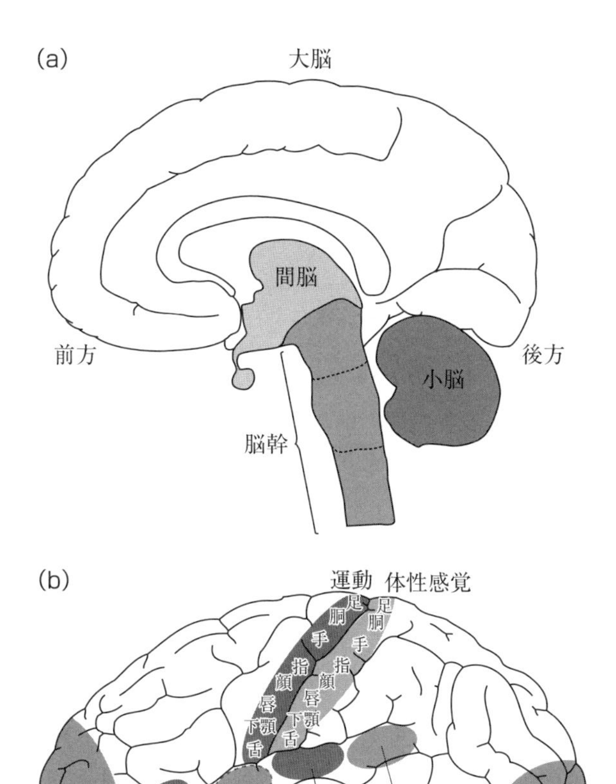

図 9-10　脳の構造（a）と大脳皮質の機能の局在（b）

a：断面図
b：点線は直接見えない部位

9.5　筋や臓器による応答

9.5.1　筋や臓器を動かす

筋や臓器に中枢神経系からの指令を伝達して，意識によって制御可能な動きを伝達する役割を担う神経は，**体性神経系**に分類される（図9-9）。このような動きに関わる神経は中枢神経系から様々な筋へと軸索を伸ばしており，手足などのからだを意図的に制御するための情報を伝達する役割を担う。筋を収縮する指令の場合，ある筋を制御する神経は，その軸索の末端を目的の筋の**筋細胞**まで伸ばしている。そして，そこで**神経伝達物質**（主にアセチルコリン）を放出する。それを受け取った筋細胞はニューロン内部の信号の伝達と同じように，電気的な興奮を筋細胞全体に広げ，それが筋収縮を引き起こす。

自律神経系に分類される神経にも体の動きに関わるものがある（図9-9）。こちらは中枢神経系から主に内臓や顔にある分泌腺へと軸索を伸ばしている。自律神経系は中枢神経系からの指令を伝達するが，意識して動かすことができない，無意識的な動きに関わる神経系である。消化管の運動の促進や抑制，消化液の分泌亢進や抑制，気管支の収縮や拡張，心拍などを制御し，その制御を通して体内の**恒常性の維持**を行っている。

9.5.2　ホルモンの分泌

外部からの刺激が**ホルモン**の分泌を促進し，個体に様々な影響を与えることも知られている。体内の状態を変えるだけでなく，状況に応じて行動を変えるようなものもある。

例えば，**副腎皮質刺激ホルモン放出ホルモン**はストレスが刺激になって，脳の視床下部から放出される（図9-11）。その後，血流で輸送され，

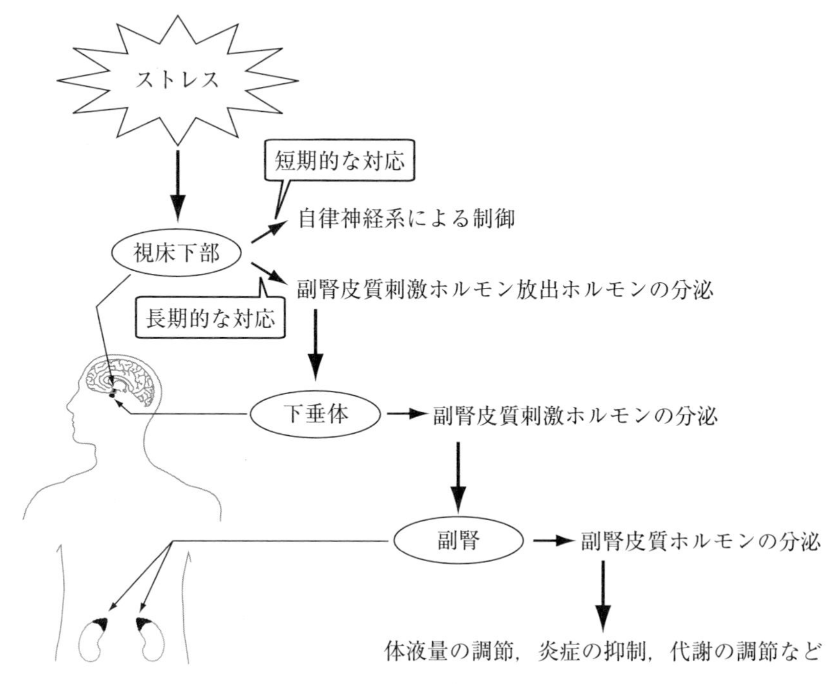

図 9-11　刺激（ストレス）とホルモンの分泌

このホルモンの受容体をもつ下垂体を刺激して副腎皮質刺激ホルモンの放出を促す。そして，副腎皮質刺激ホルモンは血流に乗って副腎に到達すると，副腎からの副腎皮質ホルモンの分泌を促進する。副腎皮質ホルモンは，体液量の調節，炎症の抑制，代謝の調節など，様々な生理的な影響を与える。

オキシトシンというホルモンは，分娩や授乳の刺激が脳に伝わることによって分泌が促進される。そして，オキシトシンの刺激によって，子宮の収縮や乳腺からの母乳の産生が促進される。また，幼児の生まれつきの行動や，顔の表情や声などによっても分泌が促進されると考えられている。ヒト以外の哺乳類では，このホルモンによって母親の子育てが促されることが多くの例で示されている。つまり，分娩や授乳，あるいは子の動作や外見などの刺激が脳にはたらいて，このホルモンの分泌を促し，それが子育て行動を促している。

9.6　植物の光受容と応答

刺激に対する応答を行うのは，何も動物だけではない。細菌でさえも，移動性をもつものは栄養のあるところへ自発的に移動したり，増殖し過ぎるのを防ぐための物質を細胞外に放出し，その濃度を感じることによって自分自身や周囲の個体の増殖を制御したりするなど，刺激に対して応答している。ここでは植物と光の関係を紹介する。

植物は光の情報をもとに周囲の環境の状態を感じている。植物は自身に必要な栄養（炭素源）を光合成により合成するため，光を利用している。一方，植物の光の刺激に対する受容と応答の仕組みは，光合成ではたらく分子や仕組みとは異なる。植物は光情報の受容にフィトクロム，フォトトロピン，クリプトクロムという 3 種類の分子を自身で合成して利用している（表 9-1）。このように複数の分子を用いる理由の一つは，分子によって異なる波長（色）の光情報を受容するためである。

フィトクロムは主に赤色光や遠赤色光を受容する。一方，残りの 2 つは主に青色光を受容する。太陽からの光は様々な色の光を含んでおり，おおまかには虹の色が対応している。よって，これら 3 種類の分子では緑色光を感知できていない。その理由はわからないが，光合成の時に利用する主な光が赤色光と青色光のため，それらの光の変化にあわせて，何らかの応答をする必要があったためかもしれない。

このような分子で受容した光情報を，植物は何に使っているのだろうか。植物の中には，これらの光を感知する分子を用いて，成長するタイ

表 9-1　植物の光受容タンパク質

	応答する光	はたらき
フィトクロム	赤色光を受けると活性型へ 遠赤色光を受けると不活性型へ	花芽形成，発芽制御など
フォトトロピン	青色光	光屈性，気孔の開口など
クリプトクロム	青色光	茎の伸長抑制，光周性の制御など

ミングを計っているものがいる。典型的な例は種子の発芽や花の形成である。それ以外にも，芽生えの緑化，代謝制御，光周性，光屈性，気孔の開閉など，あらゆることに利用している。

9.7　まとめ

生物には様々な感覚がある。例えば，ヒトであれば，視覚，嗅覚，味覚，聴覚，触覚などである。これらの感覚は，感覚器官でその刺激が受容され，そして電気的な信号に変換され，神経を経て中枢神経系に伝達される。そこで受け取った情報が処理され，筋肉の動き，ホルモンの分泌，内臓の動き等に対する指令を出す。感覚器官での刺激の受容に関わっているのは，受容体というタンパク質である。各々の感覚によって，受容体は異なっている。

参考文献

[1] 田中（貴邑）冨久子『カラー図解　はじめての生理学　（上）動物機能編』講談社，2016.

［2］山科正平『カラー図解　新しい人体の教科書　下』講談社，2017.
［3］Sylvia S. Mader, Michael Windelspecht『マーダー生物学』藤原晴彦・監訳，東京化学同人，2021.

10　DNAと遺伝情報の流れ

二河成男

《目標＆ポイント》 生物は，自身を形作り，生きていくための情報（設計図）を保持する物質としてDNAを利用している。本章では，DNAの物質としての特徴，DNAに保持されている情報は体内ではたらくタンパク質とRNAを合成するための情報であること，そしてDNAに記されたこれらの情報を生物が読み取る方法について説明する。また，このようなDNAの役割を明らかにした実験についても紹介する。

《キーワード》 DNA，ヌクレオチド，核酸塩基，二重らせん，遺伝子，形質転換，タンパク質，転写，翻訳

10.1　DNAの構造

10.1.1　DNAの発見

DNAを物質として世界で初めて分離したのは，スイス出身のミーシャーであり，1869年のことであった。ミーシャーは，ドイツの生理化学者であるホッペ＝ザイラーの下で研究していた時，白血球細胞の核に注目していた。白血球細胞は膿にたくさん含まれていることがわかっていたので，病院で傷口の包帯を集め，そこから白血球細胞の核の内容物を分離し，精製した。そこで得られた物質の化学組成を調べると，タンパク質とは異なり，リン（P）が多量に含まれていることがわかった。ミーシャーが発見した，この白血球細胞の核内に大量に存在する物質が，DNA（deoxyribonucleic acid，デオキシリボ核酸）である。

10.1.2 ヌクレオチドの構造

DNA は**核酸**の一種である。核酸は，**ヌクレオチド**という基本ユニットが単独，あるいは多数がつながった物質である。DNA はヌクレオチドの中でも，**デオキシリボヌクレオチド**（図 10-1）を基本ユニットとして，それが多数つながった構造をしている。

ヌクレオチドは，**核酸塩基**（または**塩基**），**糖**，**リン酸基**の 3 つの部分からなる。DNA の塩基には，**アデニン**（**A**），**グアニン**（**G**），**シトシン**（**C**），**チミン**（**T**）の 4 種類があり（図 10-1），1 つのヌクレオチドはどれか 1 つの塩基を含んでいる。DNA の糖は，**デオキシリボース**である。リン酸基は 1 個だけもつものから，2 個，3 個つながったものもある。

生体内でよく見られる核酸として，RNA（ribonucleic acid，リボ核酸）もよく知られている。**RNA** は，DNA とよく似た分子であり，**リボヌクレオチド**を基本ユニットとし，塩基は，アデニン，グアニン，シトシン，**ウラシル**（**U**）の 4 つである（図 10-1）。DNA のチミンの代わりに，RNA ではウラシルが使われている。また，RNA の糖の部分は**リボース**である。

DNA も RNA もそれぞれのヌクレオチドが多数つながった物質である。ヌクレオチド間の結合方法は DNA も RNA も同じで，リン酸基と糖が交互に並ぶように結合する。ただし，リン酸基は 1 つだけである（図 10-2）。そして，糖の決まった位置に次のヌクレオチドのリン酸基が結合する。DNA も RNA もこれらの繰り返しであり，分岐したりはせず，直鎖状の構造をとる。塩基の部分は，このヌクレオチド間の結合には関与しない。

10.1.3 塩基対の形成

このようにヌクレオチドが多数つながった構造は，**ポリヌクレオチド**

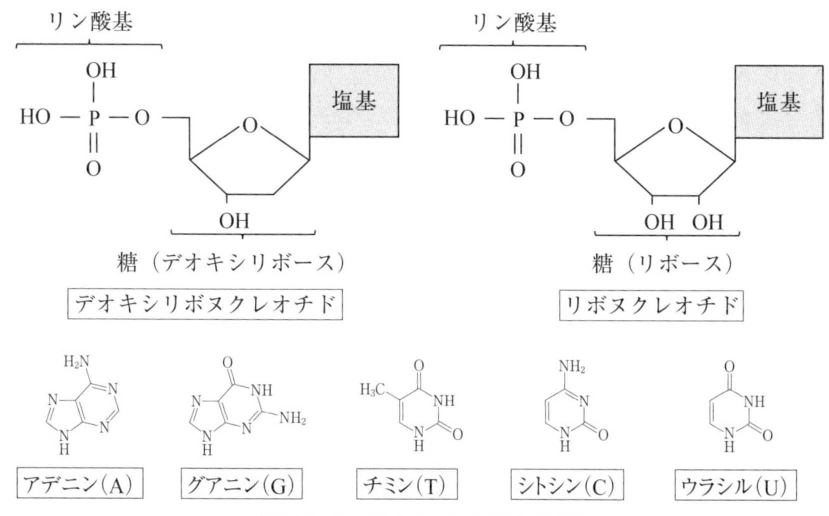

図 10-1　ヌクレオチドと塩基

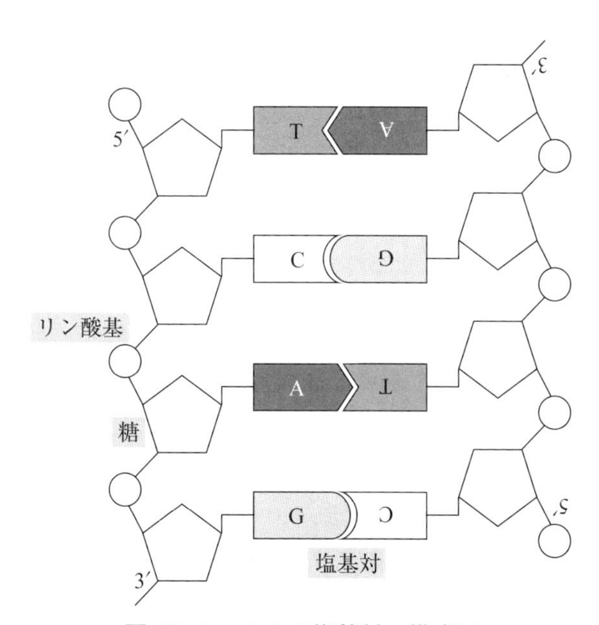

図 10-2　DNA の塩基対の模式図

鎖ともいわれる。DNA の場合，このポリヌクレオチド鎖単独では存在せず，2 本のポリヌクレオチド鎖が，塩基の部分で結合した二重らせん構造をとる。つまり，2 本の鎖で 1 本の DNA が形成されることになる。この塩基の部分での結合を**塩基対**という。結合といっても，**水素結合**という弱い結合であるため，比較的簡単に分離することもできる。塩基対を形成できる塩基の組み合わせは決まっており，**アデニン**（A）**とチミン**（T），**グアニン**（G）**とシトシン**（C），この 2 つの組み合わせである（図 10-2）。このため，一方のポリヌクレオチド鎖の塩基の並びが決まると，もう一方の塩基の並びも決まってしまう。このことを DNA の相補性という。また，ポリヌクレオチド鎖には方向性があり，塩基対を形成する際にお互いは逆向きになっている。リン酸基のある側を先頭と考えるため，もう一方の鎖は，異なる側の末端にリン酸基をもつ先頭がある。

RNA は通常，このような 2 本の鎖での塩基対は形成せず，1 本のポリヌクレオチド鎖からなり，1 本鎖が折れ曲がることにより，部分的に塩基対を形成する。RNA の塩基対の形成は，**アデニン**（A）**とウラシル**（U），グアニンとシトシンが一般的であるが，グアニンとウラシルも条件によっては塩基対形成が可能である。

10.1.4　二重らせんモデル

DNA の立体構造のモデルは，ワトソンとクリックによって，1953 年に発表された。彼らはエイブリーらの実験（図 10-5 参照）から，DNA が遺伝情報を担う物質であると考え，DNA が遺伝情報を保持する仕組みに注目した。そして，このことを明らかにするためには，DNA の立体構造（DNA を構成する原子の立体的な配置）の解明が必須であると考えた。彼らは，これまでのように実験的に原子の空間的配置を決定する方法をとらず，ウィルキンスとフランクリンが X 線を用いて明らかにした DNA のお

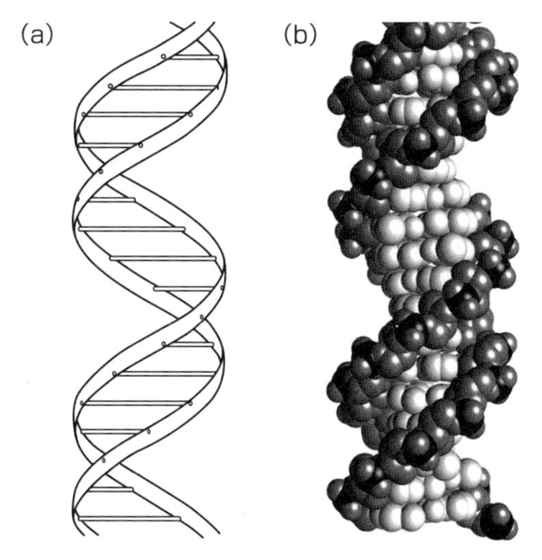

図 10-3　DNA 二重らせんモデル

（a）出典：Watson, J. D., Crick, F. H., "Molecular structure of nucleic acids: A structure for deoxyribose nucleic acid", *Nature*, 171:737–738, 1953, Springer Nature より改変

（b）空間充填モデル：Shuxiang Li, Wilma K. Olson, Xiang-Jun Lu, "Web 3DNA 2.0 for the analysis, visualization, and modeling of 3D nucleic acid structures", *Nucleic Acids Research*, 47:W26–34, 2019 により作成

およその構造に基づいて，理論的に推定することを試みた。その際，DNA を構成するデオキシリボヌクレオチドの構造式や，DNA を構成する 4 つの塩基の割合といった立体構造以外の DNA の特徴を調べ上げ，これらのデータとも矛盾のないモデルを理論的に構築し，DNA の立体構造を探り当てた（図 10-3）。DNA の二重らせんモデルの解明は，DNA の塩基の並びに遺伝情報が記されていることと，DNA 自身が鋳型となって DNA の複製が行われることを強く示唆するものであった。

10.2 何が生物の性質を変えるか

生物の特徴の一つは，親から子への遺伝である。メンデルはエンドウを用いて遺伝の法則を明らかにした。また，モーガンはショウジョウバエを用いて，遺伝を司るのは細胞の核にある染色体であること，染色体上に遺伝子が直線的に配置されていることを示した。しかし，その遺伝情報の本体がDNAであることがわかるまでには，さらなる発見が必要であった。現在では，染色体はDNAとDNAを保護するタンパク質からなり，DNAが遺伝物質の本体であることがわかっている。その発見に特に貢献した研究成果として，3つの研究が知られている。それらを順に紹介する。

10.2.1 グリフィスの実験（1928年）

イギリスのグリフィスは肺炎レンサ球菌（肺炎球菌，肺炎双球菌ともいい，学名は *Streptococcus pneumoniae*）のワクチン開発に取り組んでいた。この細菌はヒトへの感染により肺炎や髄膜炎を引き起こす場合があることが知られている。肺炎レンサ球菌は，細胞壁のさらに外側が莢膜（きょうまく）という糖を主成分とした被膜によって包まれている。そして，この被膜の性質によって，いくつかの異なる型（系統）に分類されている。この被膜をもつS型といわれる肺炎レンサ球菌をハツカネズミに感染させると，この細菌が体内で増殖し，ネズミは病気になる（図10-4a）。

一方，この被膜をもたない肺炎レンサ球菌も存在し，こちらをR型という。S型とは異なり，R型の肺炎レンサ球菌をハツカネズミに感染させても，ネズミは元気なままである（図10-4b）。そして，R型の細菌はネズミの免疫により死滅してしまい，体内で増殖することはない。また，S型，R型にかかわらず，それらの細菌を加熱殺菌処理した後に

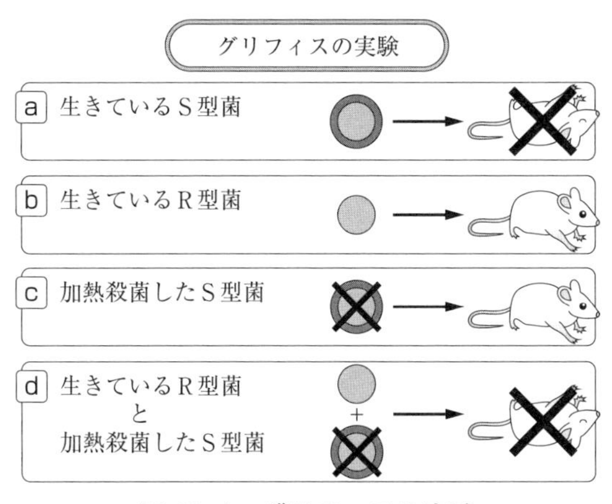

図10-4　グリフィスの実験

ネズミに感染させても，ネズミが病気になることはない（図10-4c）。

ところが，グリフィスは肺炎レンサ球菌を用いた実験において，奇妙な現象を発見した。加熱殺菌処理したS型の細菌と生きているR型の細菌を混ぜてネズミに感染させたところ，ネズミは病気になってしまった（図10-4d）。さらに，体内では肺炎レンサ球菌が増殖しており，それはR型ではなくS型であった。これは現在では，**形質転換**と呼ばれる現象である。被膜のないR型にS型の被膜が生じたのである。何がこの現象を引き起こすのかは，当時はわからなかった。

10.2.2　エイブリーらの実験（1944年）

この形質転換を引き起こす物質がDNAであることを示したのが，アメリカのエイブリー（アベリーとも）を中心とした研究グループである。エイブリーらはこの肺炎レンサ球菌と免疫の関係を，生化学的な手法と微生物学的な手法を用いて調べていた。エイブリーらは，生化学的な実験技術を活かして，物質としての機能を損なうことなくS型の肺炎レンサ球菌からDNAを取り出すことに成功した。また，免疫化学の手法を利用して，肺炎レンサ球菌が被膜をもつか，もたないかを，ネズミを使わずに検出する方法も確立し，以下の実験を行った（図10-5）。

S型から抽出したDNAを，まずはそのままR型の細菌と混ぜて，形質転換を起こした細菌，つまりはS型の細菌が出現するかを調べた。その結果，S型の細菌がグリフィスの実験と同様に出現した。次にS型から抽出したDNAを，①タンパク質を分解する酵素と混合したもの，②RNAを分解する酵素と混ぜたもの，③DNAを分解する酵素と混ぜたものを用意した。そして，それらを別々にR型の細菌と混ぜた。そうすると，DNAを分解する酵素で処理したS型由来のDNAとR型の細菌を組み合わせた③の場合のみ，S型の細菌が出現しなかった。これは，DNAが破壊されると形質転換能が失われることを示している。つまり，S型の細菌のDNAに形質転換を起こす機能が含まれていることを示している。もし，混ざっているタンパク質やRNAに形質転換の機能があれば，各々を分解する酵素で処理した時にS型の細菌が出現しないはずであるが，そうはならなかった（図10-5）。

このようにして，DNAに形質転換能があること，つまり，遺伝情報はDNAに保持されていることをエイブリーらは示した。しかし，当時は多くの研究者が確たる証拠もなく，タンパク質が遺伝情報を保持していると信じていた。彼らもDNAの関与を否定したわけではないが，タンパク質が本質であり，エイブリーらの抽出したDNAにはタンパク質が混入しているに違いないと考えた。その結果，エイブリーらの発見は正当な評価を受けなかった。また，当時のDNAはテトラヌクレオチドとも呼ばれ，その名のとおり4つのユニット（デオキシリボヌクレオチド）がつながっただけの，遺伝情報を保持することなどできない単純な分子と誤解されていた。このことも，評価されなかった原因の一つである。

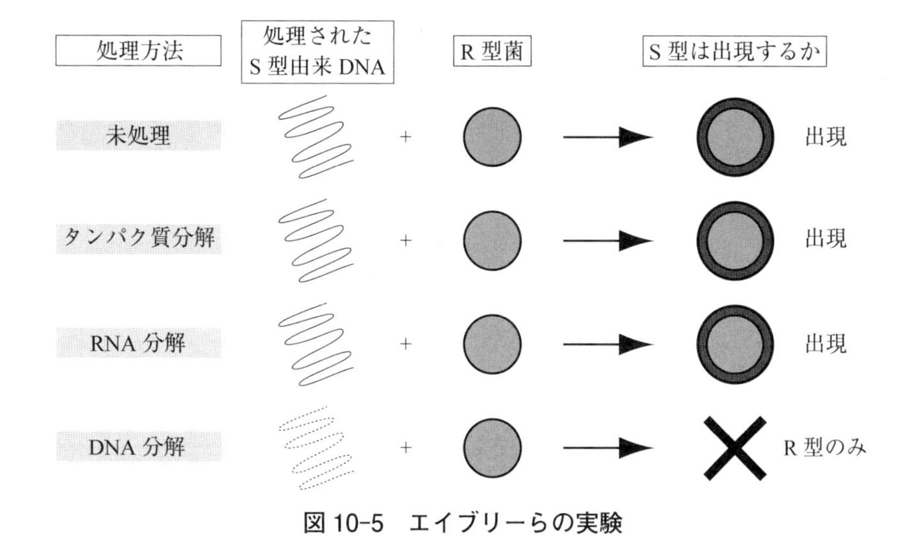

図 10-5　エイブリーらの実験

10.2.3　ハーシーとチェイスの実験

最終的に，DNA が遺伝情報をもつ物質であること，つまりは遺伝の化学的な本体であることをすべての科学者が認めるようになった実験は，ハーシーとチェイスによって行われた，大腸菌とそれに感染するウイルスである**ファージ**（図 10-6）を用いた実験である。ファージは，タンパク質の外殻とその内部に DNA を保持している。そして，大腸菌に取り付くと，自身の構成分子の一部を大腸菌体内に送り込み，自己を大量に複製し，やがては大腸菌を破壊して外部に出てくる。ハーシーとチェイスは，ファージを構成する分子である DNA とタンパク質のうち，ファージはどちらを大腸菌の内部に送り込んで自己の複製を作らせているかを調べた（図 10-6）。

放射線を出す物質が付加された DNA をもつファージでは，大腸菌の内部からのみ，放射線が検出された。一方，放射線を出す物質がタンパ

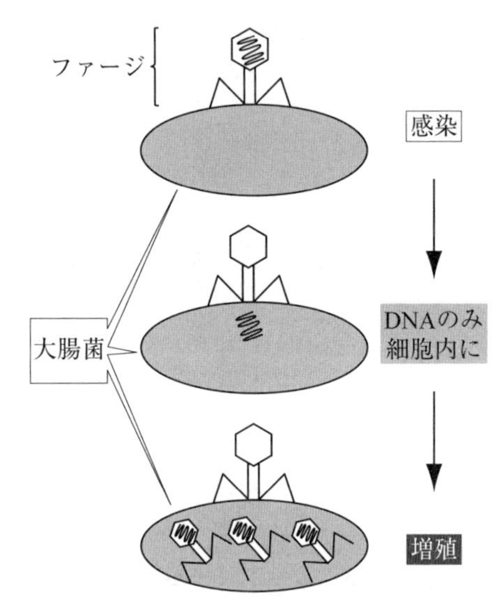

図 10-6　大腸菌でのファージの増殖の模式図

ク質に付加されたファージでは，大腸菌内部からは放射線が検出されなかった。この実験によって，ファージの複製にはDNAのみで十分であること，つまり，DNAが遺伝情報をもつことが明らかになった。

10.3　DNAの遺伝情報からタンパク質を形成

10.3.1　遺伝暗号

では，DNAに何の情報が記されているのか，その情報がDNAの塩基配列にどのように記されているのか，記されている情報を生物はどのように呼び出すのかを見ていこう。

DNAに記されている情報は物質の情報である。太りやすさ，髪の毛の色，アルコールへの耐性といった生物の性質の情報が直接記されているわけではない。では，その物質とは何か。1つは**タンパク質**である。

タンパク質とは既に示したように，20種類のアミノ酸が多数つながった物質である（p.111の**図6-5**を参照）。もう1つは**RNA**である。RNAはタンパク質ほど多様ではないが，細胞内で様々な役割を担っている。酵素として化学反応を触媒するものも知られている。先に触れたように，RNAはDNAと似た物質である。

タンパク質の合成に必要な20種類のアミノ酸，そしてRNAの合成に必要な4種類の塩基をもつリボヌクレオチドは，代謝によって生成したり，栄養として摂取したりすることによって，細胞にもたらされる。したがって，タンパク質を合成するには，DNAの遺伝情報に，各タンパク質のアミノ酸の並びが情報として記されていればよい。RNAであれば，リボヌクレオチドの塩基の並びが記されていればよい。DNAとRNAの類似性から考えると，RNAの塩基の並びの情報をDNAに保持するのは比較的簡単なように見える。RNAの塩基の種類数は，DNAの塩基の種類数と同じである。そして，4種のうち3種の塩基は同一なので，RNAの塩基の並びを，DNAの塩基の並びとして保持できる。

一方，タンパク質の場合，20種類のアミノ酸の順序をDNAに保持しなければならない。DNAの塩基は4種類なので，少なくとも1対1では対応できない。塩基2個分ではその並びの組み合わせは16通りであり，これでも足りない。塩基3個分では64通りである。これなら20種類のアミノ酸に対応できる。そして，事実，3つの連続するDNAの塩基の並びが1つのアミノ酸の情報を規定することがわかった。この3つの塩基の並びを**コドン**という。どのコドンがどのアミノ酸に対応するかを**表10-1**に示した。これを**コドン表**という。このコドンとアミノ酸の関係を**遺伝暗号**あるいは**遺伝コード**という。

コドン表ではT（チミン）をU（ウラシル）で記述している。つまり，DNAではなくRNAとして記述されている。これは，生物はRNAの情

表 10-1　コドン表

		第2文字				
		U	C	A	G	
第1文字	U	UUU フェニルアラニン	UCU セリン	UAU チロシン	UGU システイン	U 第3文字
		UUC	UCC	UAC	UGC	C
		UUA ロイシン	UCA	UAA （終止）	UGA （終止）	A
		UUG	UCG	UAG	UGG トリプトファン	G
	C	CUU ロイシン	CCU プロリン	CAU ヒスチジン	CGU アルギニン	U
		CUC	CCC	CAC	CGC	C
		CUA	CCA	CAA グルタミン	CGA	A
		CUG	CCG	CAG	CGG	G
	A	AUU イソロイシン	ACU トレオニン	AAU アスパラギン	AGU セリン	U
		AUC	ACC	AAC	AGC	C
		AUA	ACA	AAA リシン	AGA アルギニン	A
		AUG メチオニン（開始）	ACG	AAG	AGG	G
	G	GUU バリン	GCU アラニン	GAU アスパラギン酸	GGU グリシン	U
		GUC	GCC	GAC	GGC	C
		GUA	GCA	GAA グルタミン酸	GGA	A
		GUG	GCG	GAG	GGG	G

報からアミノ酸の並びを読み取るためである。DNA に記された RNA やタンパク質の情報は，まず RNA に写し取られる。そして，実際にコドンの情報をアミノ酸に変換する際には，RNA に写し取られた情報をもとに，タンパク質が合成される（後述）。そのため，コドン表は RNA の塩基が記されている。また，コドンにはアミノ酸に対応するものだけでなく，タンパク質の合成の開始と終了のコドンもある。**開始コドン**は，メチオニンというアミノ酸のコドンと同じである。一方，3 つある**終止コドン**には対応するアミノ酸はなく，終了の合図となるだけである。

10.3.2　遺伝子

それぞれのタンパク質や RNA は，DNA のある領域にその情報が記さ

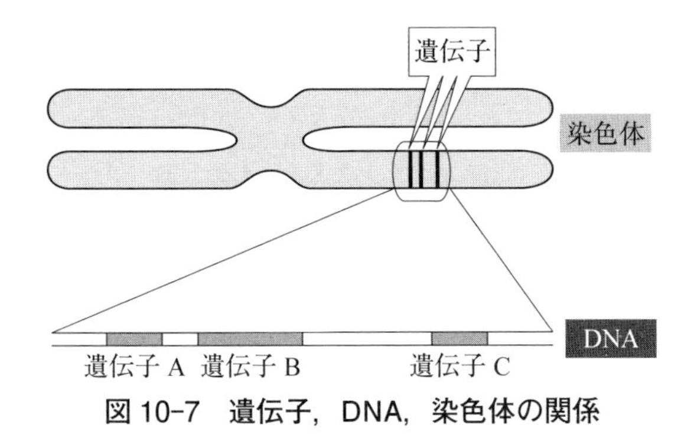

図10-7　遺伝子，DNA，染色体の関係

れている。この領域を**遺伝子**という（図10-7）。1つの遺伝子に対して，1種類のタンパク質やRNAの情報が記されている。例えば，あるタンパク質を合成する場合，そのタンパク質に対応する遺伝子の領域からアミノ酸配列の情報を読み取って，タンパク質が作られる。RNAの場合も同じである。一方で，DNAには遺伝子の情報をもたない部分がある。遺伝子と遺伝子の間の領域や，染色体としての機能を保つための領域である。

10.3.3　転写と翻訳

タンパク質やRNAを遺伝情報から合成する際，まずDNAの塩基配列はRNAに読み取られる。これを**転写**という（図10-8）。具体的には，**RNAポリメラーゼ**という酵素が，遺伝子の領域にあるDNAの塩基配列を，相補性を利用してRNAの塩基配列へと写し取りながら，RNAを伸長していくことである（図10-9）。DNAの塩基とRNAの塩基の間であってもRNAポリメラーゼ上では塩基対を形成するので，DNAの塩基配列情報を写し取ることができる。この転写によって，タンパク質のアミノ酸の配列情報を読み取ったRNAを**メッセンジャーRNA**（**mRNA**）

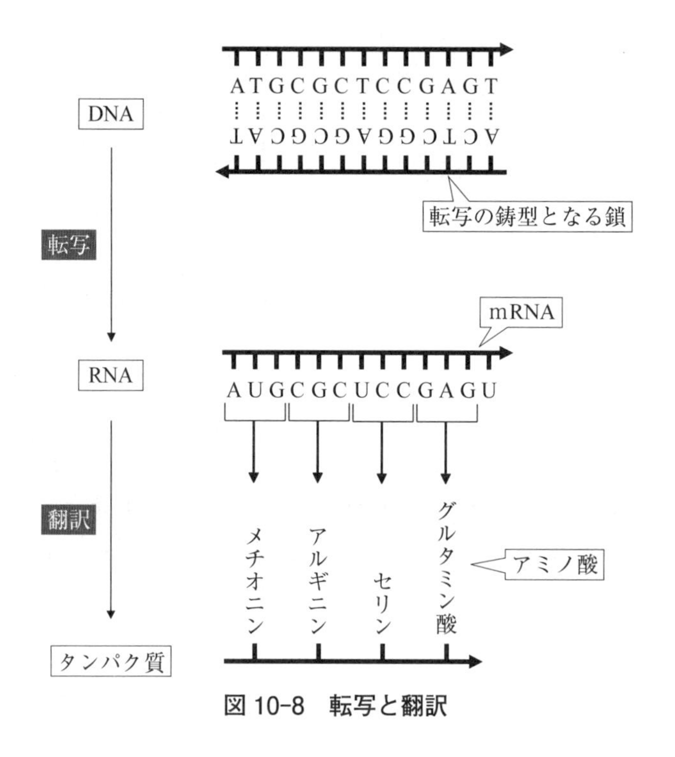

図 10-8　転写と翻訳

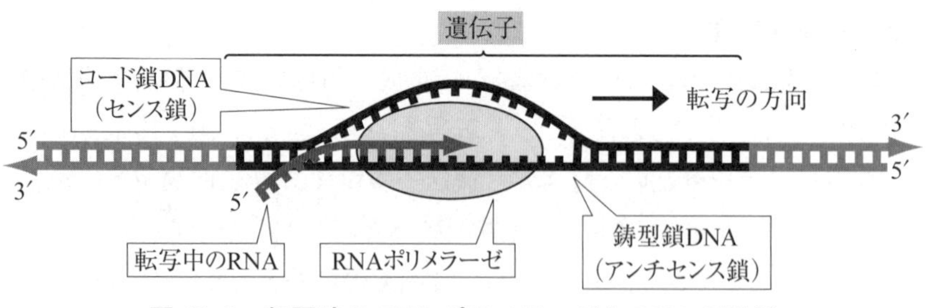

図 10-9　転写時の RNA ポリメラーゼと DNA の関係

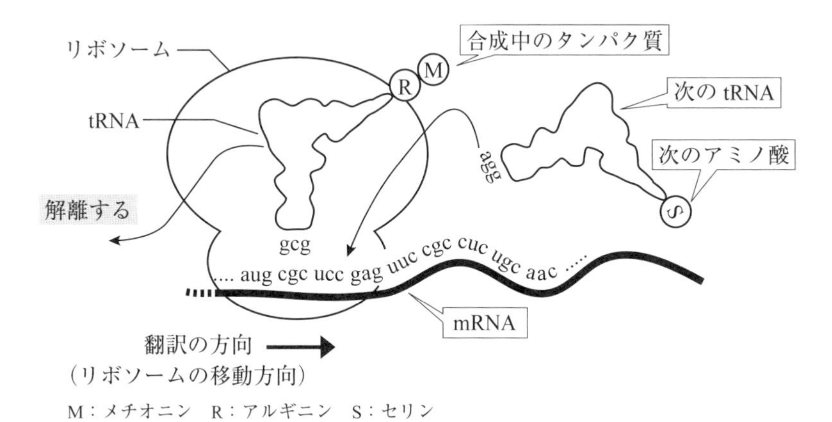

図 10-10　翻訳時のリボソーム，mRNA，tRNA の関係

という。一方，RNA として機能する分子はこの転写によって，基本的な合成は終了である。このような RNA として機能する分子としてよく知られているのが，以下の**リボソーム RNA（rRNA）**や**トランスファー RNA（tRNA）**である。

転写によって合成された mRNA は，**翻訳**という反応によって，その塩基配列がもつコドンの情報が読み取られ，タンパク質の合成が行われる（図 10-8）。この役割を担うのが**リボソーム**という構造である。真核細胞のリボソームは，80 種類近い**リボソームタンパク質**と 4 種の **rRNA** からなる複合体である（図 10-10）。そして，翻訳にはもう一つ，**tRNA** という RNA が重要な役割を担っている。tRNA はコドンとアミノ酸を結ぶ分子である。アミノ酸ごとに 1 あるいは数種類の tRNA がある。tRNA はリボソーム上にある mRNA のコドンの塩基の並びを識別して，それに合ったアミノ酸をリボソームに運搬する。このようにリボソームと tRNA は協働して，mRNA のコドンを順番に読み取りながら，コドンに対応するアミノ酸をつなげていく。この反応は翻訳終了を意味する終止コドンがmRNA上に出てくるまで続く。そして，終止コドンが来ると翻訳は終了し，合成されたタンパク質もmRNAもリボソームと離れる。これでタンパク質の合成は完了となる。

10.4 まとめ

DNAは，塩基，糖，リン酸からなるデオキシリボヌクレオチドがつながった分子である。4種類の塩基，アデニン，チミン，グアニン，シトシンをもち，その塩基の並びに遺伝情報を保持している。そして，DNAは塩基の部分で2本の相補的な配列をもつポリヌクレオチド鎖が結合し，二重らせん構造をとる。DNAが遺伝情報の担体であることは，グリフィスの実験，エイブリーらの実験，ハーシーとチェイスの実験で明らかにされた。DNAには，タンパク質のアミノ酸配列の情報が保持されている。その情報はRNAポリメラーゼによってmRNAへと読み取られ，リボソーム上でmRNAのコドンに記されたアミノ酸の情報を，tRNAを利用して読み取り，アミノ酸を順番に結合してタンパク質を合成する。

参考文献

［1］D. サダヴァ・他『カラー図解　アメリカ版　新・大学生物学の教科書　第2巻　分子遺伝学』中村千春，石崎泰樹・監訳，講談社，2021.

［2］Bruce Alberts, Karen Hopkin, Alexander Johnson, David Morgan, Martin Raff, Keith Roberts, Peter Walter『Essential 細胞生物学　原書第5版』中村桂子，松原謙一，榊佳之，水島昇・監訳，南江堂，2021.

［3］Sylvia S. Mader, Michael Windelspecht『マーダー生物学』藤原晴彦・監訳，東京化学同人，2021.

11 個体群～同種の個体の集まりと個体間の関係

加藤和弘

《目標＆ポイント》 生物は繁殖して，個体の数を増やす。時間とともに個体がどのように増えていくかは，生物の生息状況を研究する際の重要なテーマである。この問題を考えるにあたり，同種の生物の個体の集合を指す「個体群」という考え方が用いられる。本章では，個体群を構成する個体の数の変化についてどのように考えるかを中心に，生物を個体群として考える際の視点を学習する

《キーワード》 個体群，密度効果，ロジスティック式，齢構成，性比

本章から第14章にかけて，生物の生活に関係する現象（生態学的現象）を理解するための4つの枠組みを紹介する。これらの枠組みを利用することで，現実に起こっている生態学的現象の理解が容易になる。もちろん，理解のための枠組みであることから，現象のすべての側面を捉えきれないこともあるが，そうした限界も含めて学習していただきたい。

11.1 生物現象における階層性

生態学的な現象を考えるにあたり，生物の基本の単位は個体である。個体とは，生物として独立して存続（生存）できる必要な構造と機能をもつ，ひとまとまりの生物体である。ひとまとまりであるとは，外見上他の生物体から独立していることに加え，そのまとまり自体は統一体として振る舞う★1一方で，他の生物体とは異なった振る舞いができるこ

とを意味する。

個体よりもさらに大きなまとまりを考えることもできる。そのようなまとまりが関与する生物現象について，その仕組みや原理を明らかにする学問が生態学である。生態学では，同じ場所（土地や水域）に生息する同一の種の個体の全体を**個体群**と呼ぶ。本章の次節以降では，この個体群について取り扱う。同じ場所に生息する複数の生物種の個体群をまとめたものが**生物群集**である（第12章）。本来は，同時同所的に生息し相互に何らかの関係をもつすべての個体群を対象として生物群集を考えるが，様々な理由により，一部の種の個体群のみを対象として，鳥類群集とか魚類群集といった形で生物群集を考える場合がある。

ある場所で見られる生物群集と，それにとっての環境を構成する非生物的要素の全体を，**生態系**として取り扱う（第13章）。この場合の生物群集は，その場所で見られる一部の種の個体群を対象とするものではなく，すべての種の個体群を含むものである。環境とは，対象とする生物の周りにあってその生物に影響を及ぼす事物の全体を指す。生物のある一個体にとって，近くにいる他の生物の個体も環境の一部である。同じ場所に生息するすべての種の個体群をその中に含む生物群集の場合は，その環境を構成するものは同じ場所における空気，水，土壌などの非生物的要素と，隣接する場所における生物および非生物的要素である。隣接する場所との間の関係が重要な意味をもつ場合には，複数の生態系のまとまりを**ランドスケープ**として取り扱うことも行われている（第14章）。

以上に示した4つの枠組み，すなわち個体群，生物群集，生態系，ランドスケープの間では，生物現象の主体としての捉え方が異なっている（表11-1）。加えて，ある枠組みが別の枠組みの上位あるいは下位に位

★1——振る舞いとしては，栄養の獲得，繁殖，他の生物体との関係の構築（共生や競争に加えて，捕食される，寄生者による害を受けるなど，自らにとって不利な関係も含む）などがある。繁殖については，ミツバチの働き蜂のように繁殖に直接関わらない（繁殖に直接関わるのは女王蜂や雄蜂で，働き蜂は卵や幼虫の世話を通じて間接的に関わる）個体もある。

表 11-1　個体，個体群，生物群集，生態系，ランドスケープの関係

名称（現象における主体）	概要	主体にとっての環境
個体	生物としての振る舞いにおける生物の基本単位	近傍にあり対象の個体と何らかの関係を有する他の個体（同種，異種），対象の個体の生息・生育場所における非生物※1
個体群	相互に何らかの関係がある（同時同所的に生息する）※2 同じ種の個体の集まり	近傍にあり対象の個体群と何らかの関係を有する他の個体・個体群（異種），対象の個体群の生息・生育場所における非生物※1
生物群集	相互に何らかの関係がある（同時同所的に生息する）個体群の集まり※3	近傍にあり対象の生物群集と何らかの関係を有する他の生物群集，対象の生物群集が見られる場所※4 における非生物※1
生態系	生物群集に，それを取り巻く環境を加えたもの	生態系に対して非生物的な過程により系外から供給される物質やエネルギー※5，近傍にあり対象の生態系と何らかの関係を有する他の生態系※6
ランドスケープ	ある地域における生態系の集合（組み合わせ）	近傍にあり対象の生態系と何らかの関係を有する他のランドスケープ

※ 1：物質とエネルギー。物質としては大気，土壌，水など。エネルギーとしては太陽光や地熱，熱水の熱など。人為的に供給されるものもある。

※ 2：本来は，何らかの関係をもちつつ生息していることが条件となるが，同じ時に同じ場所に（=同時同所的に）生息している生物の間には何らかの関係が生じていると考えるのが自然である。

※ 3：本来はすべての種の個体群を対象とするが，状況に応じて一部の種の個体群のみを対象とすることもある。

※ 4：生物群集を構成する生物は，種によってその行動範囲が異なる。そのため，ある場所で見られる生物の種組成に注目し，種組成が共通する範囲を，同一の生物群集が見られる場所と考える。

※ 5：太陽光と降水が主なものだが，空中放電により合成され地表に供給される窒素化合物などもある。

※ 6：移動性の高い生物により，排出物や死骸，生物体として供給される栄養物質（特に窒素やリンの化合物）も，生態系の維持に時に重要な役割を果たす（第14章）。こうした栄養物質の供給は，隣接する生態系の状態に依存する。これを生態系同士の関係と捉えるか，ランドスケープの中での物質の動きと捉えるかは，その時々の状況による。

置づけられるという階層性をもつ。そこでは，下位の枠組みは上位の枠組みを構成する要素となっている。

11.2　個体群とは

ある一つの時点において同じ場所で★[2]，相互に何らかの関係をもちつつ生息している，同種の個体の集合を**個体群**と呼ぶ。ここで「何らかの関係」としては，親子関係などの**血縁関係**，繁殖の相手となる**配偶関係**，同じ資源★[3]を巡る**競争関係**，共通の利益を得るなどの**協力関係**★[4]などを考えることができる。

このように説明すると，動物の**群れ**も個体群であると考えるかもしれない。確かに群れは，個体群あるいはその一部に当たるものだが，群れと個体群は異なった概念である。群れとは，1箇所に集まっている個体の集団や，多くの時間において連れだって移動している個体の集団などを指している。ところが，ある地域に生息する同種の個体が，複数の群れに分かれて休息・行動すること，あるいは群れから離れた場所にも点在している状況は珍しくない。繁殖を考えた場合，異なる群れに属する個体間で繁殖したり，群れから離れた個体が繁殖に関わったりするこ

★2――「同時同所的に」と表現されることもある。「同所」といっても厳密にある一点に，ということではない。個体群を構成する個体が日常的に自由に移動できる範囲内に，あるいは植物の場合は，共通の訪花昆虫や種子散布者が訪れるようなおおよそ同じ一帯に，という意味合いと考えていただきたい。要は，個体間で影響し合える範囲内ということである。

★3――食物，営巣場所，配偶者など，生物が生存し子孫を残すために必要な，その生物の体外に存在するもの。植物にとっては光と水，栄養塩類が主な資源で，虫媒花をつける植物にとっての訪花昆虫も資源と見なしうる。

★4――共通の利益には以下のようなものが考えられる。多数の個体が集まって行動することで，多くの個体が捕食者から逃れやすくなる（ただし，その際に少数の個体が犠牲になる）。また，多数の個体が集まることで，捕食者を探しやすくなる。シロアリやハチなどの昆虫では，同種の個体の中に異なった形態・機能をもつ個体が生じ，各個体はそれぞれの形態・機能に応じた役割（食物の確保，防衛，繁殖，造巣など）を担う。これらは社会性昆虫と呼ばれ，個体間の協力関係（あるいは個体群における組織化）を高度に発達させた生物といえる。

と★[5]は普通に生じうる。その場合には，眼前にある 1 つの群れは実際の個体群の一部であって，その群れに属していない個体も含めたその地域の同種の生物の全個体を，1 つの個体群として捉えるのが妥当である。また，一般には群れとは見なされないような生物個体の集まり，例えば，種子の散布や花粉の移動が容易に可能な範囲に生育する植物個体の集まりや，全域を容易に行き来できるような 1 つの池や沼の中で生息している魚の個体の全体も，個体群と考えることができる。

ある地域に住む特定の種の個体の数（個体数）が，今後どのように変化していくかを予測する上で，個体群の考え方は有用である。特に，絶滅が危惧される生物が特定の陸域・水域に生息している場合に，そこにおけるその生物の個体全体を 1 つの個体群と捉え，その個体数の消長の経過を分析し将来を予測することも行われている。

11.3　個体群の属性

個体群の属性には，その個体群を構成する個体の数（**個体数**），密度（**個体密度**），雌雄の**性比**，齢の構成（**齢構成**（れいこうせい）），分布状況などがある。中でも重要なのが個体数であり，時に**個体群サイズ**とも呼ばれる。

11.3.1　個体数

個体群を構成する個体の数を実際に正確に把握するのは容易ではない。そこで，対象とする個体群の一部を調べて全体を推定する。それには個体が生息している範囲内の適切な場所で面積を決めて個体数を調査し，全体でも同じ密度で個体が生息していると仮定して個体数を推定する方法がある（図 11-1）。その場合でも，生息範囲の決定は必ずしも容易ではなく，さらに，個体密度の推定にも少なからぬ誤差を伴う。

まとまって生育する植物や，固着して群体を形成するサンゴ虫のよう

★ 5——ニホンザルの集団におけるヒトリザル（ハナレザル）はその一例。

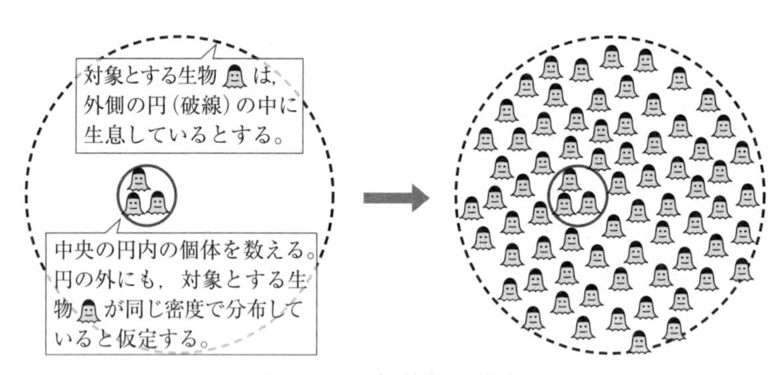

図 11-1　個体数の推定

中央の円の面積は，全体の 30 分の 1。ここに 3 個体いるのなら，生息範囲の全体（破線の円内）には 90 個体いるはず，と考える。実際の数とは必ずしも一致しないが，おおよその状態は推定できる。
ただし，生息範囲（図の破線）がわからなければならない。また，生息範囲の中では個体が均等あるいはランダムに分布している必要がある。ランダムな分布の場合，複数の場所で個体数調査を行うことで，推定精度を上げられる。

な動物の場合には，個体をどう定義するのかが問題になる場合がある。植物の例として，タケの個体数をどう数えるべきかを考えてみよう。竹林の外観からは，稈（かん）（木本植物の幹に当たる部分）の数を数えればよいと感じられるが，タケの場合，多数の稈が地下茎でつながっている。地下茎からタケノコを地上に伸ばし，それが育つと新しい稈となるので，地下茎でつながった稈すべてが，遺伝的には同一の個体といえる。タケノコには地下茎を通じて栄養分が供給されるため，振る舞いの上でも同一の個体と考えてよさそうである。しかし，地下茎を掘り起こして同一の個体の範囲を明らかにすることは容易ではないし，そのような調査を行うことで対象とする植物を傷めたり枯らしたりしてしまうかもしれない。そこで，遺伝的に同一であれば同じ個体と見なす場合の個体（ジェネット）と，一見して独立した個体のように見える部分を個体として扱う場合の個体（**ラメット**）という考え方が採用されている。

このように，対象とする生物によっては厳密に取り扱う際の問題はあるが，個体数あるいは個体密度は，個体群にとって最も重要な属性であり，個体群に関する研究では，個体数や個体密度がどのように変化するかがしばしば注目される。かつては，時間の進行に伴う変化（**時間的変化**，**経時変化**）がよく取り上げられたが，最近では場所の違いに起因する変化（**空間的変化**）も研究課題とされる。こうした，個体数や個体密度の時間的および空間的な変化のことを，**個体群動態**と呼んでいる。

11.3.2　齢構成

同じ個体群の中に，齢が異なる個体が混在する場合がある。寿命が長い種や，一生の間に複数回の繁殖を行う種では，そうしたことが起こりやすい。齢構成とは，ある個体群に，それぞれの齢の個体がどれだけいるかということを指すが，これは，個体群がこれからどのように変化するかを示す重要な情報である。

人間を対象とする場合，齢構成は**人口ピラミッド**という形でしばしば表現される★6。図11-2にその例を示した。左右の帯はそれぞれ，年齢別の人口を男女別に表す。左側の帯が男性を，右側の帯が女性を示す。人間以外の生物の個体群の場合も，このような表現が可能であるが，齢を正確に判定できないこともしばしばあり，その場合には個体サイズの分布から齢構成を推定することもある（図11-3）。

齢構成は，個体群の今後の動向を知る上で重要な情報である。若い個体が多い個体群は，それらが成長し成熟個体となることで，個体数が増加するか現状が維持されることが見込まれる。逆に，若い個体が少ない個体群では，個体あたりの子どもの数が大きく増加しない限り，個体数の減少が予想される。保全上重要な個体群の場合には，保全を適切に行

★6――この場合，齢として年齢が用いられるが，生物によっては月齢など年とは異なる時間区切りによる齢が考慮される。

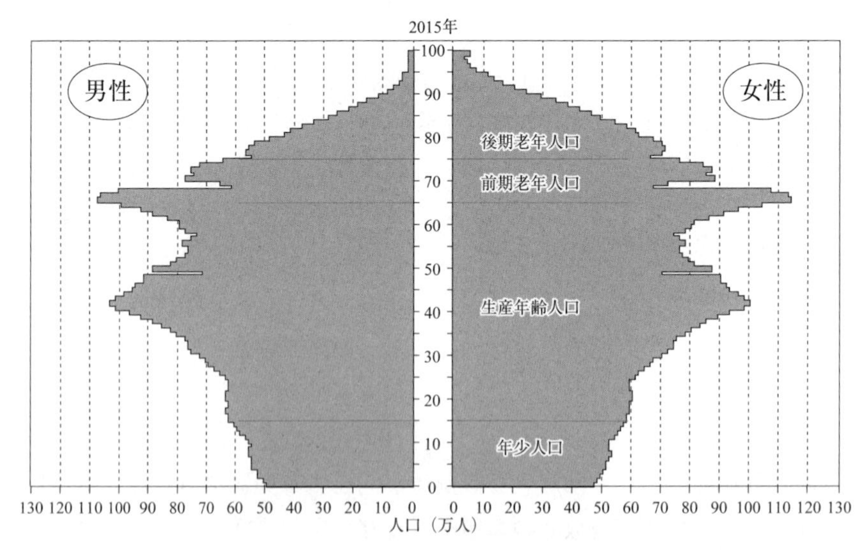

資料：1965～2015年／国勢調査，2020年以降／「日本の将来推計人口（平成29年推計）」

図 11-2　人口ピラミッドの例

2015年における日本の人口ピラミッド。15歳までの年少人口が少ないことがわかる。49歳の人口が前後の年齢に比べて少ないのは丙午（ひのえうま）の年の出産を避けた人が多かったためとされる。69～70歳が極端に少ないのは出生時が太平洋戦争末期であることに対応し，その下の4年間に大きなピークが見られるのは，戦後の出生数増加に対応するものと認められる。
出典：国立社会保障・人口問題研究所，2015年における日本の人口ピラミッド，https://www.ipss.go.jp/site-ad/TopPageData/2015.png

うための手がかりを，齢構成から得ることができる場合もある。

生まれた個体が成長のどの段階でどの程度生き残るかを示した曲線を**生存曲線**という（図 11-4）。生存曲線の形状により，生物は，生まれてからすぐに死ぬ個体の割合（初期死亡率）が高い種（**早死型**），生理的に可能な寿命近くまで多くの個体が生存する種（**晩死型**），両者の中間的な種（**平均型**）に分けられる。例えば多くの魚類は，1回の産卵で

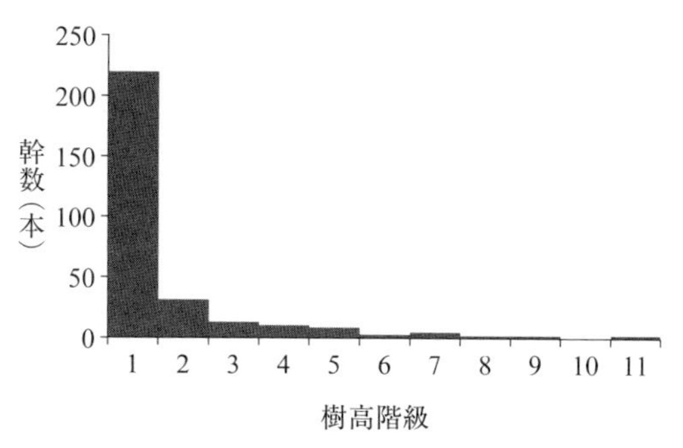

図 11-3　個体サイズ分布の例

樹木のある特定の種の個体を樹高により11のグループに分け，グループ別に幹数を示した図。樹高の低い若木が多いが，高い樹高になるまで成長した木は少ないことが示される。若木が少ない個体群ほど，今後衰退する可能性が高い。

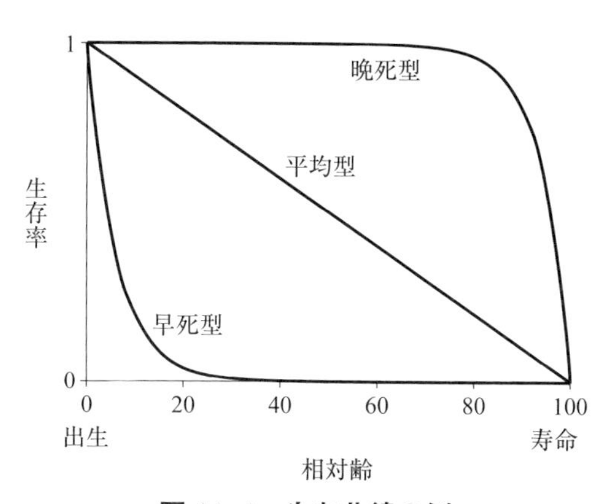

図 11-4　生存曲線の例

加齢とともに，生きている個体の割合（生存率）は低下するが，低下の様子は種によって異なる。

多数の卵を産むが，稚魚に育つまでにそのほとんどが死に，早死型のパターンを示す。人間を含む大型の哺乳類は，通常は晩死型のパターンを示す。これには親による子の保護が大きく関わっている。生存曲線が早死型を示す種では，一般に多産であり，若齢個体の数が相対的に多く，より高齢の個体は少ない。

11.3.3　性比

有性生殖を行う種の場合，個体群における雄と雌の個体数の比率（**性比**）が，個々の個体の繁殖の成功度★7 や，個体群全体としての個体数の増減に影響しうる。したがって，個体群動態を考える上で，性比も重要な属性である。性比は，個体群全個体の中の雄個体の比率で示されるが，一定数の雌個体に対する雄個体の数として示される場合もある。

雄個体が雌個体よりも少ない個体群においては，新たに加入した雄個体は新たに加入した雌個体に比べ多くの配偶者を獲得する機会をもつことができ，結果として雌個体よりもより多くの子を残しうる（図 11-5a）。つまり，雄個体を多く生む親は雌個体を多く生む親よりも多くの孫を残す機会を得る。ところが，雄個体を多く生む個体が増えると，個体群の中の雄個体の割合が増えて雄の利点が失われる。逆に雌個体が少なくなると，今度は雌個体を多く生む親がより多くの孫を残せるようになる（図 11-5b）。最終的には，雌雄の個体数が等しい状態，1：1 の性比が安定的であることがわかっている★8。

11.4　個体数の変化の様子

11.4.1　個体数の指数関数的増加

ある場所におけるある 1 つの種に属する個体の数が，時間を追ってどう変化するかは，個体群動態を考える際の基本的なテーマである。最も単純な例として，同じ寿命をもち**単為生殖**★9 を一度行って死ぬ生物を

★ 7 ――ある 1 個体にとっての繁殖の成功度は，生涯に残す子どもの数で決まると考える。

★ 8 ――雄の子も雌の子も育てる上で必要な投資（保護に関わる労力や時間，あるいは食物などの資源の量）が同じであることが前提である。

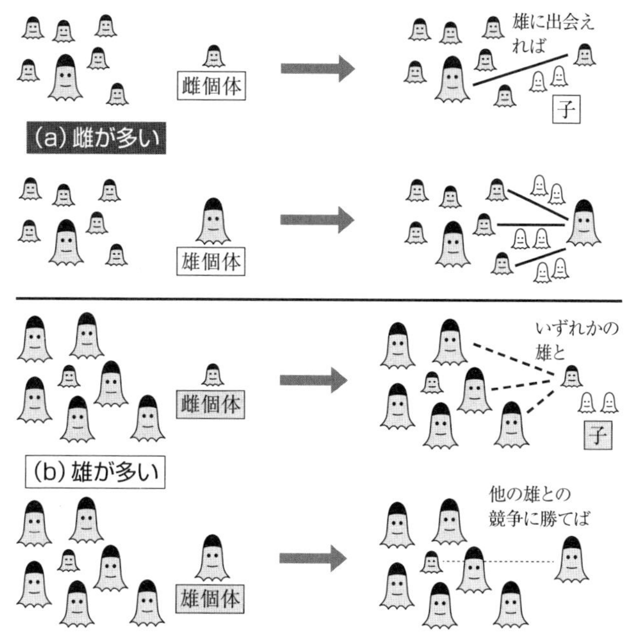

図 11-5　雄が有利か，雌が有利か？

a：性比が雌に偏っている状況でも，雌の個体は雄の個体と繁殖して子を作ることができるだろう（雄に出会えれば，だが）。しかし雄の個体は，多数の雌の個体との間に子を作ることが期待できる。したがって，雄の子を作る方がより多くの数の孫が得られると考えられる。

b：性比が雄に偏っていると，雄の個体は繁殖できるかどうかわからない。雌の個体はいずれかの雄と繁殖して子を作ることができるだろう。したがって，より多くの孫を得るためには，雄よりも雌の子をもうける方が有利と考えられる。

考える。1 つの個体が 2 個体の子を生んで死ぬとすると，最初の世代が 1 個体，2 番目の世代が 2 個体，3 番目の世代が 4 個体……というように世代ごとに倍増していく（図 11-6）。これは指数関数的な増加であり，この生物の第 n 世代の個体数は，$2^{(n-1)}$ となる。

★ 9 ――有性生殖を行う生物でも，雌が単独で子を作る場合があり，これを単為生殖と呼ぶ。アブラムシなど一部の昆虫やミジンコなどで見られ，短期間で個体数を大きく増やすことができる。

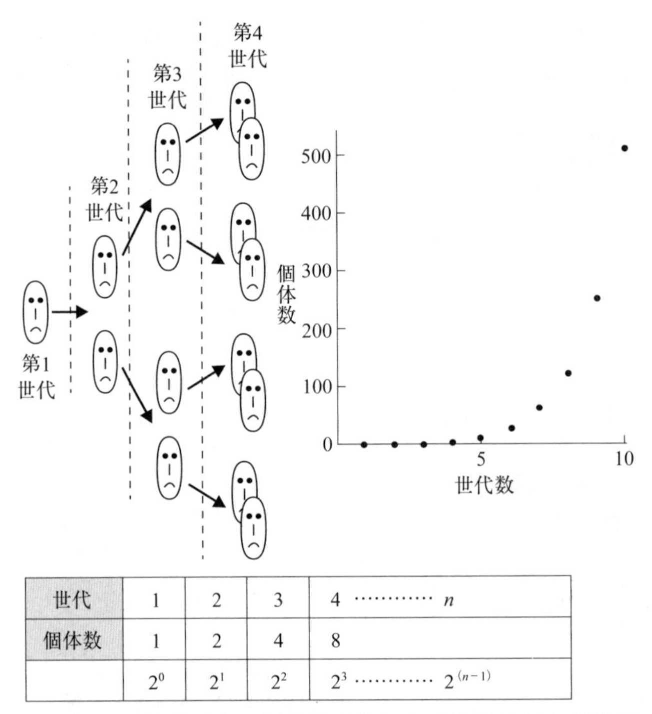

世代	1	2	3	4 ………… n
個体数	1	2	4	8
	2^0	2^1	2^2	2^3 ………… $2^{(n-1)}$

図 11-6　1 世代ごとに個体数が倍になる生物の増加の様子

今の例では，最初の個体数を 1 とし，1 個体が子を 2 個体生むとしたが，これをより一般的な形にするために，最初の個体数を N_0 とし，1 個体が 1 回に生む子の数を r としよう。また，個体は子を生んでも生き続けてさらに子を生むとしよう。2 番目の世代が生じた時の個体数は，もともといた個体の数 N_0 に，もともといた個体が生んだ子の数 $N_0 \times r$ を加えた値となり，$N_0(1+r)$ となる。3 番目の世代が生じた時点での個体数は，2 番目の世代までの個体の数である $N_0(1+r)$ に，その r 倍，つまり新たに生まれた子の数を足した数となるので，$N_0(1+r)+N_0(1+r)r=N_0(1+r)^2$ となる。t 番目の世代が現れた時の個体数 N_t は

$$N_t = N_0(1+r)^{(t-1)} \tag{11.1}$$

と表すことができる。新たな世代が現れた時点での個体数を並べると，公比（$1+r$）の等比数列となる。1 世代分の個体が加わると，個体数が $1+r$ 倍になる，ということである。

ねずみ算は，ネズミの個体数がこのような規則に従って増加するとした場合に，一定期間後にどのくらいに増えるかを問うものである（コラム 11-1）。

コラム 11-1　ねずみ算

江戸時代に著された和算（日本で発達した数学）の書である『塵劫記（じんこうき）』には，正月に現れたネズミのつがい（第 1 世代）がすぐに子（第 2 世代）を 12 匹生み，以後毎月各つがいが 12 匹ずつの子を生んだ場合に 12 カ月後にどれだけの数になるか，という問題が記されている。本文の説明では単為生殖が想定されているが，ネズミは有性生殖するので，雄と雌が同数生まれるとしてつがい数で考える。1 つがいが毎月 6 つがい分ずつ子を生むとすると，1 月に 7（$=1+1\times6$）つがい，2 月に 49（$=7+7\times6$）つがい，3 月に 343（$=49+49\times6$）つがい，と増える。先の説明をつがいの増え方に応用すると，t 番目の世代が現れた時点のつがい数は $N_0(1+r)^{(t-1)}$ であり，この問題では $t=13$，$r=6$，$N_0=1$ なので，7^{12} つがいとなる。2 倍して個体数に換算すると，27,682,574,402 個体となり，『塵劫記』に示された答えと一致する。

11.4.2　式の一般化

実際の生物では，同じ世代のすべての個体が同調して出産するとは限らない。また，生まれるだけでなく死ぬ個体もある。この 2 点を考慮して，生物の個体数が増加する様子を表した，先の式（11.1）に手を加えよう。

世代を考える代わりに，個体数は時間の経過に従って増えると考える。時刻 t における個体数を N_t，そこから1単位時間が経過した後の時刻 $t+1$ における個体数を N_{t+1} とする。1単位時間が経過する間の個体数の増加は，$N_{t+1}-N_t$ で表すことができる。これを，単位時間あたりの個体数の増分 ΔN とする。

個体群に外から加わる個体がなく，また外に出ていく個体もないとするなら，個体数の増分 ΔN は，1単位時間の間にその個体群において新たに生まれた個体の数 B（Birth の頭文字）から，死んだ個体の数 D（Death の頭文字）を引いたものである。つまり，

$$\Delta N = B - D \tag{11.2}$$

である。

時刻 t から $t+1$ の間に生まれる個体の数は，時刻 t における1個体あたり b 個体，死ぬ個体の数は時刻 t における1個体あたり d 個体と考える。この場合，次の関係が成り立つ。

$$B = bN_t,\quad D = dN_t,\quad \Delta N = B - D = (b-d)N_t$$

さらに，$\Delta N = N_{t+1} - N_t$ なので，

$$N_{t+1} - N_t = (b-d)N_t \tag{11.3}$$

となる。

左辺の $-N_t$ を右辺に移項すると $N_{t+1} = (b-d)N_t + N_t$ となる。両辺を N_t で割ると，$N_{t+1}/N_t = (b-d)+1$ が得られる。$(b-d)$ が正なら個体数は増加し，$(b-d)$ が負であれば個体数は減少する。そこで，個体数の増加率★10 r を，

★10 ――単位時間あたりの変化を表しているので，増加速度と考えることもできる。出生率，死亡率についても同様。

$$r = b - d \tag{11.4}$$

とする。言葉で表すなら，ある個体群における単位時間あたり 1 個体あたりの個体数の増減（個体数の増加率）は，単位時間あたり 1 個体あたりの出生個体数（出生率）から，単位時間あたり 1 個体あたりの死亡個体数（死亡率）を引いたものとなる。

11.4.3　個体数増加に対する制約

上の式 (11.3)，式 (11.4) で示したように個体数が増えていくなら，単位時間が経過するたびに生物の個体数は（$1 + r$）倍になる。r が正の値であれば，生物は際限なく増え続け，地球はその生物でいっぱいになってしまうだろう。現実には，生物の生活に必要な食物や生息場所などの資源には限りがあるため，この式が示すように個体が無限に増えることはない。ある状況の下で生息できる個体の数には上限があると考えた場合，それを**環境収容力**（$\boldsymbol{K}$）と呼ぶ。

個体数が環境収容力に近づくにつれて，個体数の増加は抑制される。つまり，個体数が環境収容力に近づくと，個体数の増加は緩やかになる。そして，個体数と環境収容力が等しくなった時点で個体数の増加は止まると考える（図 11-7）。このような変化を示す曲線を**ロジスティック曲線**といい，式では次のように表される。

まず，環境収容力を考慮しない場合，式（11.2）に式（11.3）および式（11.4）を代入し，

$$\Delta N = (b - d)N_t = rN_t \tag{11.5}$$

が得られる。これに対して，個体数が環境収容力 K に近くなるほど ΔN が小さくなる効果を追加して，

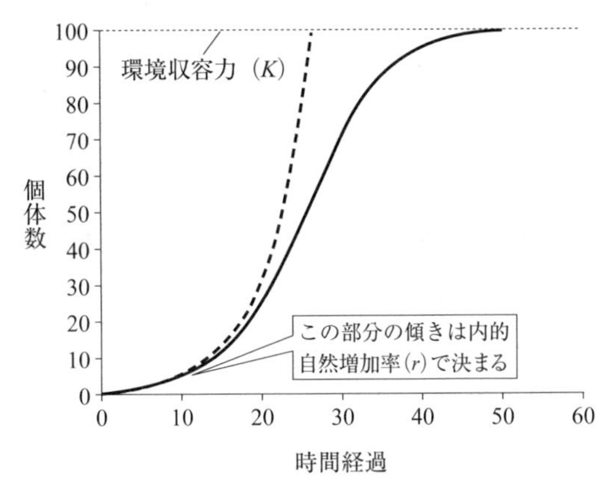

図 11-7　指数関数的成長曲線（破線）**とロジスティック曲線**（実線）
内的自然増加率（r）は等しく設定している。ロジスティック曲線の場合，個体数が環境収容力（K：水平の点線で示された個体数）に近づくと増加が緩やかになり，環境収容力を超えては増加しない。指数関数的成長の場合には，個体数は爆発的に増加する。

$$\Delta N = rN_t(1 - N_t / K) \qquad (11.6)$$

と考えるのである。なお，N_t および K は正の値をとる★11。

式（11.5）と式（11.6）を比べると，式（11.6）では（$1 - N_t / K$）の部分が追加されている。N_t が非常に小さければ，N_t / K は 0 に近く，追加された部分の値はほぼ 1 であるため，結果として式（11.6）は式（11.5）とほとんど変わらない。しかし，N_t が K に近づいてくると，N_t / K は 1 に近づいていく。つまり，（$1 - N_t / K$）が 0 に近づいていくため，ΔN は 0 に近づいていく。

式（11.6）の両辺を N_t で割ると，

$$\Delta N / N_t = r(1 - N_t / K) \qquad (11.7)$$

★ 11 —— N_t は 0 もとりうるが，この場合 ΔN は常に 0 であり，個体数は 0 のまま変化しない。

が得られる。個体数の増加率（$\Delta N / N_t$）は，個体数 N_t が増加することで低下することがわかる。同種の他個体が周りに増えることで，限られた資源を取り合う結果，自分が利用できる資源が少なくなり，それによって出生率が下がったり，死亡率が上がったりする効果を表現しているといえる★[12]。このような効果を，**密度効果**★[13] と呼ぶ。個体群に属する個体が常に特定の範囲の中に生息する場合には，個体数の増加は個体密度の増加と同じ意味をもつ。なお，以上の説明だけでは，個体密度が高いことは個体群を構成する個々の個体にとって常に不利で，個体密度は低いほど都合がよいかのように読めるかもしれないが，必ずしもそうではない（**コラム 11-2** の後半を参照）。

コラム　11－2　ロジスティック式

環境収容力や密度効果を考慮した個体数の時間変化は，一般的には，時間 t による微分の形を用いて，以下の式で表される。

$$\frac{\mathrm{d}N}{\mathrm{d}t} = rN\left(1 - \frac{N}{K}\right)$$

この式を，ロジスティック式と呼ぶ。本文で述べたように N は個体数（あるいは個体密度），K は環境収容力（個体数あるいは個体密度の上限），r は内的自然増加率を示す。実験的な条件の下では，この式に従って個体数や個体密度が増加する様子を観察できる。

なお，個体密度が過度に低い場合に個体の増加が抑制される例も知られている。こうした例は，有性生殖をする種で繁殖相手が見つかりにくくなるとか，虫媒花をつける植物の花が疎らにしか咲いていないと受粉がうまくいかないといった理由で生じる。このような場合に，個体数や個体密度の変化をロジスティック式で表そうとすると，式に変更が必要になる。例えば，個体数（個体密度）が a よりも小さいと個体の増加が抑制される状況であれば，

$$\frac{\mathrm{d}N}{\mathrm{d}t} = rN(N - a)\left(1 - \frac{N}{K}\right)$$

のように考えることができる。N が a より少なければ $\frac{\mathrm{d}N}{\mathrm{d}t}$ は負になり，個体数（個体密度）は減少する。

この式では，個体数の増加率は，r に環境収容力 K を踏まえた密度効果の項（$1 - N_t / K$）を乗じて得られる。この場合 r は，個体の増加が環境収容力による制約を受けない場合の増加率である。この増加率のことを，**内的自然増加率**と呼ぶ（コラム 11-2）。

11.4.4　移入と移出，他種による影響

ある個体群における個体数や個体密度が，式（11.2）に従って変化するなら，個体数や個体密度の増加や減少は，出生率と死亡率により決まる。つまり，繁殖がうまくいき，多くの子孫を残すことができれば個体数は増加し，死に至る事故や病気が頻繁に起こる状況では増加が抑えられる。環境収容力，あるいは個体の密度が上昇した時の制約をさらに考慮すると，式（11.6）や式（11.7）の関係が得られる。

これらの式における b（出生率），d（死亡率），r（内的自然増加率），K（環境収容力）は，対象とする生物によって，あるいは場所によって，さらには同じ場所の同じ生物であっても季節や環境条件により異なりうる。そこで，実際の個体群の消長を検討する場合には，調査や観察の結果に基づいて，これらの項目の状況に応じた値を推定し，将来の個体数や個体密度を予測する。

ここで 2 つの点に注意したい。まず，以上に示したいずれの式も，個体群に属する個体が他の場所に移動すること（**移出**），あるいは他の場所から個体がやって来ること（**移入**）を想定していない。野外の個体群において，このような場所間の移入と移出は個体数を変化させる大きな要因となりうる。

もう 1 つ，上に述べた出生や死亡，個体数の増減，環境収容力，移入

★ 12 ——他個体により繁殖が妨害されたり，卵が傷つけられたりして出生率が低下するなどの影響も生じうる。

★ 13 ——個体密度の増加が個体の形質を変化させることもあり，**相変異**と呼ばれる。例えばトノサマバッタでは，幼虫時の個体密度が高いと，翅が長く，移動するのに適した形質を備えた成虫に育つ。

や移出は，いずれも，同じ場所に生息する他の種の個体による影響を受ける。他種の個体に捕食される機会が増えれば，死亡率は高まる。同じ食物を利用する他種の個体が多く生息していれば，その種にとっての環境収容力は小さくなる。他種の個体により繁殖が妨害されて，出生率が下がることもある。こうした，他種の個体との関係は，個体群生態学の枠組みでは，出生率，死亡率，環境収容力などを変えるものとして取り扱うことができる。種間の関係をより詳細に扱おうとするならば，群集という視点が必要になる。これは，次章にて紹介する。

11.5　メタ個体群

上に述べたように，個体数の変化を考える際には，個体群に属していなかった個体が他所からやって来て個体群に加わる移入や，個体群に属していた個体がその個体群を離れて他所へ移動する移出を考慮する必要がある。この時，例えば式（11.2）に移入や移出の項を追加して，

$$\Delta N = B - D + I - E \tag{11.8}$$

のようにして移入や移出を取り扱うというのは，最も簡便な方法といえる。なお，ここでの I（Immigration の頭文字）は外からやって来て個体群に加わる（移入する）個体の数，E（Emigration の頭文字）は個体群から外に出ていく（移出する）個体の数である。

現実の状況を考えてみよう。個体群から他所に出た個体は，遠い彼方に去ってしまって元の個体群とは二度と関わらない，ということもありうる。しかし，比較的近傍の生息場所に住み着いて繁殖し，その子孫が，外に出た個体がもともといた個体群に移入する，ということも十分考えられる。個体群を構成する生物にとっての生息適地がパッチ状に分布していて，パッチの中では自由に移動できるが，パッチ間の移動はある程

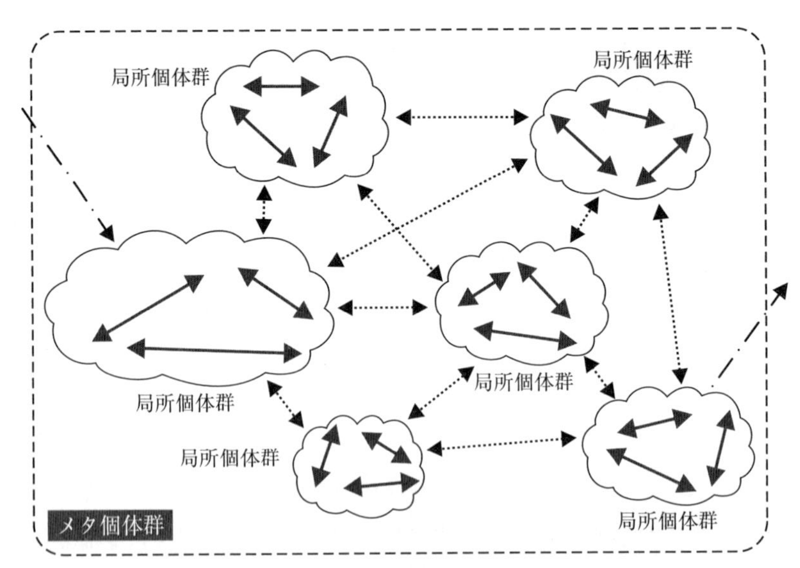

図 11-8　パッチ状に分布する複数の生息地における生物の移動
個々のパッチ状生息地の中では自由に移動できる（実線矢印）。パッチの間の移動は制限されるが，低い頻度で発生する（点線矢印）。これら全体の外へ，外からの移動は（稀にしか）起こらないと考える（破線矢印）。ここでは個々のパッチの中での増加率，死亡率とパッチ間の移動を考慮すれば，全体における個体数の変化を考えることができる。

度制約される，といった状況では，そうしたことが起こりやすいと予想される（図 11-8）。この場合，それぞれのパッチにはある程度独立した個体群が一つずつ生息しているが，個体群の間で個体の行き来があり，それぞれの個体群にとっての移入や移出はこうした近隣の個体群間の個体の移動により説明できると考える。このような考え方に基づいて，相互に個体の行き来がある複数の個体群の全体についてその動態を説明しようとするのが，**メタ個体群**の考え方である。

近年，特に人間の活動の影響によって生物の生息場所がパッチ状に分断されることが多くなっている（**第 14 章**を参照）。そのような状況においては，メタ個体群の考え方がよく当てはまると考えられる。

メタ個体群を構成するそれぞれの個体群を**局所個体群**（またはサブ個体群）という。メタ個体群を考える場合の特徴は，一部の局所個体群が消滅した（個体数が 0 になった）状態から再び個体数が回復する過程を，他の局所個体群からの移入と考えることにより取り扱うことができる点にある。

メタ個体群全体，あるいはそれを構成する個々の局所個体群の個体数の変化は，局所個体群の間で起こる個体の移動の状況に依存する。このことから，局所個体群が成立している個々のパッチ状生息場所の状況だけを扱っていては，その地域の生物の生息状況が十分に理解できず，個体の行き来がありうるパッチ状生息地全体と，それらの間を個体が移動する際に通過する空間の様子を理解する必要があることが，特に生物の保全のための活動において強く認識されるようになった。このことは，**第 14 章**で述べるランドスケープ（景観）の考え方とも関係している。

11.6　まとめ

相互に何らかの関係をもちつつ，同時同所的に生息する同種個体の集合が個体群である。

個体群の状態は，個体群を構成する個体の数（**個体数**）や密度（**個体密度**），個体の**性比**，個体の**齢構成**などによって表される。個体数については，一定の増加率に従って個体数が増える，という考え方が，その変化を表すための出発点となる。これに現実的な制約，すなわち，ある場所で生き続けることができる個体の数には環境収容力による上限がある，という条件を設けるというのが，個体数の時間的な変化を考える際の基本的な考え方である。

個体が一所にとどまるのではなく，他所に移動することも考慮される。個体の移動が比較的容易な近傍に複数の個体群がある場合に，これらの個体群が個体の移動を通じてある程度のつながりを保っていると考え，その全体をメタ個体群として扱うことが，近年よく行われている。

個体群の動態を規定する個体の増加率や環境収容力，移動の様子などは，同じ場所に生息する他の種の生物の状況によっても影響を受ける。他種の生物の影響をどのように考慮するかは，個体群の動態を考える上でしばしば問題となっている。

12　生物群集～相互作用する個体群の集まり

加藤和弘

《目標＆ポイント》　前章では同一の種の個体の集団である個体群について説明した。しかし野外では，異なる種に属する複数の個体が，同じ時，同じ場所に生息していることが普通である。このような個体の全体を生物群集と呼ぶ。異なる種の個体の間には，競争，共生，寄生，捕食などの関係が存在し，それらの理解は生態学的な諸現象の解明のために欠かせない。一方で，生物群集は多数の種により構成されるため，個々の種の間の関係は膨大な数に上る。それを積み上げて群集全体のあり方を捉えることは，今のところ困難である。そこで，種多様性や種組成といった生物群集全体の属性を把握した上で，それがどのような理由により変化しているかを明らかにすることで，生物群集のあり方を理解しようというアプローチもある。本章では，この2つのアプローチによりどのような生態学的現象を捉えることができるかを学ぶ。
《キーワード》　生物群集，種間関係，種組成，種多様性，環境条件

12.1　生物群集とは何か

ある一つの時点において同じ場所で（第11章の脚注2参照），すなわち同時同所的に，相互に何らかの関係をもちつつ生息する複数の種の個体の集合を**生物群集**と呼ぶ。本来は，該当するすべての種を生物群集に含めるべきだが，すべての種を調査することは難しい，あるいは，関連の強い一部の種だけを対象とした方が現象を適切に理解しやすいといった理由により，一部の種だけを取り上げることが多い。例えば，鳥

図 12-1　生物群集の捉え方
本来は，そこにいるすべての生物が生物群集を構成する（破線内）。時には，哺乳類群集，鳥類群集のように一部の分類群に属する生物だけを対象とした生物群集を考えることもある。植物群集は，日本では伝統的に植物群落と呼ばれている。土の中にいる生物だけを対象とする土壌生物群集のように，特定の生活場所を利用していたり，特定の生活様式をもっていたりする生物に対象を限定して考える場合もある。

類群集，魚類群集，植物群集★1（コラム 12-1）のように，分類学的に近い種の個体だけをまとめて群集として取り上げることもあれば，土壌動物群集，付着生物群集など，生活の場所や様式が同じ種だけを取り上げる場合もある（図 12-1）。さらには，注目している種と密接な関係をもって生活している種だけを取り出して，「○○（注目している種）を取り巻く生物群集」，のように表現することもある。

★1 ――日本語では植物群落と呼ばれることが多いが，本章では最近の用法に倣い，説明上必要な場合を除き植物群集とする。生育する植物の種の組み合わせや，優占種により規定される外見（相観）が類似した部分を個々の植物群集（群落）として捉える。単に一帯に生えている植物全体を指す場合には，植生と呼ぶ。

コラム 12－1 「植物群集」にまつわる学術用語

「植物群集」という学術用語について，違和感を覚えた方も少なくないと思う。日本では植物を対象として考える生物群集に対して長らく「植物群落」という語が使われ，今日においてもそれが一般的だからである。したがって，同時同所的に生息する同じ分類群に属する異種の個体群の集合は，鳥類の場合「鳥類群集」，魚類の場合「魚類群集」なのだが，植物だけは「植物群落」となるのが一般的な表現である。これらの生物群集は，英語では community と呼ばれる。植物群落も，英語では plant community である。

一方，植物の生態を研究する学問分野の一つである植物社会学においては，「群集」という言葉が異なる意味で用いられている。植物社会学においては，植物群落は，それを構成する種の組み合わせによって分類される。分類された植物群落は，ちょうど生物の種が一つの分類体系の中に位置づけられるように（**第３章**），単一の分類体系の中に位置づけられる。この，植物群落の分類体系において，基本となる単位が「群集」と呼ばれているのである。英語では association だが，これが「群集」と翻訳されて今日に至っている。さらに，生物の種と同様に，「群集」は同定され記載される。例えば，日本の常緑広葉樹林の代表的な種類であるスダジイ林は，本土のものは「ヤブコウジ－スダジイ群集」に，伊豆諸島に見られ種組成がやや異なるものは「オオシマカンスゲ－スダジイ群集」に分類されている。

日本の植生について書かれた本や論文，報告書などでは，植物社会学的な意味で「群集」が用いられていることがしばしばある。その場合，生物群集 community の意味ではなく，植物群落の分類の基本単位である association のことだと理解して読まないと，文意を正しく理解できないことがある。注意したい。

12.2　個体群の集まりとしての生物群集

生物群集のあり方を考える上で，大きく 2 つのアプローチがある。1 つ目は，前章で説明した個体群の考え方を，異種の個体間の関係（**種

間関係）まで取り扱えるように拡張するというものである。個体群を構成する個体の数や密度の変化は，個体数（または個体密度）の増加率と環境収容力によって規定される，と前章で述べた。個体群を構成する個体が他の種の生物にとっての食物となっている場合，食う側（**捕食者**）の数が多くなると，食われる側（**被食者**）の死亡率は大きくなるため，個体数の増加率は減少し，場合によっては負に転じるかもしれない（図12-2a）。一方，捕食者の立場で考えてみると，食物である被食者がふんだんにいれば，自らの生存，さらには繁殖が容易になって出生率が増すであろう。逆に，被食者が少なくなれば捕食者の食物も少なくなって，捕食者の個体数の増加率は減少すると予想される。このように，同時同所的に生息する2種の生物が捕食者と被食者の関係にある場合，両方の種の個体群の動態をあわせて考えることで，それぞれの個体群のあり方をより適切に理解できるようになる。

食う・食われるの関係以外にも，個々の種の個体群の動態に影響しうる種間の関係は少なくない。2つの種AとBがあり，両者は同じ種類の食物を利用しているとしよう。種Aと種Bが同時同所的に生育している場合，両者は食物を巡る**競争関係**にある。そこで，利用可能な食物の量という観点から環境収容力を考えるのであれば★2，種A，種Bいずれかの個体群の動態を考えるのであっても，種Aと種Bの全体に対して環境収容力を考えなければならない（図12-2b）。つまり，種Aと種Bのうち一方の個体が増えてしまうと，もう一方の個体が増える余地は小さくなってしまう。あるいは，利用できる食物の量を考える場合に，2種の間に明らかな優劣関係がある場合には，優位な種が先に食物を利用してその残りを劣位の種が利用することになる。つまり，劣位の種にとっての食物量は，実際にその場にある食物量ではなく，その場にある食物量から優位な種が利用する分を差し引いた量に過ぎなくな

★2 ――環境収容力は，利用可能な生息場所の面積など，食物以外の資源の観点から決まる場合もある。

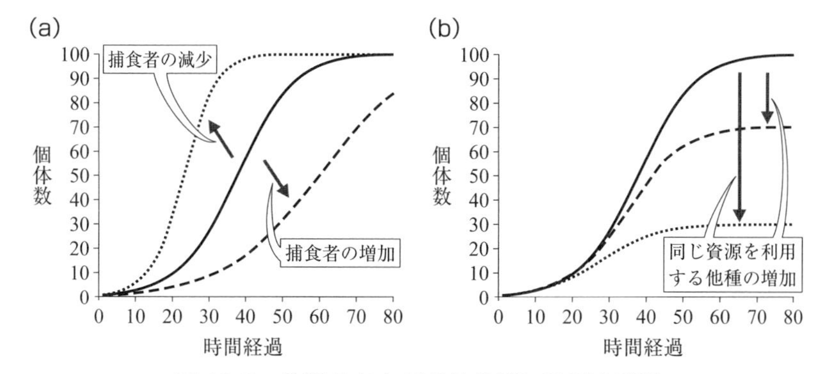

図 12-2　他種の存在が成長曲線に及ぼす影響

a：捕食者が増えて捕食される頻度が高まると，死亡率が高まり個体の増加率は減少する。捕食者が減った場合には逆の変化を示す。

b：同じ資源を利用する他種の生物が同時同所的に生息する場合，その他種の個体が増えれば増えるほど環境収容力は実質的に減少する。

る。こうした状況下では，競争において劣位の種は食物を確保できなくなり，その個体群は衰退していく。

生物の生存に重要な影響を与えうる種間の関係として，**寄生**を挙げることができる。寄生とは，2 種の生物の間で，一方が他方の犠牲の下に利益を得る関係をいう（図 12-3）。寄生は，寄生される側（**宿主**あるいは**寄主**）に不利益をもたらすが，宿主となる生物がいなくなってしまうと，**寄生者**もまた生存や繁殖が困難になる★3。

2 種の生物の関係の中で，両方の種がその関係によって利益が得られるものを，**相利共生**と呼ぶ。鳥が果実を食べ，その内部にある種子を糞（ふん）とともに広い範囲に散布するという関係や（図 12-4），昆虫が花の蜜を吸うことで食物を得，花は蜜を提供する代わりに花粉を運んでもらう

★3――宿主を最終的には殺してしまう寄生者もいる。寄生バチと呼ばれるハチの仲間は，チョウなどの幼虫（宿主）に産卵し，孵化（ふか）したハチの幼虫は宿主を食べて成長する。最終的にハチは成虫にまで育って宿主から出ていくが，宿主は死ぬ。このような寄生者も，宿主となる生物が生息場所からいなくなれば，次世代の個体を残すことができない。

図 12-3　寄生の例：ヤドリギ
宿主である樹木の幹や枝（この写真ではケヤキの幹）の中に自分の根を伸ばして，水分や養分をそこから得る。

という関係は，相利共生の代表的な例とされる。相利共生関係は双方に利益をもたらすものの，共生関係に対する依存度が強い場合には，一方の種が何らかの理由でいなくなってしまうと，もう一方の種も生息できなくなってしまう。

複数の種が密接な関係をもって生息している場合，**第 11 章**で紹介した個体群の考え方を発展させることで，関係するそれぞれの種の個体群の動態をより適切に考えることができる。そのためには，前章の**式 (11.7)** における個体数の増加率（r）や環境収容力（K）といった値を，

図 12-4　相利共生の例：ナンキンハゼの種子を食べに飛来したムクドリ
種子は脂肪分に富んだ蝋状（ろうじょう）の物質で覆われ，鳥に食べられると，この蝋状の物質のみが消化されて種子本体は排出される。鳥は食物を得られ，ナンキンハゼは種子を広範囲に散布できる。写真の木では，実（一部を矢印で示した）は既に大半が食べられてしまっていた。

関係する種の個体群の状態を表す値（多くの場合は個体数や個体密度）の関数として表せばよい。例えば，r を同時同所的に生息する捕食者の個体数の関数とし，捕食者が多いほど増加率が減少する，とするのである。このようにして捕食者と被食者のそれぞれの個体数動態をモデル化したものが，**ロトカ・ボルテラの方程式**である（コラム 12-2）。

野外の生物群集を構成する種は，通常，非常に多数に上る。種間の関係が 1 種対 1 種でのみ起こるとしても，2 種がいる場合の種間関係は 1 つだが，10 種がいる場合には 45 の，100 種なら 4,950 もの関係を考え

コラム 12-2 ロトカ・ボルテラの方程式

捕食者と被食者が同時同所的に生息している状況を考える。

被食者は一定の速度 b_1 で子を生むが，捕食者に出会うと食べられてしまい，その分個体数は減る。捕食者に出会う確率は，捕食者が多ければ多いほど高くなると考えると，被食者の死亡率は捕食者の個体数 N_2 に比例する。死亡率は，定数 d_1 と N_2 の積で表現できる。

一方，捕食者は，被食者，つまり食べ物が多ければそれだけよく増えることができる。つまり，捕食者の増加率は，被食者の個体数 N_1 に比例すると考えることができる。出生率は，定数 b_2 と N_1 の積で表現できる。捕食者にも寿命があるため，一定の速度 d_2 で死んでいく。

この関係を式で表す。コラム 11-2（p.201）と同様の微分方程式で表すと，次のようになる。この式では，環境収容力は考慮されていない。

$$\frac{dN_1}{dt} = (b_1 - d_1N_2)N_1 \text{（被食者の個体数変化）} \quad (12.1)$$

$$\frac{dN_2}{dt} = (b_2N_1 - d_2)N_2 \text{（捕食者の個体数変化）} \quad (12.2)$$

第 11 章の式（11.5）（p.199）の前半を思い出していただきたい。

$$\Delta N = (b - d)N_t$$

この左辺が，$\frac{dN}{dt}$ に相当する。被食者の個体数変化を表す式（12.1）では，被食者の死亡率を求めるための係数 d_1 に捕食者の個体数 N_2 が乗じられ，捕食者の個体数変化を表す式（12.2）では，捕食者の出生率を求めるための係数 b_2 に被食者の個体数 N_1 が乗じられている。

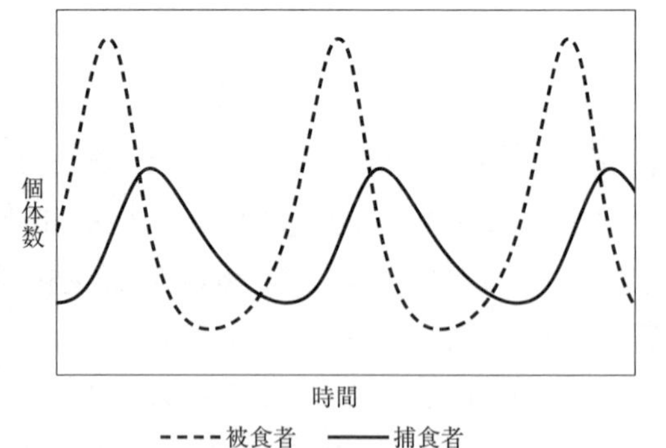

図 ロトカ・ボルテラの方程式に従う場合の，捕食者と被食者の個体数の経時変化

この関係が成り立っていると，被食者，捕食者の個体数は右図のように変化すると考えられる（初期値などによってはそうならない場合もある）。

なければならない。これは，今のところ[★4]現実的ではない。つまり，多数の種の個体群の集合体として生物群集を捉えるにしても，個体群動態を扱っていたやり方そのままでは，生物群集のある一部については把握できるにしても，生物群集の全体像を描き出すことは現時点では難しいということである。

12.3 生物群集全体の属性の検討

それでは，生物群集の全体像を捉えるには，どうすればよいのだろうか。それにはまず，生物群集の状態をどのように表現すべきかを考える必要がある。

生物群集を構成する個体の間には，本来，何らかの関係があることが想定されている。しかし，同じ場所に生息していて相互に全く無関係ということは通常は考えにくい[★5]。そこで，多分に便宜的なものではあるが，異なる種の個体の間に実際にどのような関係があるのかを考慮せずに，同時同所的に生育するすべての種[★6]の生物個体の集合を生物群集と考えることがしばしばある。

そのように定義される生物群集については，以下のような属性を考えることができる。

- **生物相**：どのような種が生物群集を構成しているか，ということ。生物群集を構成する種のリスト，と考えてもよい。植物だけを対象とする場合には**植物相**，動物だけを対象とする場合には**動物相**と呼ぶ。
- **種組成**：生物相と同じ意味で用いられることもあるが，それぞれの種がどれだけたくさん生息しているか，という個々の種に関す

★ 4 ――将来の研究の発展により，様々な種間の関係が明らかにされるようになれば，可能になるかもしれない。

★ 5 ――他の個体が利用できる地面や空間をふさいでいる，というだけであっても，特に植物の場合には競争相手として問題になりうる。

★ 6 ――または，鳥類群集，植物群集などのように限定された一部の種。

る量的な属性を含めて種組成と呼ばれることも多い。本授業では，以下，種組成の語をこの意味で用いる。量的な属性としては，個体の区別の明瞭な動物の場合は個体数が，植物の場合には**被度**★7が用いられることが多い。現存量（後述）を種ごとに計測した結果や，それぞれの種の**出現頻度**★8など，他の尺度も利用される。量が多いほど，その群集の中で大きな意味あるいは支配的な役割をもっていると考えられることから，こうした量的な属性のことを**優占度**と呼ぶこともある★9（コラム 12-3）。

- **種の豊富さ**：その生物群集にどれくらい多くの種が含まれるか，ということ。**種数**。
- **種間の均等性**（**均衡性**）：種間で優占度の釣り合いはとれているか，ということ。種の豊富さと種間の均等性から，**種の多様性**が評価される。多くの種が見られることと，特定の種ばかりが多く生育していないことが，種の多様性が高いと評価される条件である。
- **現存量**（**生物量**，**バイオマス**）：生物群集を構成するすべての生物の物質としての量で，多くの場合は重さで表現される（体積で表現される場合もある）。採取した生物の重さを単純に量ってバイオマスを推定する場合もあれば，乾燥させて重さを求める場合もある。

以上が，生物群集について伝統的に取り上げられてきた属性である。こうした属性が時間の経過とともにどのように変化するか，あるいは生

★7――ある場所に生育している対象種の植物体を真上から地表に投影したと仮定して，その際に植物体の影により地面が覆われる割合。植物全体について同様の割合を考える場合には，植被率という。

★8――ある条件の下で調査・観察を行い，対象とする種が記録される頻度。対象種が観察された地点数や，その観察地点総数に対する割合が用いられたり，あるいは対象種が観察された回数や，その全調査回数に対する割合が用いられたりする。

★9――優占度の高い種（しばしば最大の種）を優占種と呼ぶ。植物の場合は植物体の高さも考慮した上で優占度が求められることがあり，例えば被度と高さの積が優占度の指標として用いられる。

物群集が見られる場所によってどのように異なるのかが，長年にわたって研究されてきた。

コラム　12-3　生物群集のあり方を示す指標の求め方

ある地域の生物群集のあり方を理解しようとして，個々の場所にどの種がどれだけ生息しているのかを，通常は複数の場所で調査することがある。調査の結果は，この表のように整理される。それぞれの行は生物の種を表し，それぞれの列は調査が行われた個々の場所に対応する。数値は，それぞれの場所で記録されたそれぞれの種の優占度である。鳥の調査では個体数が，植物の調査では被度が，よく用いられる。ある場所において優占度が最大，または上位の種のことを優占種と呼ぶ。

表　鳥類調査の結果の例

（数字は観察された個体数）

	地点1	地点2	地点3
ドバト	38	0	0
スズメ	12	8	0
ヒヨドリ	0	6	6
シジュウカラ	0	2	4
メジロ	0	0	2
キジバト	0	0	1

この結果から，それぞれの場所の生物相，種組成，種の豊富さ，種間の均等性を求めることができる。鳥類調査の結果を示した上の表の場合，地点1の鳥類相はドバトとスズメ，種組成はドバト38個体スズメ12個体（76%，24%と，構成比で示すこともある），種の豊富さ（生息している種数は出現した種数と等しいと見なす）は2種となる。種間の均等性については，均等性指数と呼ばれる数値を，この結果から計算できる。種の豊富さと種間の均等性をあわせて評価するための，種の多様性指数も作られている。他の地点についても，同様に計算できる。

限られた時間や回数の調査では，種の見落としが生じるため，種の豊富さはたいがい過少な推定値となる。地点間で結果の比較を行う場合，調査回数が同じであるか，調査条件は等しいかなど，比較できる結果といえるかどうかにも注意が必要である。

種組成は生物相についての情報を含み，生物相についての情報は種の豊富さについての情報を含む。種組成がわかれば，生物相や種多様性，種間の均等性もわかるが，逆は成り立たない。

12.4　生物群集はどう変化するか
―環境条件と生物群集の関係

ある程度標高の高い山に麓から登っていくと，標高が増すに従って周囲の様子が変わっていくことに気づく。単に見晴らしがよくなったためではない。生えている植物の種類（植物相）やそこでの優占種，種組成が，標高とともに変化するからである。東北地方南部の南会津地域の場合，登山口付近はうっそうとしたブナ（落葉広葉樹）の林に覆われているが，標高の高いところではオオシラビソ（常緑針葉樹）の林になり，山頂付近ではササ原あるいは草原，時にはハイマツが多く生えていることもある（図 12-5）。植物の変化と対応するように，昆虫や鳥などの動物の種類も変化していく。

標高に伴う植物相の変化は，多くの場合，標高が増すに従って気温が低下することが直接の原因になっていると考えられている。山頂や尾根の部分では，風当たりが強い，土壌の栄養が不足しやすい，土地が崩れやすいといった理由で，生育できる植物の種類が限られてしまうことが関係することがある。

生物群集を取り巻く環境の状態，すなわち環境条件のうち，生物群集のあり方に直接ないし間接的に影響していると見なしうるもの（**環境要因**）を見つけ出すことは，生物群集のあり方を知る上で重要である。そのような環境条件を適切に把握することができれば，それと生物群集との対応関係を知ることにより，生物群集が場所により変化する様子を理解できる（図 12-6）。

人間の活動が生物群集やその分布の様相を変えてしまうことがある。河川の生物群集はもともと，流れが速く川底には礫（れき）が多く水は貧栄養の上流から，流れが遅く川底には泥がたまり栄養分が付加された水が流れ

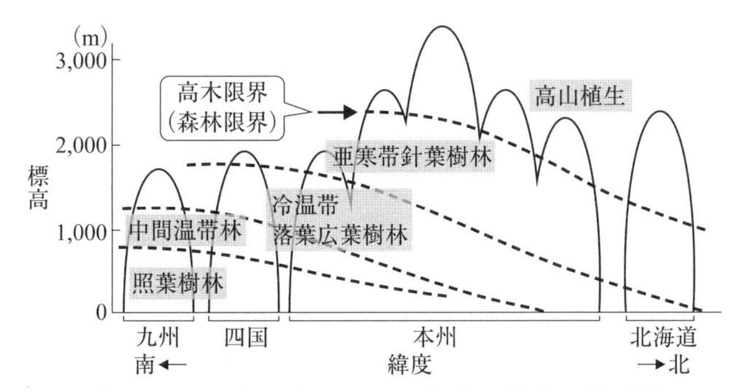

図 12-5　日本の山における植生の分布の模式図
低地から高地，低緯度から高緯度となるに従って，照葉樹林（常緑広葉樹林），中間温帯林（モミ林など），冷温帯落葉広葉樹林（ブナ林など），亜寒帯針葉樹林（オオシラビソ林など），高山植生（ハイマツ群落やササ群落，草本植物群落など）へと移行する。こうした変化は主に気温の違いにより生じる。

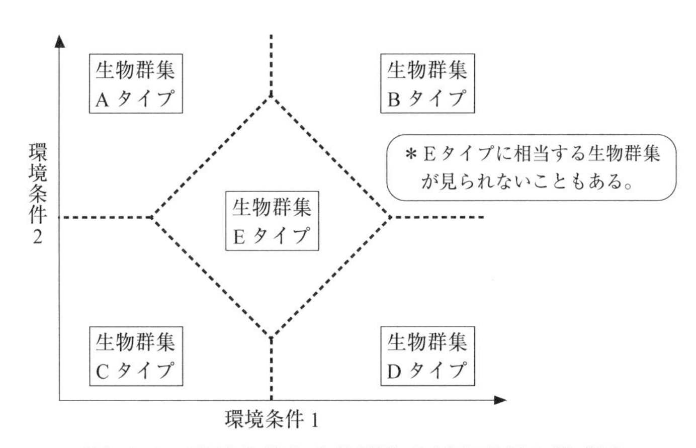

図 12-6　環境条件と生物群集の対応関係の模式図
縦軸と横軸はそれぞれ異なる環境条件を表す。環境条件に対応して，生物群集のあり方（タイプ）が決まる。実際には生物群集に影響を及ぼす環境条件は多数あるため，三次元以上の構造を考えなければならない。また，1つの条件の変化に沿って生物群集が 4 つ以上のタイプに変化することもありうる。さらに，生物群集のあり方は時間的にも変化する。成立時期が異なる生物群集が含まれる場合，同じ環境条件の場所であっても異なった状態の生物群集が見られることがある。

図 12-7　ドバト
都市に特徴的な生物の代表的な存在。愛玩用，伝書鳩用などの目的で飼育されたカワラバトが，野生化したもの。世界の主な大都市で，市街地における鳥類の優占種となっている。

る下流へと，川を下るに従って変化する。ところが最近は，人為的な水質汚濁が下流に行くほど顕著になる川が多くなり，そのような川では，下流に行くに従って水の汚れに強い生物の優占度が高まる。こうした川では，上流から下流にかけて見られる生物群集の違いに対応する環境条件は，流速や堆積物の粒径ではなく水の汚れである。

郊外から都市の中心に向かうに従って生物の種が少なくなる一方で，都市特有の生物（図 12-7）が見られるようになる，という生物群集の変化は，世界中で見ることができる。都市においては植物が生育できる土地が少なくなること（動物にとっても食物の減少につながる），人間の活動により動物の行動，特に繁殖が妨げられること，大気の状態が悪化することなど，生物が生きていくのに必要な資源が都市では少なくなる一方で，生物の生息に対する障害（ストレス）が増加することが，都市特有の生物群集が生じる背景にある。こうした現象を直接的に評価することは困難なので，植物に覆われた土地の割合（植被率）や，生物の生息場所として機能しうる林や水辺，草地などの面積などが，特定の場所における都市化の程度を評価するための指標として使われている。

12.5　生物群集はどう変化するか—個別的か連続的か

前節で例に挙げた，山の標高や川の汚れに従って生物が変化する様子は，連続的であるように見える。植物や動物の種類が一度に入れ替わってしまうのではなく，場所を移動していくに従っていくつかの種は徐々に減少し，別のいくつかの種は徐々に増加する，という考え方は，無理なく受け入れられるだろう。この考え方に基づくなら，環境条件の変化に対応してそれぞれの種の優占度が変化する様子は，図12-8aのようになっているといえる。

生物群集のあり方を研究する学問，群集生態学の研究者の一部は，この考え方を支持している。それによれば，環境条件を横軸に，種の優占度を縦軸にとると，個々の種の優占度は一山形の曲線に沿って変化する。種によって，その環境条件に関する好適な水準が異なるため，曲線の頂点の位置は種によって異なる。このことが，環境条件の変化に対応する生物群集の変化を生み出していると考える。

この考え方をとれば，生物群集の変化は常に連続的だといえる。隣接する土地の間で生物群集が大きく異なることもあるが，それは，その土地の間で環境条件もまた大きく異なっているからである。こうした考え方を，**群集連続説**と呼ぶ。

しかし時には，いくつかの種が決まって一緒に生息しているように思われる場合がある。群集連続説の考え方では，個々の種の優占度は環境

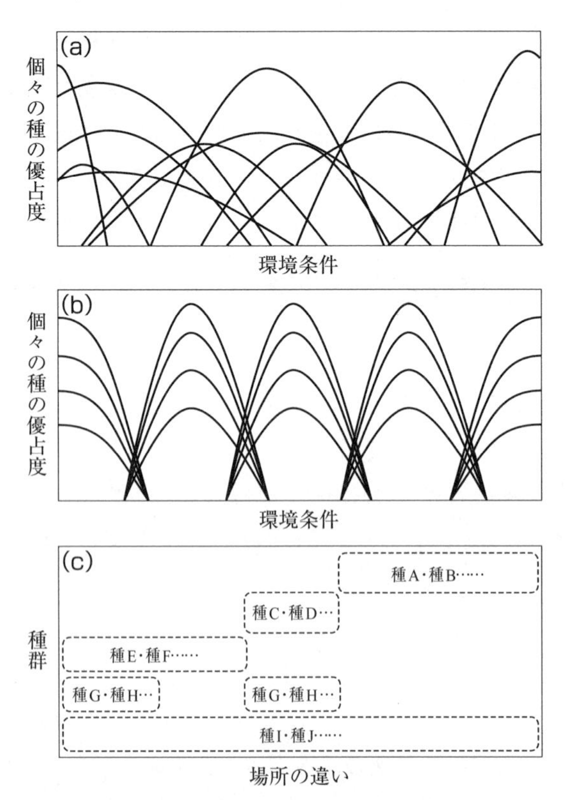

図 12-8　環境条件の変化と種の出現パターン

一つひとつの曲線が個々の種に対応する。

a：生物群集が連続的に変化するとした場合のパターン。種によって生息に最適な環境条件が異なるため，曲線のピークの位置はばらばらである。

b：生物群集は連続的に変化するが，種の特徴的な組み合わせも見られると考えた場合のパターン。環境条件の変化に対して複数の種が同じような反応をする。その結果，特定の環境条件の下で，それに対応する一定の組み合わせの種が出現する。

c：生物群集においては，種の特徴的な組み合わせが常に見られると考えた場合のパターン。複数の種が種群を形成し，常に一緒に生息する。種群の間にも特徴的な関係があれば，このように明瞭な種の入れ替わりが生じる。環境条件が類似した場所の間でも，群集の成立の経緯によって異なる種群が生息することもありうる。

条件の変化に対して図 12-8a に示したように変化する。この図で個々の種は一山形の曲線で表されるが，環境条件の変化に対して類似の反応をする，つまり曲線の形と位置が似ている種が複数生育していれば，いくつかの種が決まって一緒に生息しているように見えるだろう，ということになる（図 12-8b）。

そうではなく，何らかの理由があって，複数の種が必然的に一緒に生息していると考えられる場合もある。植物食（植食性）の昆虫がその食物となる種類の植物と同じ場所に生息するのはその例といえる。植物の多くは，その根に菌類（菌根菌）を共生させ，菌根菌は一帯に広く菌糸を伸ばして，植物個体間の物質のやり取りにも関わっていることが近年明らかになってきた。植物の種によって共生する菌根菌の種類が異なることから，ある菌根菌が優占的な土地ではこのような植物，といった形で，菌根菌を介した植物の種組成の変化が起こっているかもしれない。その場合には，その土地において優占的な菌根菌の種類に対応する形で植物の種群が形成される可能性もある。

このように，複数の種の間に何らかのつながりがあって同所的に生息する，という考え方をとるなら，生物群集を構成する生物種の中には，決まって一緒に生息している種のグループ（**種群**）があることになる。同じ種群に属する種は，生息する時は一緒に現れる。いない場合にはいずれの種も見られない。このような形で種が生息しているなら，ある場所から別の場所の間で生物群集の種組成が急激に変化することがありえる。ある場所で見られた種群が，別の場所では見られなくなり，別の種群が現れる，ということは，一度にまとまった数の種が現れたりいなくなったりすることにつながるからである（図 12-8c）。このような考え方を，**群集個別説**と呼んでいる。

どちらの考え方に立つべきかについては，まだ明確な結論は得られていない。環境条件に応じて個々の種の生息場所が決まっている部分もあれば，種間の関係に基づいて複数の特定の種が共存したり，逆に排除し合ったりする場合もある。両方の考え方を認めた上で，生物群集が置かれた状況に応じてよりふさわしい見方を採用することを，ここでは勧めたい。

12.6 生物群集の時間的な変化

ここまで，生物群集の場所による違い（空間的変化）について説明してきたが，生物群集も個体群と同様に，時間とともに変化する。ただ，その変化にはしばしば長い時間を要する。

生物群集の時間的変化は，これまで主に植物群集を対象として研究がなされてきた。植物群集とその生育環境の時間的な変化のことを，**植生遷移**と呼ぶ。動物群集は，空間的にも時間的にも，植物群集の変化に対応する形で変化することが多い。

植生遷移は，図 12-9 のように模式化して描くことができる。植物が生育していない（種子や切り株などそこから植物が育っていくようなものも存在しない）裸地に，周囲の土地から種子などが供給され，植物の生育が始まる★10。土壌が未発達な裸地に生育できる植物の種類は限られ，初めのうちは草本植物が広く地面を覆う★11。

植物の枯死体やその分解産物が蓄積することで土壌が徐々に形成されると，大型の木本植物も徐々に生育するようになる。林が形成されると木々の枝葉に日光が遮られ，地面近くは暗くなってしまう。生育のために多くの光を必要とする植物（**陽生植物**，樹木の場合は**陽樹**という）は林の中では育つことができず，わずかな光でも生育できる植物（**陰生植

★10 ――このような植生遷移を一次遷移と呼ぶ。これに対して，種子などが残っている状態から植物の生育が始まる場合もあり，二次遷移と呼ばれる。

★11 ――貧栄養条件に強く成長の速い木本植物が，植生遷移の最初の段階から優占することもある。伊豆諸島の三宅島では，溶岩流や火山灰に覆われた土地において，カバノキ科の低木のオオバヤシャブシがしばしば最初に進入し，優占する。

図 12-9　一般的な植生遷移の模式図
薄い色の樹冠をもった樹木は陽樹，濃い色の樹冠をもった樹木は陰樹を示す。

物，**陰樹**）のみが育つようになる。林の最上層を構成する木々はいずれ枯れるが，その後を埋めるのは，林の中で育った陰樹の若木である。陰樹が優占する林は，植生遷移の最終段階であり，**極相**と呼ばれる。

ただし，土地の気候や土壌の条件によっては，極相が陽樹林であったり草原であったりすることもある。降水量が少なく森林が維持できない場所では，極相は降水量に応じて草原あるいは疎林となる。降水量は十分でも，地形や土壌の条件によって異なる極相が見られることもある。例えば，尾根の上など乾燥しやすく土壌が薄い貧栄養な土地では，陽樹であるアカマツの林が極相となる場合がある。このように，地形や土壌の条件によって生じる極相を土地的極相と呼び，気候的な条件に規定される気候的極相と区別する。

12.7　まとめ

相互に何らかの関係をもちつつ，同時同所的に生息する複数の種の個体の集合が生物群集である。すべての種の生物を対象とするのではなく，特定の分類群に属する種や特定の生活形態をとる種だけを対象として生物群集を考える場合もある。

生物群集のあり方を考える2つのアプローチがある。1つは，異なる種の個体群を同時に考え，1つの種の個体群の動態は別の種の個体群のあり方により影響を受けるとして，それぞれの個体群動態を説明しようとするものである。対象とする種が比較的少数の場合に適している。

もう1つは，種組成や種多様性（種の豊富さや種間の均等性）など，生物群集の属性に着目し，それらが時間の経過や場所の違いによってどう変化するかを明らかにすることで，生物群集のあり方や変化の理由を知ろうとするものである。多数の種を含む生物群集の全体像を明らかにしたい場合に適している。

生物群集の場所による違いはしばしば，環境条件の違いによって引き起こされる。気温など自然の環境条件が原因となる場合もあれば，人為的な環境改変が原因となる場合もある。

生物群集の時間的な変化は，特に植物群集についてよく研究されてきた。植物群集とその環境条件の時間的な変化を，植生遷移と呼ぶ。

13 生態系〜生物群集とその環境から成るシステム

加藤和弘

《目標&ポイント》 生態系（エコシステム）とは，陸域や水域のある範囲内に暮らす生物群集と，その生物群集を取り巻く環境を一括して捉えたもの（システム）である。生態系の中では，生物が利用するエネルギーや物質が移動している。外界から無機物とエネルギーを取り入れて有機物を合成し，自らの身体を形成する生物が生産者である。合成した有機物を代謝により消費して，活動や生命維持に必要な化学エネルギーを得ることができる。生産者が作った有機物を利用して生きるのが消費者や分解者である。消費者は，他の生物を食べることで，有機物を得る。生物の排出物や死骸もまた有機物を含む。この有機物は分解者により利用され，分解されて，環境に戻る。本章では，物質循環やエネルギーの流れという視点から，生態系のあり方について学ぶ。
《キーワード》 物質循環，一次生産，消費，分解，有機物

13.1 生態系とは何か

生態系とは，ある場所における生物群集（第12章を参照）と，それを取り巻く**環境**★1 を構成要素とするシステムのことをいう★2（コラム13-1）。

この生態系という考え方においては，生物とそれを取り巻く事物は一

★1——ここで環境とは，対象とする生物の周りにあって，その生物に影響を及ぼす事物の全体を指す。生物個体にとっては近くにいる他の生物の個体も環境の一部であるが，生物群集の場合はすべての生物をその中に含むため，その環境を構成するものは原則として無生物である。鳥類群集のように一部の生物の集合としての生物群集を考える場合には，それに含まれない生物は環境を構成する要素である。例えば，鳥類群集にとって最も重要な環境構成要素は，多くの場合植物群集（植生）である。

コラム 13-1 システム

フォン・ベルタランフィ（1968年）の『一般システム理論』において展開されている考え方に従えば，システムは要素により構成され，全体としての明らかなまとまりを有し，全体としてのはたらき（機能あるいは目的）をもつ[4]。システムの要素は互いに作用し合い，そこからシステムとしてのはたらきが生まれる。あるシステムの要素それ自体がシステムである場合もある。他のシステムの要素であるシステムをサブシステムと呼ぶが，サブシステムの機能は上位のシステムの機能とは異なる。

個体からランドスケープに至るそれぞれの主体（**第11章**）は，いずれもシステムとして捉えることができる。個体は，個体を構成する様々な器官ないし器官系を要素とするシステムである。個体群は個体を要素とし，生物群集は個体群を要素とする。生態系は生物群集と非生物的環境の構成要素からなり，ランドスケープは生態系を要素とする。いずれの主体も，全体としてのまとまりを示し，全体としての機能をもつ。要素間の相互作用は，個体間，種間の関係や物質，エネルギーのやり取りに対応する。こうした関係の結果として，それぞれの主体において様々な生態学的現象が生じる。

このようなシステムを理解する際に注意したい点は，システムの個々の要素の理解だけではシステム全体としてのはたらきの理解には至らないということである。機械の部品を並べても，部品の組み立て方や部品間の関係がわからなければ，機械として動かすことができないのと同じである（機械もまたシステムである）。要素間の相互作用が正しく理解される必要があり，そのためには相互作用を強く規定しうる要素の配置，構成が把握されるべきである。

システムは全体を通してのまとまりをもつことから，システムの中と外を分けて考えることができる。システムの外とは，システムにとっての環境である。システムは環境との間で物質やエネルギーをやり取りできる。環境から受け取る物質やエネルギーによりシステムのあり方に変化が生じる一方で，システムから環境に放出される物質やエネルギーが環境のあり方を変えることもある。つまり，システムとその環境もまた相互作用しうる。

★2――厳密にいえば，生態系は構成要素（生物群集とその環境）が単に集まっているだけではない。構成要素の間に相互作用があり，それによって発揮される生態系としての機能が存在することが必要である。構成要素間の相互作用と，その結果としての機能の両方が存在することが，システムであることの条件とされる。

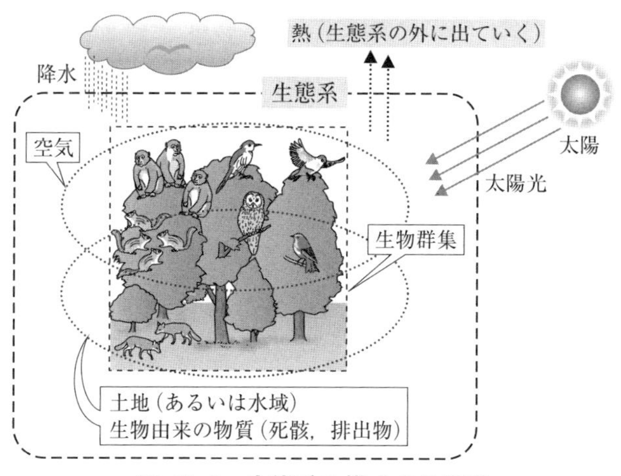

図 13-1　生態系を構成する要素
生態系には，生物群集と，その環境（空気，土地・水域）の両方が含まれる。生物の排出物や死骸は生物群集には通常含めないが，生態系においては重要な要素である。空気の状態（気体組成や浮遊物質の状態など），土地のあり方（土壌条件や微地形），水域のあり方（水質，水文学的条件など）は，そこに生息する生物群集にとっては環境の状態，すなわち環境条件であるが，生態系にとっては自らを構成する要素の状態である。太陽光は生態系にとっては外部から届くエネルギーであり，降水は外部から生態系に供給される水分である。土地の表面にある土壌（図では省略）は生態系の構成要素であるが，その下にある堆積層や基盤岩は通常は生態系に含めない。

体として扱われる。そのため，生物とその環境というように，両者を明確に切り分けた上で関係を論じたい場合は，前章の生物群集の考え方を用いた方がやりやすい（図 13-1）。

生態系の枠組みで取り扱われる現象として代表的なのは，**物質循環**や**エネルギーの流れ**である。植物が**太陽光**由来のエネルギーを用い，環境中の水と二酸化炭素から合成した**有機物**★3 は，植物が食べられることで動物に移動する。また，動物が他の動物を**捕食**することで，動物間で

★3 ——有機物の中には，その構成元素として窒素やリン，さらに微量元素を含むものもある。

も有機物が移動する。生物を構成する有機物は，それらの生物の**死骸**や**排出物**★4として環境に放出され，**分解者**と呼ばれる一群の生物によって分解される（図 13-2）。

以上に示した物質やエネルギーの移動の様子を適切に理解するためには，生物群集の中の状況だけを考えるのでは十分ではない。物質は，生物とその環境の間を頻繁に行き来している。その移動の様子も重要であるし，関連する物質が環境中（水や土壌の中，あるいは大気中）でどのように存在し，移動し，変化しているかまで明らかにしないと，全体像を理解することはできない。エネルギーの大本は基本的には**太陽エネルギー**であり，それが植物によって有機物に内在する**化学エネルギー**の形に変えられ，植物やそれを食べた動物に利用されて，最後には熱エネルギーとなり生態系の外へと放出される。したがって，太陽光としてどれだけのエネルギーを受けることができるかが，それぞれの生態系におけるエネルギーの流れの規模を左右する。

13.2　生産

13.2.1　光合成

生物は，生きていくために物質とエネルギーを必要とし，それらを外部から取り入れる。これを**栄養獲得**と呼ぶ。生物の栄養獲得の様式は，**独立栄養**と**従属栄養**に大別できる。

独立栄養とは，無機物を材料として体外から取り入れ，やはり外部から取り入れたエネルギー（太陽の光エネルギー，または無機化合物の化学エネルギー）を利用して，生命現象に必要なエネルギーを得たり，身体を構成する有機物を体内で作り出したりすることである。生物がこのようにして有機物を作り出すことを，**有機物生産**あるいは**生物生産**というが，生態系について述べる文章では単に**生産**と記すことも多い。本章

★4 ――以前は排泄（はいせつ）物とされていたが，泄の文字が常用漢字になっていないため，排出物と表記される。同様に排泄も排出に置き換えられる。以下本章では，排出物，排出と表記する。

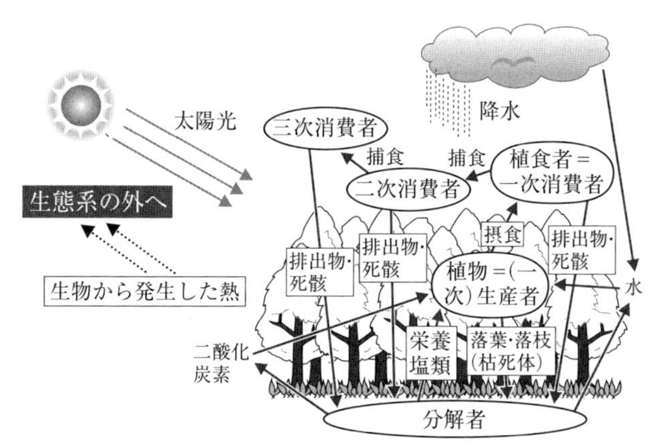

図 13-2　生態系における物質循環とエネルギーの流れ
植物が光合成により取り入れた太陽エネルギーは，有機物の化学エネルギーとして生物の間を移動する。排出物や死骸に含まれた有機物は，分解者の生体物質やエネルギーに使用された結果として，二酸化炭素や水，各種の無機塩類（栄養塩類）などに変えられ，植物が再び利用できるようになる。生物が使用した化学エネルギーはそれぞれの生物の活動や生命の維持に使われ，残りは熱として放出される。この熱は生態系から外に出ていく。

でも，生産の語はこの意味で用いる。

これに対して**従属栄養**とは，他の生物が作った有機物を獲得することにより，必要なエネルギーや物質を得ることをいう。従属栄養の生物は，独立栄養の生物が生産した有機物に依存して生活している。したがって，独立栄養の生物による有機物生産は，生態系における物質循環の出発点，あるいは基礎と考えることができる。そこで，独立栄養の生物による有機物生産のことを**一次生産**，あるいは**基礎生産**と呼び，それを行う生物のことを**一次生産者**あるいは**基礎生産者**と呼ぶ。簡略化して単に**生産者**と呼ぶこともある。

地球上における一次生産の大半は，光エネルギーを用いて水と二酸化炭素から有機物を合成する**光合成**によるものと考えられている。陸上に生育する維管束植物のほか，水中に生育する各種の藻類や植物プランクトンが，光合成を行い，有機物を作り出す。これらの生物が生育するためには，太陽光が不可欠である。そこで，太陽光が豊富に届く場所ほど生産される有機物の量は多くなる。

地球はほぼ球形をしているため，場所によって太陽光の当たり方が異なる。春分，秋分の日の場合は，赤道では南中時に真上から太陽光が降り注ぐ一方で，北極や南極では太陽は地平線，水平線近くにとどまり，太陽光は地球の表面にはわずかしか注がない（図 13-3）。熱帯から温帯，亜寒帯，寒帯へと向かうに従って地表の単位面積あたりの太陽光の量は少なくなり，結果として気温も下がる。これと並行して★5生産の量も赤道から両極に向かうに従って減少する★6。

こうした比較を行うにあたっては，陸域と水域の違いに注意を払う必要がある。地球の水域の大半を占める海洋において，有機物生産は主に**植物プランクトン**が担う。浮遊生活を行う彼らの生活史のサイクルは短く，陸上における生産の中心である木本植物の寿命が数十年から数百年，時にはそれ以上になるのに対し，1 日あるいはそれよりも短い時間で生活史のサイクルを終える。この結果，海洋と比較して陸上では，植物の生産量の割に現存量が大きくなる。

13.2.2　その他の生産様式

光合成以外の方法で，無機物を利用してエネルギーを得るとともに有

★ 5 ――実際には，水分条件や地形・土壌条件，大気の動きや海流なども影響するため，緯度と生産量の関係はもっと複雑になる。

★ 6 ――地球の自転軸は太陽を公転する軌道に対して直交しておらず，約 23.5° 傾いている。そのため北半球の夏至では，北極でも地平線から最大 23.5° の高さにまで太陽は昇る。この太陽光を利用して植物（プランクトン性の藻類など）が生育し，それを直接・間接に利用する動物も生息する。ただし，南極やグリーンランドのような広大な陸地の内陸部では，土地が氷雪に覆われ気温も極度に低いため，生物はほとんど生息しない。

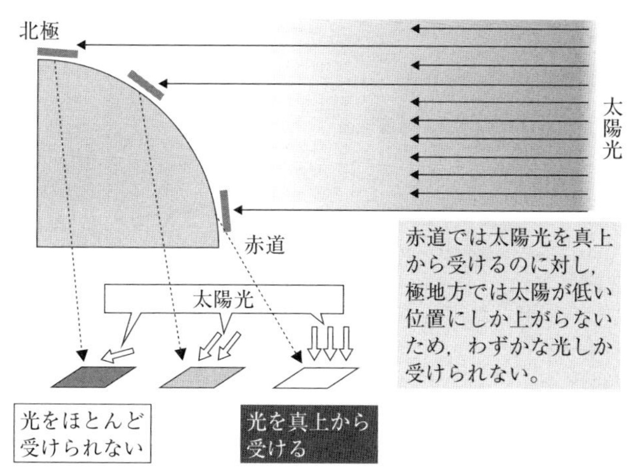

図 13-3　北極や南極には太陽光はわずかしか届かない
地球が球体であることにより，緯度に応じて太陽光の届き方が異なることを示した模式図。春分および秋分の時期を想定して描いた。

機物を合成する生物もいる。アンモニア化合物（アンモニウム塩），亜硝酸化合物（亜硝酸塩），硫化水素，硫黄，水素，II 価の酸化鉄，亜硫酸化合物（亜硫酸塩）などの電子供与体を酸化することによってエネルギーを得る一方で，二酸化炭素に含まれる炭素を利用して必要な有機物を合成する。これらの生物は，**化学合成独立栄養生物**と呼ばれる。これに当てはまる生物のほとんどは，**真正細菌**か**古細菌**のいずれかのドメイン（第３章の内容を思い出していただきたい）に属する。また，その生息場所はしばしば深海底の**熱水噴出口**のような極限環境である。深海底には太陽光が届かないため，光合成を行う一次生産者は生育できず，化学合成独立栄養生物が，付近に生育する**従属栄養生物**に有機物を供給する一次生産者の役割を担う（図 13-4）。

なお，光合成でエネルギーを得る生物の中にも，有機物の炭素を必要

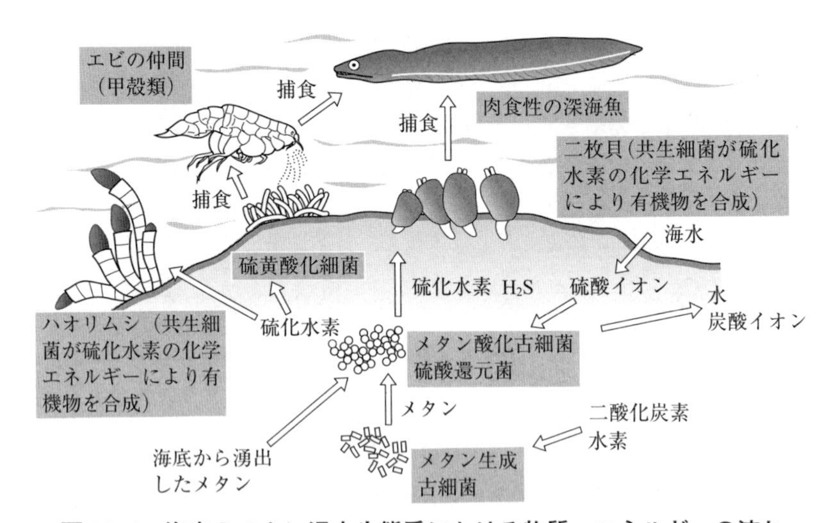

図 13-4　海底のメタン湧水生態系における物質・エネルギーの流れ
海底に見られるメタン湧水生態系における物質およびエネルギーの流れを，丸山ら[2]，ジェンキンズ[1]をもとに模式化して示した。メタン生成菌が水素と二酸化炭素から生成したメタンや，海底から湧出したメタンが，真正細菌，古細菌により硫化水素に合成され，これがさらに他の生物に利用される。深海の熱水噴出口でもメタンや硫化水素から物質の流れが始まる類似の生態系が見られる。

とするものがあり，**光合成従属栄養生物**と呼ばれる。これ以外の従属栄養生物は，**化学合成従属栄養生物**にまとめられる。

生物全般を通じて，栄養獲得の様式を整理したのが，**表 13-1** である。

13.3　消費

13.3.1　植食者

従属栄養生物のうち，生きている（あるいは死んで間もない）生物を食べることで，生存に必要なエネルギーと身体を作るために必要な有機物を

表 13-1　栄養獲得の様式による生物の分類

<table>
<tr><th>分類</th><th>光合成
独立栄養生物</th><th>化学合成
独立栄養生物</th><th>光合成
従属栄養生物</th><th>化学合成
従属栄養生物</th></tr>
<tr><td>有機物の獲得</td><td colspan="2">自ら合成
（独立栄養）</td><td colspan="2">他の生物が生産したものを利用
（従属栄養）</td></tr>
<tr><td>エネルギー源</td><td>光</td><td>無機物（硫化水素など）</td><td>光</td><td>有機物</td></tr>
<tr><td>炭素源</td><td colspan="2">二酸化炭素</td><td colspan="2">有機物</td></tr>
<tr><td rowspan="2">主な種類</td><td>光合成真核生物（維管束植物，蘚苔地衣類，緑藻類，褐藻類など），シアノバクテリア</td><td>化学栄養細菌（硝化菌，硫黄酸化細菌など）</td><td rowspan="2">紅色非硫黄細菌</td><td rowspan="2">動物，寄生植物，菌類，多くのバクテリアなど</td></tr>
<tr><td colspan="2">光合成細菌（紅色硫黄細菌，緑色硫黄細菌）</td></tr>
</table>

得ているものを，**消費者**という。これらの生物が，生産者が作り出した有機物を利用，すなわち**消費**していると考えるからである。生産者が作った有機物を利用して新たな生物体を生産していることから，二次生産者という呼び方もあるが，本章では消費者と呼ぶ。これに対し，生物の死骸や排出物からエネルギーと有機物を得ている生物を**分解者**と呼ぶ★7。

消費者の中で種類も量も最も多いのが，植物を食べる**植食者**（あるいは植物食者）である。消費者の中で，生産者の作った有機物を最初に消費する存在であることから，**一次消費者**とも呼ばれる。

★7 ——消費者と分解者の厳密な区別は実は難しい。生きた植物も植物の枯死体もともに食べる動物は少なくない。海洋には，生きたプランクトンと，主に死骸やその細片からなる懸濁有機物を，区別せずに吸い込んで食物とする生物も多く，通常は消費者に分類される。別の定義で，有機物を無機物に分解するのが分解者だとするものもあるが，人間を含む典型的な消費者も，例えば呼吸により有機物であるブドウ糖を無機物である水と二酸化炭素に変えており，分解者との間に明確な境界を設けにくい。

植物は運動能力をもたず，また環境条件が特に厳しかったり，洪水や山火事といった撹乱が頻繁に生じたりしているのでなければ，広範囲に連続的に生育する。そのため，植食者が食物を探したり捉えたりするための労力は，少なくて済む。

植物の側も食べられっぱなしでは絶滅してしまうため，身を守るための形質を備えるように進化してきた★8。強固な**細胞壁**を備えて容易には消化★9されないようにする，植物体に含まれる栄養分を少なくする★10，毒性のある化学物質を生産して体内に蓄える，食害に対して物理的に抵抗できる硬い殻や棘などを備える，といったことがこれに当てはまる。植食者もこれらの形質に対抗するための形質を備えているが，植物側のあらゆる防御措置に対抗できるわけではなく，種によって異なる一部の防御措置を突破するように進化してきた。それらの進化は，①**セルロース**によって強度を高めた細胞壁をも消化・分解する微生物を消化管内に共生させる，②毒性物質を無毒化する酵素を生産する，③硬い殻も砕いてしまうような嘴（くちばし）や歯（臼歯）を備える，④栄養価が少ないものでも多量に摂食する，などである。

13.3.2　捕食者

植物ではなく植食者を食べることで，エネルギーや有機物を得る動物がいる。あるいは，それらの動物をさらに食べる動物もいる。このような動物を総称して**捕食者**と呼び，食べられる側の動物を**被食者**と呼ぶ。捕食者と呼ばれるのは生きた動物を食べるものに限られ，死んだ動物を食べる者は，腐肉食者あるいは屍肉（しにく）食者として区別される。もっとも，

★8 ――偶発的な突然変異などによりそうした形質を備えるように至った個体の子孫が，選択的に，すなわちより高い確率で，生き残った結果といえる。

★9 ――消費者が，摂取した食物を物理的・化学的に分解して，自らが利用できる形に変えること。

★10 ――果実や種子，地下茎など，繁殖や越冬に関わる特定の部位には栄養を蓄える。

両者の区別は必ずしも明確ではない。

捕食者は，動かない植物ではなく動き回る動物を食物とするため，植食者よりも高い**運動能力**が必要である。また，動物を捕捉するために，視覚，聴覚，場合によっては嗅覚も優れている必要がある。動物の身体は植物体よりも消化が容易であることが普通であるが，捕食者の消化機構はそれぞれの食物の種類に応じて様々である。

消費者の一員として考えた場合，捕食者は，一次消費者である植食者を食べる**二次消費者**，二次消費者を食べる三次消費者，**高次消費者**★11に位置づけられる。生産者から高次消費者に至るこれらの各段階を，**栄養段階**と呼ぶ。

実際には，捕食者は捕食できる対象であれば何でも食べるため，この栄養段階の区切りは便宜的なものといえるが，種によって比較的下位の消費者であるか，比較的上位の消費者であるかという傾向は把握できる★12。

自分自身はまず捕食されない立場にある捕食者が生態系にいる場合，それはその生態系における**頂点捕食者**（**最上位捕食者**）と呼ばれる（**コラム13-2**）。もっとも，頂点捕食者とされる種でも幼体や傷ついた個体は捕食されうる。頂点捕食者が鳥類など卵生の生物である場合には，卵が他の生物に捕食されることもある。

13.3.3　食物連鎖と食物網

植食者と植物，捕食者と被食者の相互関係は，古くから研究の対象とされてきた。生物群集を構成する動物のほとんどは，一方で他の生物（動物や植物）を食べ，他方で別の動物（捕食者）に食べられる。捕食者と被食者の関係が幾重にも連なる様子は**食物連鎖**と呼ばれ，植物から

★11 ――四次以上の消費者を高次消費者とする，というわけではない。上位の消費者を総称して高次消費者といい，何次以上のものを指すかは特に決まっていない。
★12 ――生物体を構成する窒素の安定同位体の構成比に基づいて，対象とする生物がおおよそどの栄養段階に位置するのかを推定することができる。

コラム 13-2 最上位捕食者がいなくなると

2008 年に出版されたウィリアム・ソウルゼンバーグの著書“Where the Wild Things Were: Life, Death, and Ecological Wreckage in a Land of Vanishing Predators”（邦訳『捕食者なき世界』）[3] は，地球規模で起こっている生物多様性の減少の理由を，人間による頂点捕食者の除去に求めたことで，大きな反響を呼んだ。それまで頂点捕食者として機能していた動物が生態系からいなくなることで，捕食圧から解放された被食者の増殖とその食物になる生物の急減，さらには食物が不足した結果として被食者自身も衰退し，生物多様性が強く損なわれることは，シカの個体数の急増に伴う植生破壊の報道に接する機会が増えてきた今日の日本に生きる我々にも，よく理解できる。

とはいえ，生物多様性保全のための頂点捕食者の導入も，常に良しとはいえない。まず，頂点捕食者と呼べるような種がもともといない生態系もある。小笠原諸島や三宅島のような離島はその例といえる。20 世紀の後半に三宅島に人為的に導入されたイタチは，人間以外にはまず襲われることがない頂点捕食者となり，多くの鳥類（アカコッコなど）や爬虫類（オカダトカゲ）の個体群を衰退させた。第二に，生態系に新たな種を導入することは，予想もしない結果をもたらしうる。外来種の悪影響が各地で報告されていることを思い出していただきたい。第三に，もともとそこに生息していた種であっても，生息場所のあり方や生物群集の状態が変わった後には，生態系の中で以前と同じ役割を果たすとは限らない。在来種のハシブトガラスは，都市の環境に適応し，生ゴミなど人為的に供給される食物も利用しながら個体数を増やして，捕食者として他の動物の生息を大きく圧迫してきた。人為的に供給される資源（食物や生息場所）を利用できる種が頂点捕食者になった場合，自らは人為的な資源も利用して生き延びつつ，被食者を絶滅に追い込んでしまうかもしれない。現実の種間関係は複雑で，かつ場所によって異なる。個々の場所の状況を踏まえた検討が必要である。

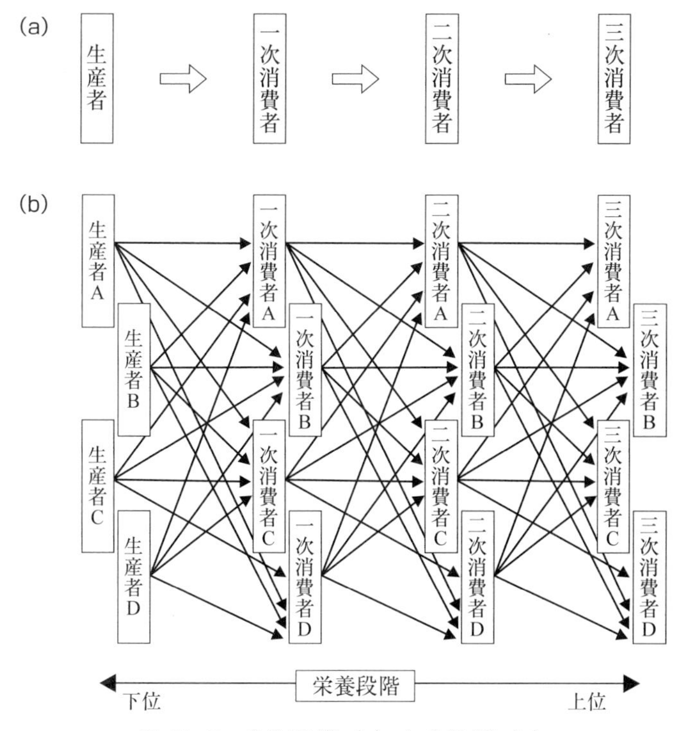

図13-5 食物連鎖（a）と食物網（b）

生産者にも，また各段階の消費者にも，それぞれ多数の種が含まれているため，種間の結びつきは単なる連鎖（a）ではなく（b）に示した網目状になる。三次以上の消費者が一次消費者を直接捕食したり，下位の栄養段階の生物のうち特定の種類しか利用しない生物がいたりするため，種間の関係はさらに複雑になる。

始まり，植食者，さらに何段階かの捕食者を経て，捕食されることがまずない頂点捕食者に至る一連の関係が考えられてきた（図13-5a）。

現実には，ある動物が食べる動物や植物の種類は複数であり，捕食者と被食者の関係は複雑に分岐した網状により近い（図13-5b）。そこで今日では，捕食者と被食者の関係の全体を表すために，食物連鎖ではなく**食物網**という言葉が使われる。

捕食者と被食者の関係は，ある植食者はすべての植物を食べることができ，ある捕食者（二次またはさらに高次の消費者）はどんな植食者（一次消費者）でも食べることができる，という単純なものではない。先に，植物が身を守るための手段を進化させてきたことに触れたが，植物の防御手段を突破できる植食者が植物の種ごとにある程度限られていることから，植物の種類とそれを食べる植食者の種類との間には対応関係がある。また，植食者の種類によって，好んで食べる植物の部位も異なる。

植食者と捕食者の間にも，ある程度限定された関係が見られることがある。例えば，ワシタカ類（猛禽(もうきん)類）を取り上げても，小型哺乳類をよく食べる種類，鳥を主に襲う種類，カエルを好んで食べる種類，魚を最も好む種類などに分かれる★13。このように，食べる側の生物によって食物となる生物の種類が異なることが，食物網のあり方をより複雑にしている。何らかの理由で食物になる生物のうち一部の種類がいなくなると，食べる側のすべての種に等しく影響が及ぶのではなく，その種類を好んで捕食していた種類に特に偏って影響が生じる。

中には，1つの生物種がそれを食べる多くの動物の生息を支えている例もある。熱帯地方には果実食の哺乳類（オオコウモリなど）が多く生息するが，地域によっては特定の時期には結実する果実が1種類しかないという状況が生じることがある。そのような地域で，その果実が実らなくなってしまうと，その果実に食物を依存していた果実食の動物すべてがその地域に生息できなくなる。このように，生物の種間関係において要となり，それがいなくなることが他の多くの種の生息に影響するような種を，**キーストーン種**★14と呼んでいる（図13-6）（コラム13-3）。

★13 ——日本に生息する中型の猛禽類の場合，オオタカは鳥を，ノスリはネズミなどの哺乳類を，サシバはカエルやヘビを，ハチクマはスズメバチなどの幼虫を，それぞれ好んで捕食する傾向があることが知られている。

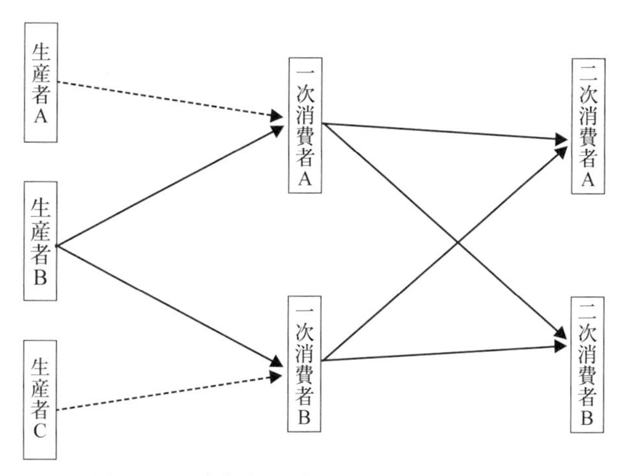

図 13-6　食物網の中でのキーストーン種

生態系内で，ある時期には生産者（植物）A や C は生育せず，B のみが一次消費者（植食者）に食物を提供している場合，生産者 B がいなくなると，上位の栄養段階にあるすべての種に影響が及ぶ。この場合，生産者 B はキーストーン種（生物の種間関係において要となる種）である。ここまで極端な状況でなくとも，上位の栄養段階にある生物の多くが，下位の栄養段階にある特定の生物種に，食物の大きな割合を依存する場合，下位の栄養段階のその生物種はキーストーン種と見なすことができる。

コラム　13-3　生態系エンジニア

食物を介さない種間関係についてもキーストーン種を考えることができる。樹洞営巣性の生物が多く生息する森林において，自力で樹洞を掘ることができる動物が特定の種（キツツキ類など）に限られている場合には，その種はキーストーン種といえる。

土地の生物群集に対する影響力がきわめて大きいキーストーン種としては，北米に生息するアメリカビーバー（以下，ビーバー）を挙げることができる。ビーバーは，木の幹をかじって倒し，川の流れをせき止めるダムを造ることで知られる。ダムにより生じた池の中に巣を作るが，こうして作られた池は多くの水生生物や水辺の生物に生息場所を与える。

以上の説明におけるキツツキ類やビーバーのように，生物の生息場所

★ 14 ――このような種は，生物群集において個体数が少なくても，その動向が多くの生物に影響を与える。

の様相を改変することで，他の生物の生息に影響を与える生物のことを，生態系エンジニアと呼んでいる。生態系エンジニアとキーストーン種は相反する概念ではない。生息場所を改変する点に注目すれば生態系エンジニアと見なせるし，少数の個体でも多くの生物に影響を与えうることに注目すればキーストーン種として捉えることができる。

13.3.4 生態ピラミッド

植物は植食者に食べられ，植食者は捕食者に食べられ，捕食者同士でも下位の者は上位の者に捕食される。栄養段階（第 13.3.2 項を参照）を上がるに従って，各段階を構成する生物の量は大きく減少することが知られている。一般に，栄養段階が一段上がるに従って，生物量は 1/10 になるといわれている。

したがって，栄養段階のそれぞれを横長の箱で表し，下位から上位の段階へと箱を積み上げるように描き，その際，箱の長さを各段階の生物の量（個体数や現存量）や**生産速度**★15 とすると，ちょうどピラミッドのような形の図が描ける（図 13-7）。このことから，こうして描いた図や，それが示す栄養段階間の関係のことを，**生態ピラミッド**と呼ぶ。

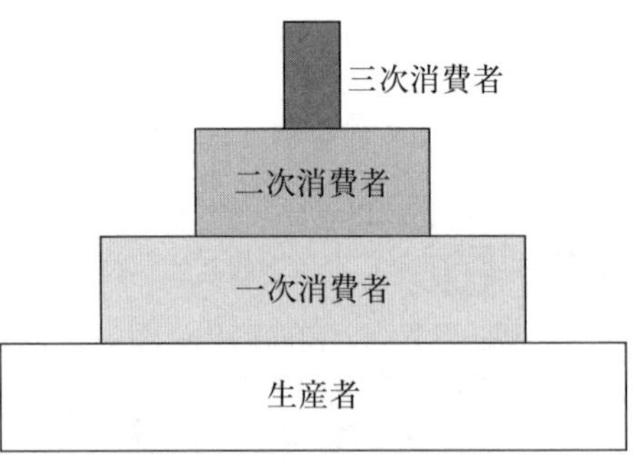

図 13-7 生態ピラミッド
各栄養段階に属する生物の「量」を長方形の幅で表現する。量としては，個体数，生物量（現存量），生産量などが用いられる。通常はこのように上位の栄養段階ほど小さい長方形で表されるが，量の尺度の選び方によっては関係が逆転することがある。

栄養段階が上がるほど生物量が少なくなる理由は次のとおりである。

・食べたものがすべて

★ 15 ——生物が有機物を生産する速度。植物（一次生産者）によるもののみを指すこともあるが，生態ピラミッドを考える場合には各栄養段階について生産速度を考える。

食べた個体の体成分になるわけではない。有機物の大半は，呼吸（生物としての活動全般）のために使われ，その残りだけが成長や繁殖のために使われる。
・下位の栄養段階の生物はすべて食べられてしまうわけではない（食べられてしまったら，食物がなくなるために上位の栄養段階の生物も生きていかれなくなる）。つまり，上位の生物のために利用されるのは，下位の生物の全部ではなく一部に過ぎない。

ただし，プランクトンのような下位の栄養段階の生物が非常に速い速度で成長あるいは増殖し，それが上位の生物に次々と食べられているような状況であれば，生物量から見ると，上位の栄養段階の生物の方が多くなることがありえる。その場合も，生産量は下の段階ほど多くなる。

13.4　分解

13.4.1　食物としての死骸や排出物

生物の死骸が野外に放置されると，通常は腐敗し変質する。生物を構成する有機物であるタンパク質，炭水化物，脂質などが**微生物**に利用され，微生物がそれらをエネルギー源として増殖する一方で，微生物自身が不要な物質を体外に出すことで，この変化が起こる。体外に出ていくものは二酸化炭素，水，アンモニア，リン酸塩など，低分子の無機物になって環境に戻っていく。このような過程のことを**分解**という。

生物の中には，体内で生じた不要な物質や，外界から取り入れたものの利用できずに残った物質を，ある程度まとめて固体や液体として体外に放出するものがいる。これを**排出**というが，排出されたもの（**排出物**）の中にも多くの有機物が含まれ，これも，死骸と同様に分解される。

分解を担う生物は，主に菌類（カビやキノコの仲間）やバクテリア（細菌の仲間）である。これらは，死骸や排出物の有機物を無機物へと変える本来の分解者である。

13.4.2 土壌中で何が起こっているか

地表や地中で暮らすダンゴムシやミミズ，トビムシ，ササラダニ，シロアリなどの**土壌動物**も，通常，分解者に位置づけられている。植物の枯死体（落葉や落枝）を食べ，粉砕された状態で糞（ふん）として排出するが，実際に摂取し利用しているものの多くは，植物枯死体に付着あるいはその中に侵入して生息している菌類やバクテリアであり，植物枯死体成分の大部分は，食べられても消化管で粉砕，攪拌され，排出されるだけである。これらの土壌動物の排出物は，植物枯死体そのものよりも微生物の生育にははるかに適している。そのため，土壌動物が活発に活動する土壌では通気が良くなり，微生物による分解もよく進行する。

13.4.3 木材の分解

植物の枯死体の分解を考える上で，注意すべき点が一つある。植物の細胞には丈夫な細胞壁があり，主に**セルロース**や**リグニン**といった高分子の炭素化合物により構成されている。セルロースもリグニンも，多くの生物にとって難分解性であり，分解のためには特別な酵素が必要である。特にリグニンについては，分解できる生物が**木材腐朽菌**と総称される菌類（カビやキノコの仲間）に限られる★16。植物の中で木質材の部分（木本植物の幹や枝などで樹皮の内側にある部分）は，リグニンを多く含むため，植物食の動物が食物として利用しにくいのみならず，枯死した後も分解されにくい。一方，リグニンが分解されてしまうと，木質部分の強度は著しく低下してしまう。衰弱した樹木の表面にキノコが生

★16 ——厳密には，木材腐朽菌の中でも白色腐朽菌に分類されるもののみがリグニンを分解できる。シイタケやヒラタケ，ナメコ，エノキタケ，マイタケは，白色腐朽菌の例である。リグニンを分解できる菌類の出現は今から3億年近く前（石炭紀末頃）と推定されており，それ以前に生じた枯死木は，菌類により分解されることなく地層中で石炭化したと考えられる。

図13-8　キノコが密生する立木の幹
樹木の幹の内部を構成する材（木材）を分解することができる生物は少ない。木材腐朽菌は材を分解して養分とすることができ，樹勢が衰えた樹木の材の部分に侵入して菌糸をはびこらせ，材を分解する。木材腐朽菌の子実体（キノコ）が樹皮に多数見られる樹木は，内部の材の分解が進んで幹の強度が失われているため，いずれ倒れてしまうだろう。

育し始めると（図13-8），その周りの材には菌糸が広がり材の分解が進むため，材の強度は失われ，最後には折れたり倒れたりしてしまう。

セルロース分解酵素（セルラーゼ）は，菌類のほかに一部の微生物（原生生物やバクテリアなど），それに貝類やシロアリ類などが生産できる。シロアリ類や草食動物については，セルロースを分解するための微生物を消化管内に共生させることで，セルロース自体をエネルギー源として利用しているといわれてきた。しかし，シロアリなどいくつかの動物については，セルラーゼを合成するための遺伝子をその動物自身がもっていることが明らかになっている。

13.5　窒素の循環

従来，生態系における物質循環としては，生物活動による水と炭素の循環が大きく取り上げられてきた。生物の生存に水は不可欠であり，生物のエネルギー源として，また生物体を構成する材料として，炭素化合物（有機物）はとりわけ重要な役目を果たすからである。無機物から有機物を合成することができる生物は，生態系における生産者（一次生産者）に限られている。一次生産のほとんどは光合成によるものであり，そこでは水と二酸化炭素から炭水化物が合成される。そこで水と炭素に注目することで，生態系における物質の動態や，それに即したそれぞれの生物の役割を理解することができる。

しかし，水と炭素以外にも生物にとって重要な物質はある。その中で**窒素**は，**タンパク質**を構成する**アミノ酸**に欠かすことができない元素である。**DNA** や **RNA** にも含まれている。このように，窒素もまた炭素と同様に生物にとって不可欠の存在である。生物にとっては自らが利用できる形の窒素あるいは窒素化合物を外界から獲得することも，生きていく上で重要である。

窒素は，大気の 8 割を占める気体でもあり，地球上には普遍的かつ豊富に存在する。しかし，気体の窒素は炭素よりもずっと化学変化を起こしにくい物質であり，そのまま利用できる生物は窒素固定を行う微生物（真正細菌の放線菌や藍藻などと，一部の古細菌）に限られ，植物の根に共生する**根粒菌**や，植物に共生せずに土壌中に見られる独立した**窒素固定菌**などが知られている。窒素固定細菌は，土壌中の窒素を体内に取り入れてアンモニウム塩（アンモニアの無機化合物）を合成する。アンモニウム塩はそのまま植物に吸収されるものもあるが，多くは土壌中の細菌により亜硝酸塩，さらに硝酸塩に変えられる。硝酸塩は植物が最も吸収しやすい形態の無機窒素化合物である。これ以外に，落雷に伴い大気中の窒素が酸素と化合して生成される窒素酸化物もあるが，その量は，窒素固定細菌によるもののおよそ 2 割強とされる。

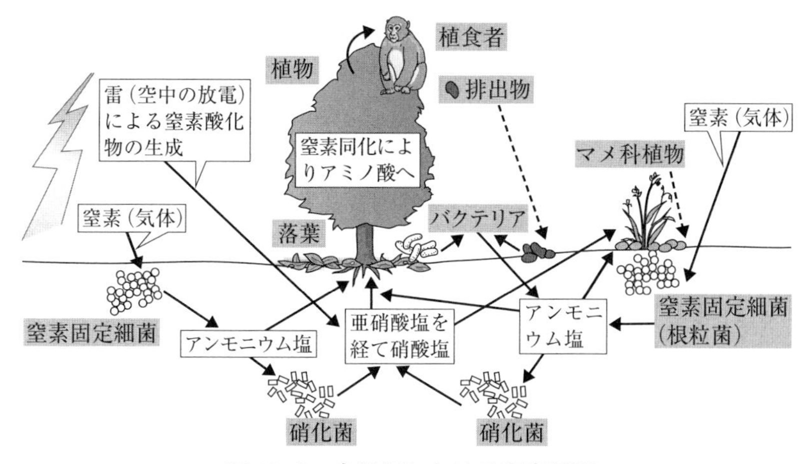

図 13-9　自然界における窒素循環

植物の根から吸収されたアンモニウム塩や硝酸塩は，植物体内でアミノ酸の合成に用いられる。この作用を窒素同化という。アミノ酸はさらにタンパク質の原料となる。

窒素の無機化合物からアミノ酸やタンパク質などを合成できる生物は，植物や菌類などに限られている。動物の場合は，植物や菌類を食べることによって，アミノ酸やタンパク質として必要な窒素を得なければならない。タンパク質が動物の体内で代謝されると**アンモニア**が生じるが，これは動物にとっては有毒である。そこで，これを速やかに排出する仕組みが備わっているが，それにより排出されるのが**尿**である。

動物の排出物や死骸，植物の枯死体は，バクテリアによって分解され，そこに含まれているタンパク質等はアンモニウム塩に変化する。これがそのまま，あるいは硝酸塩を経て再び植物に利用される。このように，窒素についても，炭素の場合と類似した物質循環が生態系の中に生じている（図 13-9）。

なお，土壌中のアンモニウム塩の一部はアンモニアとなって大気中に揮発する。硝酸塩の一部は硝酸還元菌と呼ばれる一群の微生物により最終的には気体の窒素に変換されるが，この作用を脱窒という。

13.6 リンの移動

リンもまた，生命を維持する上で不可欠な物質である。そのことは，核酸（DNA および RNA），細胞膜，ATP は，いずれもリンを不可欠の素材とすることからも明らかである。

このリンだが，ここまでに述べてきた炭素や水，窒素とは，ある一点において大きく異なる。それは，通常の大気中にはほぼ存在しない，という点である。自然の物質循環においては，リンは，土壌や基盤岩に含まれるものが風化や溶出により土壌や水に移行する，あるいは火山からのガスを含む噴出物に含まれるものが化合物の微粒子として地表や水域に降下する，といった形で生態系に供給される。陸上のリンは水に溶けるか，生物遺骸など有機物の形で水に流されて河川に達し，海洋に流れ込み，最終的には海底に堆積すると考えられる。海底に堆積したリンは，海底の生物により利用されるか，湧昇流により海面近くまで運ばれないと，生態系に戻ることはない。つまり，窒素に比べると，循環というよりは一方向的な物質の移動という側面が強い。

この一連の流れの途中で，リンは生物に利用される。生物の死骸や動物の排出物にもリンは含まれる。死骸や排出物を経由したリンの移動は，生態系に対するリン供給の経路として無視できないものであることがわかってきた。前節で述べた窒素循環については，比較的小さな空間スケール（一つのまとまった生態系と見なしうる範囲の中）でも循環が起こりえるのに対し，リンの場合には異なった種類の生態系の間での移動も重要となる。このような移動については，第 14.3.3 項で説明する。

13.7　まとめ

生態系は，ある場所における生物群集と，それを取り巻く環境をあわせたものといえる。生態系の枠組みで取り扱われる現象として代表的なのは，物質循環やエネルギーの流れである。

生態系における物質循環やエネルギーの流れを考えるにあたり，生物は3つのグループに分けられる。無機物を材料として体外から取り入れ，太陽光などの外部のエネルギーを利用して，生命現象に必要なエネルギーや身体を構成する材料として利用できる有機物を作り出す生産者，生きている生物を食べることで，生存に必要なエネルギーと身体を作るために必要な有機物を得る消費者，生物の死骸や排出物からエネルギーと有機物を得ている分解者である。消費者は何を食べるかによって植食者（一次消費者），捕食者（二次消費者，より高次の消費者）などに区分される。生産者から最上位の消費者（頂点捕食者）に至る各段階を，栄養段階と呼ぶ。

食べるものと食べられるものの関係が幾重にも連なる様子は食物連鎖，あるいは食物網と呼ばれる。栄養段階を上がるに従って，各段階を構成する生物の量は大きく減少することが知られている。このような栄養段階間の関係のことを，生態ピラミッドと呼ぶ。

従来は，生態系における炭素循環が特に注目されてきたが，最近は窒素やリンの循環についても注目されている。

引用文献

［1］ロバート・ジェンキンズ「化学合成生態系の進化を追う」，『生命誌』，75号，

2012.
https://www.brh.co.jp/publication/journal/075/esearch_2（2023 年 3 月 3 日閲覧）
［2］丸山正・他「地球システムにおける海洋生態系の構造と役割の解明」，*JAMSTEC Report of Research and Development*, 9（1), 13–74, 2009.
［3］William Stolzenburg, *Where the Wild Things Were: Life, Death, and Ecological Wreckage in a Land of Vanishing Predators*, Bloomsbury, 2008.（邦訳『捕食者なき世界』野中香方子・訳，文春文庫，2014）
［4］フォン・ベルタランフィ『一般システム理論：その基礎・発展・応用』長野敬，太田邦昌・訳，みすず書房，1973.（原著 1968 年）

14 ランドスケープ～生態系を越えて起こる生物現象を理解する枠組み

加藤和弘

《目標＆ポイント》 我々の身近には，樹林，草原，河川，湿地といった，生息場所としては異質の複数の土地が，モザイクのように組み合わさって存在していることが多い。樹林や草原にはそれぞれに特徴的な生物群集が見られ，それぞれの環境とあわせて生態系として認識される。一方，生物が関わる現象の中には，個々の生態系として捉えられる範囲を越える空間的な広がりをもつものもある。このような現象を取り扱うための枠組みがランドスケープ（景観）である。ランドスケープは，異なる種類の生態系が組み合わさった土地の広がりとして認識される。本章では，ランドスケープという考え方について，生態学的な現象の例を踏まえつつ学習する。

《キーワード》 ランドスケープ（景観），里山，生物の移動，境界効果，パッチ状生息場所

14.1 なぜランドスケープか

第13章で，ある場所で見られる生物群集とその環境をあわせて生態系として捉える見方を紹介した。野外の生物に関わる現象の多くは，ある1つの生態系の中の出来事として理解できる。しかし中には，隣接・近接して存在する複数の生態系にまたがって起きる現象もある。近年，人間の活動により生物の生息場所が分断・断片化されることが増えた結果，こうした現象を理解することの重要性が増している。

複数の生態系が集まって成立している土地は，**ランドスケープ**として

捉えられる。ランドスケープにおける生態学的現象を取り扱う学問，すなわちランドスケープ・エコロジー（景観生態学）の研究者であるFormanとGodronは，その著書の中で，ランドスケープについて次のように説明している[3]。

①1つのランドスケープの内部には，複数の生態系が含まれる。その結果，個々のランドスケープの内部は，生物の生息場所としては不均質である。

②ランドスケープを構成する個々の生態系の間には相互作用がある。

③同一のランドスケープの全体を通じて，生態系の同様の組み合わせが繰り返し現れる。

④ランドスケープの面積は様々であるが，通常は2〜3 km四方，またはより広い範囲の土地が想定される。

②の相互作用とは，生態系の間で生じる物質や生物の移動を通じて，それぞれの生態系のあり方が変化することを指す。生態系の間での物質や生物の移動に関係する生態学的現象（第14.3節を参照）を理解するためには，複数の生態系を束ねる上位の空間，すなわちランドスケープを考えることがしばしば有効である。

14.2　ランドスケープとは何か

14.2.1　「複数の生態系」とはどういうことか

第13章で生態系について行った説明を思い出していただきたい。生態系は，ある場所における生物群集と，それを取り巻く環境を構成要素とするシステムと考えることができる。これが複数あるとは，どういうことであろうか。

生物や非生物は，地球において生物の生息が可能な領域（生物圏）の中に，連続して分布している。そのため，地球上で生物が生息している

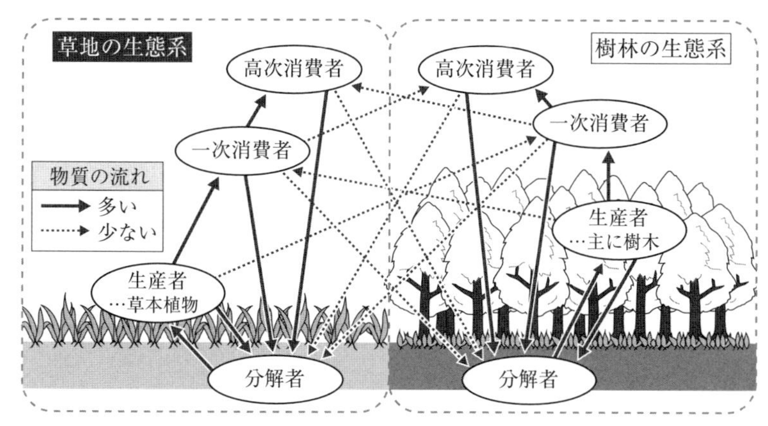

図 14-1　異なる生態系とは？
草地（左側）と樹林（右側）では，生息する生物の種類がかなり異なる。生物の移動や物質の流れ（図中の矢印）も，大半はそれぞれの内部で生じる。特に，生産者の違いにより，物質の流れの様相にも差がある。そのため，それぞれにおいて別個の生態系が成り立っていると考えた方が，実際に起こっている生態学的現象を理解する上で好ましいことが多い。

すべての空間にまたがって，単一の生態系が成り立っていると考えることも可能である。しかし実際には，地球上の生物の分布にはかなりの不均一性，あるいは空間的な変異がある。海と陸地とでは生息する生物の種類が大きく異なるというのは，空間的な変異の最たるものだろう★[1]。ほかにも，樹林と草原のように，隣接していても生物の種類が大きく異なる空間の例は，いろいろと挙げることができる。

このような状況の下では，類似の状況が連続して見られる範囲を取り上げて，その中を1つのまとまりとして扱うことで，現象の理解が容易になる。一般的には，同じ種組成の生物群集が連続して見られる範囲を取り上げ，その中の生物群集と環境の組み合わせをひとまとまりの生態系と見なす（図 14-1）。森林生態系，草地生態系，河川生態系，水田

★1——海鳥やウミガメ類，海獣類のように，海で採食して陸で繁殖する生物や，サケなどのように海で成長して河川で繁殖する生物がいるため，海と陸，あるいは海洋と淡水域の間にもある程度の連続性が存在する。

図 14-2　谷津田のランドスケープ
針葉樹植林（左側奥），水田（手前），落葉広葉樹二次林（中央〜右側奥）のそれぞれにおいては，ある程度独立性のある生態系が維持されている。写真から明瞭にはうかがえないが，水路や草地も写真の範囲内に位置している。これらが集まって1つのランドスケープを形作っている。

生態系，干潟の生態系等々の種類の生態系を考えることができる。また，例えば森林生態系を取り上げた場合，寒冷地に見られる針葉樹林の生態系と，温暖な地域に見られる常緑広葉樹林の生態系では，生物群集の様相も環境条件も違っており，生態系としてのはたらきも異なる。このため，地球上には多種多様な生態系が存在すると考えることができる。

図 14-2 をご覧いただきたい。**谷津田**（やつだ）と呼ばれる水田と，その周りに広がる樹林の様子である。日本の台地や丘陵地には，小規模な谷が多数刻まれているが，そうした谷の一部は，長い間このような形で維持されてきた。谷底の水田と，その両側の斜面や尾根にある樹林では，生物相は大きく異なる。さらに，同じ樹林といっても，写真左手の針葉樹植林と，中央から右に見られる落葉広葉樹林では，生物の種類はある程度

異なる。これらの場所を通じて単一の生態系が成り立っていると考えることも可能ではあるが，水田，針葉樹植林，落葉広葉樹林のそれぞれに，様相の異なる生物群集や生態系が成り立っていると考える方が容易である。そして多くの場合，生態学的な現象はそのような考え方に基づいて理解されてきた。

ところが，水田だけ，あるいは樹林だけを考えるのでは，十分に理解できない現象もある（**第 14.3 節**で詳しく説明）。その場合には，水田や樹林をあわせたものをひとまとまりの生態系として考えるのではなく，それぞれの生態系が相互に関係しながら，より上位の集合体，すなわちランドスケープを作っていると考える。

このようにランドスケープを考える場合，ランドスケープを構成する個々の生態系は，**ランドスケープ・エレメント**と呼ばれる。ランドスケープや，その構成要素であるランドスケープ・エレメントは，空間的な広がりをもつものとして扱われる。したがって，ランドスケープやランドスケープ・エレメントの中における**物質の移動**★2 が，そこで起きる現象の様相を規定することに注意しなければならない（**コラム 14-1**）。

コラム　14-1　生態系，ビオトープ，ランドスケープ

本章では，「同じ種組成の生物群集が連続して見られる範囲」における「生物群集と環境の組み合わせ」を「ひとまとまりの生態系と見なす」という考え方をとっている。これは，Forman & Godron[3] がランドスケープの説明をするにあたって用いた考え方に倣ったものである。この考え方は，生態系に関するそれまでの考え方に，空間的な視点を明示的に加

★2 ――空間的な広がりがあるということは，移動のために時間が必要であることや，様々な理由により移動が妨げられうることを意味する。その結果として，生物や生物以外の物質の分布が不均一になることも考慮しなければならない。**第 12 章**で捕食者と被食者の関係について述べたが，空間的な広がりがあることで，被食者（獲物）が捕食者から逃げたり隠れたりできることが，捕食の可能性を低下させ，種間関係にも影響しうる。総じて，空間的な広がりを考えることで，そうしない場合よりも生態学的現象をより正しく理解できるが，現象が複雑になるため単純な理論では扱いにくくなる。

えたものといえる。生態系を考える際に，その範囲あるいは空間的な広がりが必ずしも意識されてこなかったからである。

個体や個体群が生息している場所は，ハビタットと呼ばれる。生物の生息に適した場所を指してハビタットと呼ぶこともある。後者の意味でのハビタットを特定した上で，その中に生息するすべての生物を生物群集として扱うこともある。ハビタットと見なされたある場所において同時同所的に生息するすべての生物の集合なので，生物群集と見なすことは妥当である。

後者の意味でのハビタットを指す言葉に，ビオトープがある。Blab[1]によれば，ビオトープとは生物群集の生息場所であり，ひと続きの生態系が存在する範囲とされる。つまり，Forman & Godron[3]のいうランドスケープ・エレメントである。したがって，ビオトープを要素とするシステムとしてランドスケープを捉えることは妥当である。

ただ，ビオトープという言葉を使う際には注意すべき点がある。日本語では本来とは異なる意味，すなわち，人為的に形成された生物の生息場所，あるいは生物多様性が高い空間という意味で使われることが多い，ということである。異なる種類のビオトープが集まって作られる空間をランドスケープと呼ぶ，と説明すると，意図するものとは全く違う意味に受け取られかねない。

植物群集（コラム 12-1 を参照）と同様，ビオトープもまた，注意して使わなければいけない言葉といえる。

表　生態学的現象の主体と，それぞれの生息場所を意味する言葉

主体	主体の生息場所を表す言葉
個体	ハビタット（動物の場合，状況によりホームレンジ，テリトリーなど）
個体群	ハビタット（同上）
生物群集	ハビタット，またはビオトープ

14.2.2　ランドスケープ・エレメントの配置

Forman & Godron[3]による説明を思い返していただきたい。ランドスケープは複数の生態系（ランドスケープ・エレメント）によって構成さ

れる，という点がまず重要である。さらに，同一のランドスケープにおいて，ランドスケープ・エレメントの同じ組み合わせが繰り返し現れる，つまり，同一のランドスケープの中ではランドスケープ・エレメントの構成はおおむね一定である，という点にも留意したい。なお，組み合わせというのは，この種類とこの種類のランドスケープ・エレメントがある，ということだけではなく，位置関係や面積比（構成比）なども，ランドスケープ・エレメント間の関係を左右するものとして考慮されるべきである（**コラム 14-2**）。

生物多様性の保全や再生が注目されるようになり，日本の伝統的な農業地域（**里山**）のランドスケープにおける高い生物多様性が注目されている。代表的なものが，前述の**谷津田**（**図 14-2**）を中心としたランドスケープである。台地や丘陵に刻まれた谷の底に水田が開かれ，谷の斜面には農用林・薪炭林として樹林が維持され，図ではよく見えないものの斜面の基部には水路が作られている，というのが，このランドスケープにおける土地利用の典型的なパターンである。地形に対応する形で，主要なランドスケープ・エレメントである樹林や水田，水路が配置されている。谷の途中や出口近くに家屋を伴うこともある。生物生息場所として異なる役割をもつランドスケープ・エレメントが混在することが，ランドスケープ全体としての生物多様性が高まることにつながっている。

構成要素として水田，樹林，水路，家屋をもつ農業地域のランドスケープは，谷津田だけではない。例えば，散村（散居村）は，やはり水田，樹林（屋敷林），水路，家屋の組み合わせにより，ランドスケープが構成される。このようにランドスケープ・エレメントの種類はおおむね同じであるが★3，谷津田では谷の地形に応じて要素が配列しているのに対し，散村では地形による制約は弱く，広い平地に水田が広がる中に家屋が散在し，家屋の周りに樹林が広がる（**図 14-3**）。ランドスケー

★3――散居村における屋敷林の植生と谷津田のランドスケープの落葉広葉樹林の植生は，種組成や構造の観点からは必ずしも同じではない。

コラム 14-2 組み合わせと配置と機能

手近な機械を分解する状況を考えていただきたい。すべて部品にまで分解し，もう一度組み立てようとした時，その組み立て方（部品同士の関係）がわからなければ，機械として再現することができない。つまり，単に部品が揃っているだけでは用をなさない。

ここで，部品は要素であり，機械はシステムである。部品が正しい位置に置かれ，他の部品と正しく組み合わされることにより，部品同士が正しく相互作用でき（歯車がかみ合うとか，チェーンが力を伝えるといった状況を考えていただきたい），その相互作用の上に機械としての機能が成り立つ。

ランドスケープにおいても，同様の構図が成り立つ。池，草地，林，岩場の4種類のランドスケープ・エレメントから構成されるランドスケープがあるとしよう。さらに，岩場を越えて移動できる生物は，移動能力が特に高いものに限られるとする。4種類のランドスケープ・エレメントがこの順番に並んでいれば，池から草地を経て林へと生物が移動するのは容易であり，これらの間を移動して生活するような生物はそのランドスケープで生きることができる。この順番が違っていると，多くの生物は岩場を越えて移動できないため，生息できる生物の種類は限定される。例えば，池，岩場，草地，林という順番だと，池と，草地や林の間は完全に分断され，池と，草地や林の双方をともに利用する生物の生息は難しくなる。個々の場所の生息場所としての機能は保たれていても，生物の生息を支えるランドスケープ全体としての機能は下がってしまう。

自然界で池に隣接して岩場があり，岩場を回避して移動することもできない，ということはなさそうに思えるかもしれない。しかし，岩場を人為的改変地（舗装道路やコンクリート製の建築物など）に置き換えて考えると，ありがちな状況といえないだろうか。

生物の生息場所という視点からランドスケープのあり方を考える際には，ランドスケープを構成するランドスケープ・エレメントの種類や構成比だけでなく，それぞれのランドスケープ・エレメントの配置についても考慮し，ランドスケープの中で生物の移動がどの程度可能になっているかを認識することが必要である。

図14-3　散居村の例（富山県砺波（となみ）市）
水田が一帯に広がる中に，樹林（屋敷林）に囲まれた家屋が散在する。平坦な地形のため，土地利用は地形による制約をほとんど受けない。
写真提供：砺波市

プを構成するランドスケープ・エレメントの種類は共通であっても，その配置，および配置を規定する法則性は明らかに異なる。結果として，ランドスケープとしては別の種類のものとなっている。

ランドスケープ・エレメントの配置の様相が異なると，異なる種類のランドスケープ・エレメントの間の関係も異なってくる。これは，生物の生息に関わる現象の一部は，個々のランドスケープ・エレメント，すなわち生態系の中では完結しないことに理由がある。言い換えれば，個々の生態系を越えて起こる現象のあり方が，生物の生息，ひいては生物多様性に影響するということである。

14.3 生態系を越えて起こる現象

生態系を越えて起こる現象，つまり，理解する上でランドスケープを考えなければならない現象には，どんなものがあるだろうか。

14.3.1 複数の種類の生態系を利用して生活する生物の生態

水域と陸域のように，異なった種類のものとして認められる生態系が成り立っている空間が隣接している状況は，広く認められる。こうした状況の下で，異なる種類の空間を生息場所として必要とする生物の生態を理解する上で，ランドスケープという枠組みは都合がよい。

両生類の一種であるアマガエル（ニホンアマガエル）の一生を考えてみよう。春先に，水田や池，流れの遅い水路などに卵が産みつけられると，数日で孵化（ふか）し，オタマジャクシが誕生する。オタマジャクシは水中で成長するが，やがてカエルへと姿が変わると上陸し，その後は陸上でも多くの時間を過ごすようになる。水田や池のそばの草地だけでなく，少し離れた草地や樹林で活動する個体もある。地中で越冬し，春先に水辺に現れて交尾し産卵する（図 14-4）。

このようにアマガエルは，卵からオタマジャクシの時期は池などの水域を，カエルになった後は主に草むらや樹林などの陸域を生息場所とする。彼らの一生を正しく理解するためには，この両方における生活の状況と，2 つの場所の間の移動の様子を理解する必要がある。ところが，水域と陸域は，生態系としてはしばしば別個のものとして捉えられる。成長したアマガエルの生息場所の 1 つである水辺の水生植物群落は，水域生態系の構成要素とされる場合もあるが，水域から離れた草地や樹林は水域とは別の生態系を構成するものと捉えるのが普通である。

むろん，水域におけるアマガエルの生態と，陸域におけるアマガエル

図14-4　アマガエルの生活史
交尾を終えた雌は池などで産卵する。孵化した幼生（オタマジャクシ）は池で成長するが，やがて成体（カエル）になると，陸域で多くの時間を過ごすようになる。

の生態を別個に考え，アマガエルの生活に適した水域，陸域の条件をそれぞれに考える，というアプローチはありえる。その場合でも，陸域と水域の間をアマガエルがどう移動するかという問題が残る。陸域と水域の位置関係や，移動経路に位置する水域および陸域の状況，水域と陸域の境界の状況が，移動に影響するであろう。

一生の間で異なる種類の生息場所を利用する生物としては，カエルなどの両生類のほか，トンボ類のように幼虫時代を水中で，成虫になってからは陸上で生活する一部の昆虫類や，サケのように河川と海洋の間を回遊する魚類などがいる。こうした生物は，生活史のある段階から次の段階に移行する際に，異なる種類の生息場所への移動が必要となる。例えばゲンジボタルの場合，水際のコケなどに産みつけられた卵から孵化した幼虫は水中へと移動し，成長すると再び上陸して土の中で蛹（さなぎ）になり，成虫になると陸上で活動するが，それぞれの時期に必要な場所に移動できなければ，その個体は生き続けることができない（コラム 14-3）。河川と海を回遊する魚は，堰堤（えんてい）などで降海や遡河（そか）が妨げられると，正常に成長できなくなる。

コラム 14－3 人工化された境界

コンクリートによる垂直な護岸は，水から陸に上がろうとする生物に大きな影響を及ぼす。例えば，コンクリートで護岸された水路で大きくなったオタマジャクシは，カエルになってもコンクリートの高い壁を登ることができず，いつまでも上陸できない。一部の地域では，水路の人工化によりカエルが減少したのではないかと疑われてもいる。このほか，土の面がなくなることで植物が生えなくなる，水際の地表や土中を生息に利用する生物の生息に適さなくなる，といった弊害もある。

本文で紹介した谷津田が多様な生物の生息に適している理由の一つは，異なる種類の生息場所が近接して存在し，それらの間の移動が容易であることである。一生の間に異なる種類の生息場所を移動する種にとって好ましい状況になっている。水路をコンクリートで覆ってしまうと，水路と陸上の間の移動が妨げられ，谷津田における生息場所のセットから，水路を除外してしまうことにつながる。

近年，日本の農業用水路は，コンクリートで護岸されたり，U 字溝に置き換えられたり，あるいは暗渠（あんきょ）になってしまったりすることが増えている。農業の生産性の向上や就労環境の改善の一方で，生物の生息状況に大きな変化が生じていることにも留意したい。

また，1 日の中で異なる種類の生態系を利用しながら生活している生物もいる。例えば，移動能力の高い鳥類や哺乳類の一部は，森林で営巣し，草地や水域で採食するという生活様式をもつ。鳥類のサギの仲間はその代表的なもので，樹林に営巣し，あるいはねぐらをとって，水田や浅い水域で採食する。猛禽（もうきん）類のサシバやノスリなどは，巣は樹林に作るが，食物はしばしば近くの農耕地や草地で採る。こうした生物の生息状況を理解する時も，営巣場所としての樹林，採食場所としての水田や草地を別個に理解するだけでなく，樹林と水田や草地がどのように組み合わさっているか，その間を生物がどのように移動しているのか，という点の理解も重要になる。その際には，ランドスケープとして空間全体を捉える視点が有効である。

14.3.2　隣接する生態系から侵入する生物個体が生態系内の生物群集に影響する

樹林と草原では，成り立っている生態系の様子が異なっていると考えることができる。樹林だけ，草原だけで生活できる生物も多いが，両方の間を移動しながら生活している生物も少なくないことは，前項で述べた。そのような生物の中には，捕食者として振る舞う動物も含まれる。

草原や一部の農耕地は，ある種の捕食者（ヘビなど）にとって格好の生息場所となっている。彼らは，草原や農耕地で食べ物を探すが，近くに樹林があると，そこにも侵入して食べ物を探すことがある。その結果，樹林と草原の境界付近では，樹林の中であっても捕食を受ける機会が増えてしまう（図 14-5）。同じ樹林の中であっても，外側にある生息場所からの近さによって，捕食者の影響の受けやすさが違ってしまうのである。

こうした状況を，生態系が成り立っている空間の境界付近における特徴的なものであると捉えて，**境界効果**として扱うこともある。しかし，境界なら何でも同じように扱えるというわけではない。例えば，同じ樹林でも草地に隣接している境界では草地からの侵入者による捕食が起こりやすいが，湖に隣接する境界ではそうではない，ということが生じうる。境界効果を正しく取り扱うためには，境界の両側の生態系がどのように異なり，生物の移動がどのように起こりえるのかを理解することが

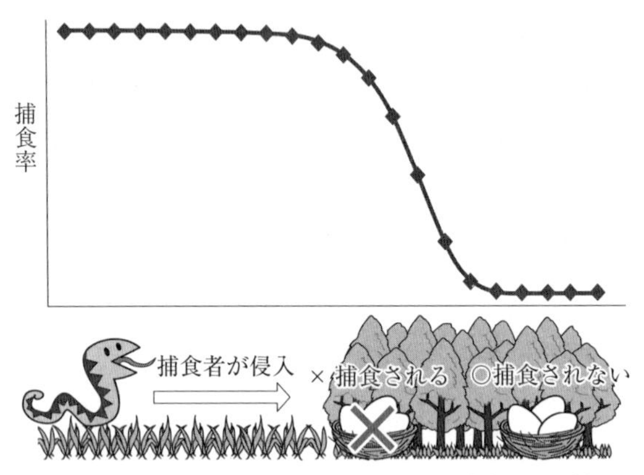

図 14-5　捕食率が境界をはさんで変化する様子
捕食者が隣接する草地から樹林内に侵入する場合，草地に近い場所ほど捕食されやすい。
出典：文献［2］を参考に作画

必要といえる。

採食する側が，樹林から草原へと出ていく場合もある。最近，日本の樹林ではシカの個体数が増え，植林地の樹木が傷つけられたり，苗木が食べられてしまったりといった問題が起こっている。天然林でも，林床の若木やササ，草本植物などが食害を受けている。増えたシカは，森林に隣接する草原にも進出して草を食べ，植生の種組成や構造に変化をもたらす。日光国立公園の戦場ヶ原湿原は，シカの侵入により植生に変化が生じている土地の一つである。湿原植生の保全のためには，湿原に加えて，森林，草原などを含んだランドスケープ全体におけるシカの行動や，それに伴う植生の変化を考えなければならない。今日ではこのことが広く理解され，そうした観点から様々な研究や対策が進められている。

外から訪れる生物が利益をもたらす場合も知られている。周囲の状況が異なるいくつかのソバ畑でソバの結実率を調べた研究では，森林や草原など生物多様性の高い植生が近くに多くあるソバ畑ほど結実率が高いことが報告されている[4]。これは，周囲の植生からやってくる昆虫の多少により受粉が左右されていることが理由である。こうした理解も，ソバの受粉に関係する生物が生息する空間を，ソバ畑とあわせてランドスケープとして考える視点があって初めて可能になるものである。

水域で幼虫期を過ごした昆虫が羽化して空中を飛翔するようになると，陸上の捕食者がこれを食物として利用できる。河川がその内部を流れる樹林地の場合，河川に近い場所ほどこうした昆虫が多く飛来するため，鳥類など昆虫食の動物にとっては食物を得やすい状況になる。一方，そうした河川に生息する（完全に植物食のものを除く）魚類にとっては，樹林で成長した昆虫が河川に落下することで食物が供給される。場所や魚種によっても異なるが，渓流に生息する魚の食物の半分近くを陸上由来の動物（主に昆虫）が占めるとする報告もある[5]。

植物の種子の中には，動物によって親植物から離れたところへと運ばれ，そこで発芽するものもある。鳥などが好んで食べる果実をつけ，果肉を鳥に提供する一方で，種子は消化されずに排出される性質をもった植物は，その代表といえる。最近，都市域の樹林では，このような性質をもった植物が増えている（図 14-6）。アオキ，シュロ，ヤツデ，トウネズミモチなどがこれに当たる。民家の庭や，公園など公共の緑地に植栽されたこれらの植物の果実がヒヨドリなどの鳥に食べられ，食べた鳥が近くの樹林に移動して種子を排出するためではないかと考えられている。市街地，住宅地という生態系から，樹林の生態系へと種子がもち込まれた結果，樹林の生態系を構成する植物の種類が変化し始めている，と考えることができる。

図 14-6　都市の林の中
下層植生が刈られずに維持されている場合でも，本来の林床植物よりも，鳥により種子が散布される種，アオキやシュロ，ヤツデ，トウネズミモチなどが優占しやすい。写真左側で枝葉を拡げているのがアオキ。中央から右側ではシュロの葉が広がっている。

14.3.3　異なる生態系の間での物質の移動が生態系の様相に影響する

生態系の間を移動するのは，生物だけではない。非生物の物質が生態系の間を移動し，特に移動先の生態系の様相に影響することもある。自らは移動する能力をもたない植物の種子が，生物によって運ばれることが，運ばれた先の生態系の様相を変えることもある。

山地の樹林が降水を蓄え，その水は湧出して河川をなし，海へと流れていくことはよく知られている。樹林から河川，海洋へと至る水の流れは，異なる生態系の間で物質が移動する代表的な例だが，最近，こうした流れに乗って移動するのは水だけではない点が見直されている。樹林から河川へ，落葉や落枝という形で有機物が供給され，あるいはケイ酸塩などの塩類が供給されることが，河川や，さらには海の生物の生息に重要な意味をもっている，というのである。

海の生物に，そこに注ぐ河川の流域の樹林がどの程度の重要性をもっているかはなお未解明の点が多いが，河川と樹林の関係についてはかなり明確な知見が示されている。河川に沿って樹林があると，落葉や落枝が河川に落ち込み，水中の無脊椎動物などの食物になる。木々の枝葉の上あるいは周りにいた昆虫が，水中に落下して一部の魚の食物となることもあれば，河川に落ち込んだ倒木が小動物の生息場所になったりもする。河川沿いの樹林は，植物や動物のからだ，あるいはそれを構成する物質を河川にもたらすことにより，河川の中の生物を豊かにする役割をもっているということができる。

水域から陸域へ向かって起こる物質の移動もある。秋，河川を遡上するサケは，しばしばクマにより捕獲され，食べられる。地域によっては，この時期のクマは食物の相当程度をサケに依存しており，サケの身体を構成していた有機物はクマに取り込まれ，一部は樹林に排出される。河川や池沼に隣接する林にサギ類のコロニー（図14-7）が作られると，コロニーやその周囲には多量の排出物がもたらされる。サギ類など水鳥の排出物が陸上に供給された場合，水中にあった窒素やリン（水鳥が捕食した水中の無脊椎動物や魚類などに含まれていたもの）が陸上に移動させられることになり，陸上の生態系の栄養状態が変化する。ただし，排出物の量が過剰であれば，林の植生が損なわれたり，隣接する河川や池沼の水質が富栄養化したりすることもある。

このように，大型の哺乳類や鳥類が，採食場所とは異なった場所に獲物を移動させたり，排出を行ったりすることで生じる物質の移動は，地域によっては土壌の栄養条件を左右しうる程度の物質の流れとなりえることが，近年指摘されている。特にリンについては，自然の過程では新規に供給される量が少なく★4，生物によって運ばれる物質（排出物や，生物体そのものも含む）に含まれるリンの寄与の度合が相対的に大きくなる。

一方，河川の流域で農耕や土地改変が不適切な形で営まれた場合，耕

★4——第13.6節を参照。

図 14-7　サギのコロニーと巣の中の雛（ひな）（左下）
水域に隣接する樹林に，サギ類の集団営巣地が作られることがある。多数の鳥の排出物は，土地の植生や土壌のあり方にしばしば大きく影響する。

地や改変地から土砂が流失して河川に移動し，川底に堆積して底生無脊椎動物の生息場所のあり方を変えてしまう。土砂とともに農耕地に投入された肥料が河川に流入し，富栄養化をもたらすこともある。土砂や栄養物質のこうした移動は，河川の生物種の一部にとっては有益であろうが，有害な影響を受ける生物も少なくない。

14.3.4　小面積の生息場所がパッチ状に分布する

生物の生息場所は，人間の影響下ではしばしばパッチ状に分布している（図 14-8）。そうした場所では，ある個体が一生の間に 1 つのパッチ状生息場所から別のパッチ状生息場所に移動することが普通に見られる。鳥の雛が巣立ったり，哺乳類の親離れの時期に成長した雛や幼獣が生まれ育った場所から離れたりといった，生活史の特定の段階における

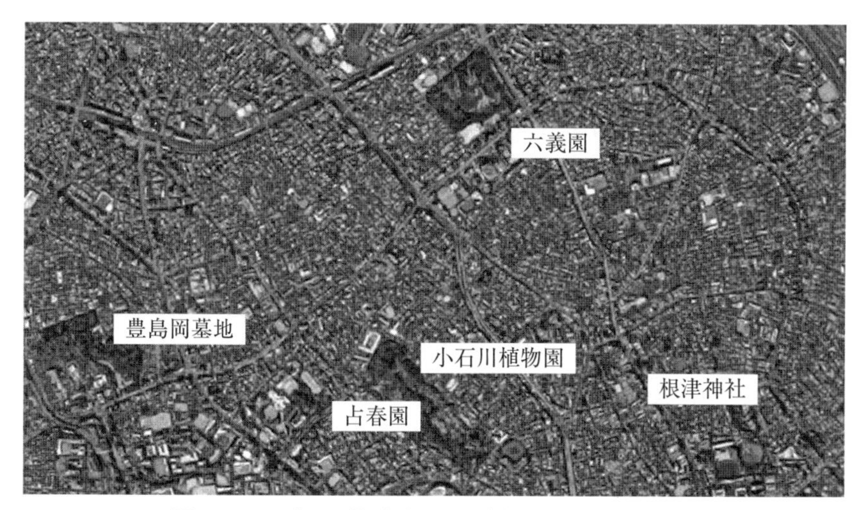

図 14-8　パッチ状生息場所（東京都文京区ほか）
市街地では，鳥などの生息場所となる樹林（写真では黒っぽく見える）は，このようにパッチ状に分布する。
出典：Google / Digital Earth Technology（Google マップ，範囲；北緯 35.736°～35.717°，東経 139.723°～139.766°）

出来事として起こる場合もあろうし，1 つのパッチ状生息場所では生活に必要な食物などの資源を十分に確保できず，日常的に生息場所間の移動を繰り返すこともあるだろう。

このような場所では，生息場所間の移動が容易で，移動の際の危険が小さいほど，生物の生息には有利である。また，個々のパッチ状生息場所を考えた場合，面積が広く生活に必要な資源が得やすいほど有利といえる。

ランドスケープの視点からは，パッチ状の生息場所は，それぞれが別個のランドスケープ・エレメントとして捉えられる。複数のランドスケープ・エレメントの間で起こる移動の様子を検討するためには，ランドスケープの視点で現象を捉えることが有益である。

第 11 章で触れた個体群生態学におけるメタ個体群の考え方は，生息場所がパッチ状に分布するこの状態に対応する。同じパッチ内の個体が局所個体群を形成するが，パッチ間でも個体の移動が起こっているため，近隣のパッチの局所個体群が連結してメタ個体群を形成している，と考えることができる。

生息場所がパッチ状に分布する状態は，連続して存在していた樹林や草原を，人間が農耕地や市街地で分断してしまうことで生じやすい。今日，人間の活動により生物の生息地が分断され，孤立した生息地が多数形成されたことが，景観生態学の必要性を高めているともいえる。

14.4　まとめ

野外の生物に関わる現象の中には，複数の生態系（ランドスケープ・エレメント）にまたがって起こるものがある。そうした現象を取り扱うために有効な枠組みが，ランドスケープの考え方である。

複数の生態系にまたがって起こる生態学的な現象としては，複数の種類の生態系を利用して生活する生物の生態や生活史，隣接する生態系から侵入する生物との種間関係，異なる生態系の間での物質の移動，小面積の生態系がパッチ状に分布する地域での生物の生活などである。

ランドスケープは，複数の生態系（ランドスケープ・エレメント）が集まって構成される空間である。異なった生態系の間では物質のやり取りや生物の移動が生じており，それが，ランドスケープで起こる生態学的現象の様相を左右している。生態系の組み合わせや配置には，同じランドスケープの中で一貫した法則性があり，その法則性は，自然立地条件や社会的な事情に規定されている。その一貫性ゆえに，ランドスケープ全体として一定のまとまりをもち，不均一でありながら同じような様相の空間がそのランドスケープの中で広がっているように認識できる。

引用文献

[1] ヨーゼフ・ブラープ『ビオトープの基礎知識：野生の生きものを守るためのガイドブック』青木進ら・訳，日本生態系協会，1997.（原著 1993 年）

[2] Andren, H., & Angelstam, P. "Elevated predation rates as an edge effect in habitat islands: experimental evidence", *Ecology*, 69 (2), 544–547, 1988.

[3] Forman, R. T. T., & Godron, M., *Landscape Ecology*, Wiley, New York, 1986.

[4] Taki, H., Okabe, K., Yamaura, Y., Matsuura, T., Sueyoshi, M., Makino, S. I., & Maeto, K., "Effects of landscape metrics on Apis and non-Apis pollinators and seed set in common buckwheat", *Basic and Applied Ecology*, 11 (7), 594–602, 2010.

[5] Nakano, S., & Murakami, M., "Reciprocal subsidies: Dynamic interdependence between terrestrial and aquatic food webs", *Proceedings of the National Academy of Sciences*, 98 (1), 166–170, 2001.

15 人間活動と生物のかかわり ～生物の利用

二河成男

《目標＆ポイント》 本章では，生物学上の発見や発明とその利用について紹介する。生物そのものや，生物のもつ特徴を利用して開発された製品は，現在では，衣食住に関するものだけではなく，様々な工業製品や医薬品でも見かけるようになった。これらは生活を便利にする反面，生命倫理においては課題を提示するものもある。

《キーワード》 抗生物質，組換えDNA技術，発酵，胚性幹細胞，iPS細胞，遺伝子検査，ゲノム編集，食糧問題，代替肉

15.1 はじめに

ヒトは様々な形で生物を利用している。衣食住への利用に始まり，ある種の労働力や輸送手段としての利用も古くから行われている。その結果，栄養として利用可能な有機物を安定かつ大量に取得することができるようになり，ヒトの個体数（人口）は徐々に増加してきた。現在では，その個体数の増加により，人間活動に伴う環境の変化が問題となっている。それらに対しても，微生物の代謝能を利用した下水の処理や，食用にならない植物由来の原料から微生物の発酵能を利用した，化石燃料の代替エネルギーとなるエタノールの生産などに利用されている。あるいは，植物による二酸化炭素の吸収能力が，温暖化との兼ね合いで注目されたりもしている。そして，この100年の間では，生物のもつ物質や，

生物のからだの一部である細胞までも利用されるようになってきた。さらには，人工的な改変を加えた生物の利用も一部では可能になってきている。

15.2　生物由来の物質の利用

私たちの生活に利用している生物由来の物質はたくさんある。その中でも，化学物質として取り出して利用しているものの代表は，医薬品であろう。中でも抗生物質は，その作用の仕組みまで明確にわかっており，皆さんも直接利用したことがあるであろう。

15.2.1　ペニシリンの発見

抗生物質は，感染性の生物の増殖を抑える物質である。特に**細菌**に対して効果を上げている。抗生物質は，1928 年にイギリスのフレミングによって**アオカビ**から発見された。フレミングは，ある細菌を寒天培地で保存していた。夏の長期休暇の後，その培地を見たところ，1 つの培地だけ，アオカビが一部入り込んでいた。一般的にはこのような試料汚染はよくあることである。しかし，この時フレミングはもう一つ奇妙なことを発見した。カビの周りの細菌だけが死滅していたことである。フレミングは，アオカビが細菌の増殖を阻害する物質を分泌していると考えた。そして，そのことを証明し，その物質に**ペニシリン**と名づけた。これらはすぐに発表されるが，当初はあまり注目されなかった。アオカビの大量培養が難しく，ペニシリンを精製する方法も確立しておらず，人体に用いる薬品として十分な効果があることを示すことができなかったためである。

次にペニシリンに注目したのはオックスフォード大学のフローリーとチェーンである。彼らは抗菌物質を探索する過程で過去の文献を調査していたところ，フレミングのペニシリンの論文に行き当たった。フレミングの発見から10年後であった。彼らはハツカネズミを用いた実験で，ペニシリンの抗生物質としての有効性を示すことに成功したが，フレミングと同様に，培養と精製に苦労していた。フローリーは，米国農務省の研究所と共同でペニシリンの収量の増大を目指した。そして，培養方法の改良と高生産株の発見によって，量産化の目途が立った。

15.2.2 抗生物質の特性

このような殺菌性の物質は世の中にたくさんある。しかし，ヒトにも同じ影響を与えてしまっては，副作用が問題となる。現在使われている抗生物質の特徴として，効果の大きさに対して副作用が比較的少ない点が挙げられる。その理由は，これらの抗生物質が，細菌が合成する物質にだけ作用するためである。例えばペニシリンは，細菌の細胞の外側を覆う細胞壁を合成する酵素の機能を阻害する（図15-1）。ヒトの細胞にそのような細胞壁はないため，細菌だけを効果的に排除できる。

一方，細菌にも，マイコプラズマのように細胞壁をもたないものがいる。そのような細菌にはペニシリンは作用しない。その代わり別の機能を阻害することによって細菌の増殖のみを抑制する抗生物質が既に発見されている。これらは，細菌が増殖する際に必須とする，タンパク質などの物質の合成に関わる酵素を阻害する。例えば，マクロライド系という種類の抗生物質は，細菌のリボソームに結合してタンパク質の合成を阻害する。一方で，ヒトのリボソームのタンパク質合成能は阻害されない。このように抗生物質は，生物の分子レベルの違いを利用して，特定の生物の増殖だけを阻害することができる。

これまでに利用されてきた抗生物質は，私たちが普段目にし，好ましく思っている生物から見つかったわけではない。主なものはカビやある

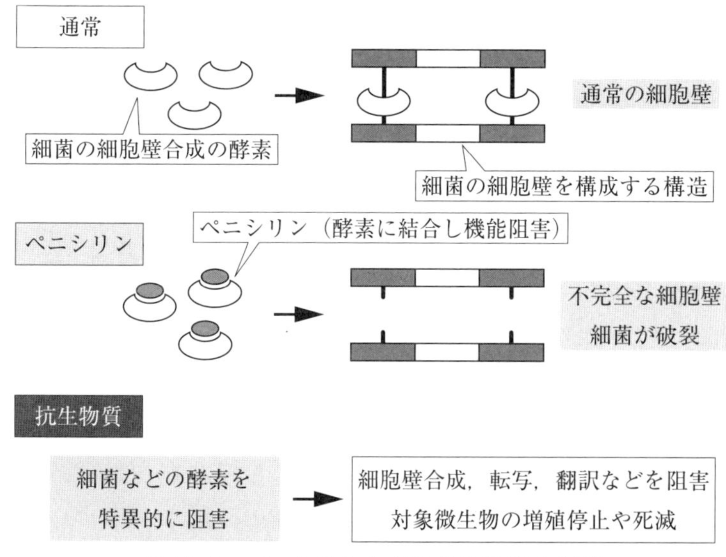

図 15-1　ペニシリンなどの抗生物質の機能

種の細菌からである。2015年にフィラリア線虫等に対する抗生物質の発見により，大村智博士はノーベル賞を受賞している。その発見の元となったのは，ゴルフ場の土から発見された放線菌という細菌である。様々な抗生物質の発見からいえることは，たとえ目に見えない小さな生物でも，想像を超える能力をもっている可能性があるということである。このような能力は生物の遺伝情報として記されている。よって，現在では，生物のもつ遺伝子資源をどのように保護，利用していくかが，国家としての課題となりつつある。国によっては，遺伝子資源の持ち出しを厳しく制限している。

15.2.3　抗生物質の利用の課題

抗生物質は感染症に対してきわめて有効な物質である。そのため，医療現場ではこれまで頻繁に利用されてきたが，そのことによって問題も生じてきた。それは，抗生物質に対して耐性を示す細菌の出現である(図 15-2)。第 5 章で学んだように，生物は世代を重ねる過程でその性質を変化させることがある。細菌も同じであり，抗生物質に耐性をもつものが生じると，抗生物質は殺菌するどころか，逆に耐性をもつ細菌を選択的に増殖させてしまうこともある。このようなことを抑える方法はある程度確立しているので，抗生物質を使用する際には医師や薬剤師らの指導をしっかり守る必要がある。

15.3　タンパク質の利用

抗生物質などの医薬品でよく知られているものの多くは，低分子の化学物質である。これらは，合成や精製が化学の技術で可能なため，種々のものが作られてきた。一方で，タンパク質などのより複雑な物質は，かつては合成が難しく，その利用が困難であった。しかし，現在では，種々のタンパク質も，細胞を利用して工業的に生産可能になってきている。

古くから利用されてきたタンパク質には，羊毛などの動物の毛がある。ヒトの毛髪も同じだが，ケラチンというタンパク質が毛の主成分である。絹の主な成分はフィブロインというタンパク質である。現在では，衣料用や食器用洗剤の中に酵素という形でタンパク質が含まれている。

15.3.1　遺伝子組換えによるタンパク質の利用

現在では，上記のような他の生物がその生物自身のために合成したタンパク質だけでなく，ヒト自身の体内で合成されているタンパク質も利用できるようになってきた。これは組換え DNA 技術を利用したものである。大腸菌や酵母などの細胞にヒトのタンパク質のアミノ酸配列の情

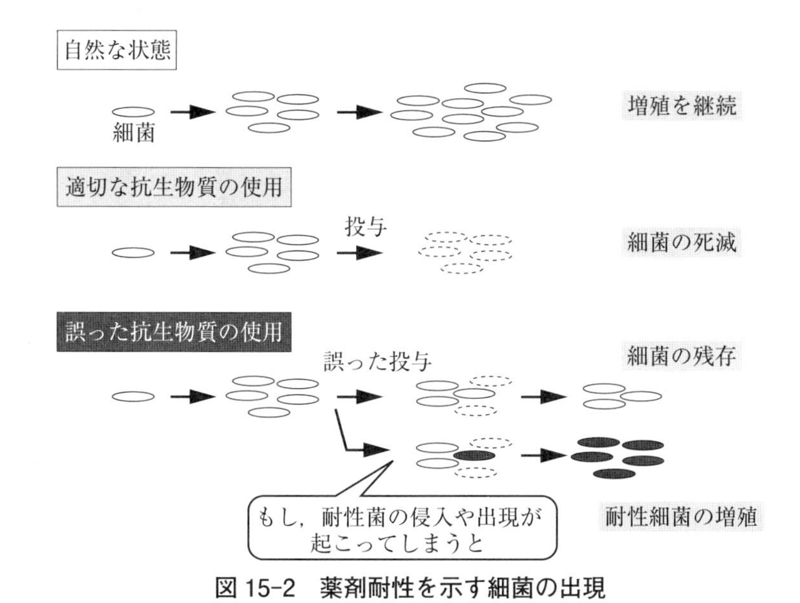

図 15-2　薬剤耐性を示す細菌の出現

報をもつ遺伝子断片を取り込ませ，その遺伝子断片の情報からヒトのタンパク質を合成してもらう（図 15-3）。

このような技術を用いて，ヒトのインスリンや成長ホルモンといった，タンパク質性のホルモンが微生物を用いて合成され，医薬品として利用されるようになった。ホルモン以外に，抗体タンパク質や血液凝固因子タンパク質なども現在では合成されている。

これらのタンパク質は，組換え DNA 技術が使われる以前は，ヒトの他の個体から単離したものを利用していた。その結果，単離元になった個体にウイルスなどが感染していた場合，投与される個体に伝播してしまうという薬害問題が発生した。組換え DNA 技術を用いれば，これらのタンパク質をその量と質の両面において安定供給でき，安全性も高めることができる。

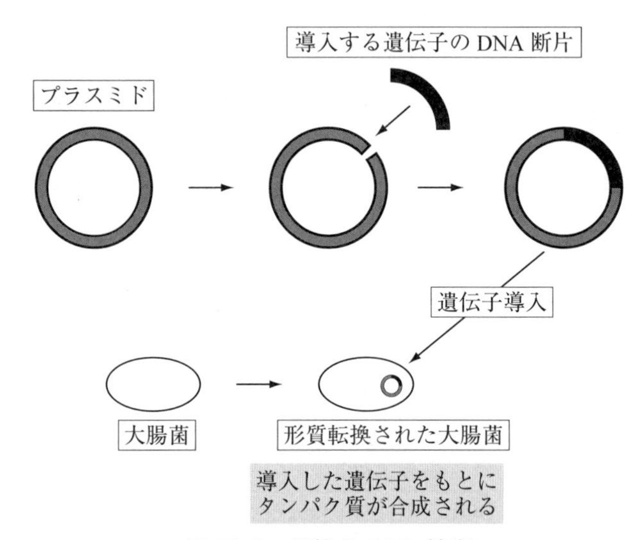

図 15-3　組換え DNA 技術

プラスミドとは，遺伝子を細胞（この場合は大腸菌）に導入するためのベクター（運び屋 DNA）。

一方で，タンパク質性も含めた様々なヒトのホルモンが利用可能になると，問題も生じてきた。例えば，スポーツ選手などがその能力を高めるために医療行為の範囲を逸脱して使用することが，大きな社会問題となっている。筋力を高めるために男性ホルモンと同等の作用をもたらす物質（アナボリックステロイド；これはタンパク質ではない）を投与したり，体内の酸素の運搬能力を高めるために，赤血球の産生を促すエリスロポエチンなどのタンパク質を投与したりといったことが行われ，スポーツの公平性が損なわれるだけでなく，スポーツ選手の健康が損なわれるといったことが生じた。現在では，国際大会などの規定によって，治療以外の目的での使用は禁止され，スポーツ選手に対する検査も継続的に行われている。

表 15-1　微生物を利用した食品

微生物	主な食品
納豆菌	納豆
乳酸菌	チーズ，ヨーグルト，漬物
酵母	ビール
乳酸菌，酵母	パン，ワイン
乳酸菌，酵母，麹菌	醤油，味噌，日本酒
酵母，麹菌，酢酸菌	酢

15.4　細胞の利用

古来，様々なところで，酵母の発酵という性質を利用した食品加工が行われてきた。酵母は細胞それ自体が個体であり，細胞の利用形態の一つといえるであろう。パンなどの食品や，ビールやワイン，日本酒などのアルコール類，あるいは，日本では味噌や醤油の加工にも使われている。酵母ではないが，納豆や漬物，チーズやヨーグルトなどの乳製品も微生物の力を利用している。いずれも，微生物を食べるのではなく，それらの作用で作り出された物質を利用するところが特徴である（表 15-1）。

例えば，酵母は，ブドウ糖を分解してエタノール（アルコール）と二酸化炭素を発生する。パンを作る際には，この二酸化炭素を利用してパン生地を膨らませている。アルコール含有飲料の場合は，酵母が生産したアルコールを利用している。さらに，酵母はブドウ糖を分解する過程で，二酸化炭素やアルコール以外にも，アミノ酸など様々な物質を合成しており，それが豊かな味わいや香りを生み出すと考えられている。また，酵母が作り出すアルコールは他の細菌やカビの増殖を抑える効果もある。このように，人間は生物（細胞）の性質を知り，それをうまく利用してきた。現在では，化石燃料の代替エネルギーとしてのバイオエタノールの製造過程においても酵母が利用されている。

現在では，ヒト自身の細胞も利用されている。それらは，胚性幹細胞（ES 細胞）や人工多能性幹細胞（iPS 細胞）などのいわゆる万能細胞などと呼ばれる，多能性をもった細胞である。胚性幹細胞とは初期胚由来の細胞で，ほぼすべての細胞への分化能をもつ幹細胞である（図 15-4）。iPS 細胞は，成人の皮膚細胞などの既に分化が進んだ細胞に，複数の遺伝子を導入して人工的に初期状態に戻すことによって，多能性を獲得した細胞である（第７章参照）。

これらの細胞はその分化能を利用して，網膜の色素細胞，心筋細胞，肝細胞，神経細胞，血管細胞などの様々な細胞への分化誘導に成功したという報告がなされている。そして，このような細胞の作製が目指すところは，病気の治療である。これら多能性をもつ細胞から，目的の細胞や組織を分化誘導により作製し，それを移植できるようになれば，治療の手段は広がると考えられる。現在は，ごく一部の細胞で人体での試験的な臨床への利用がなされており，今後の進展が期待される。

15.5　遺伝情報の利用

15.5.1　遺伝子の検査

生物個体がもつ遺伝子の DNA 塩基配列の決定が可能となり，技術的には遺伝情報から生物個体を識別できるようになった。わずかな試料があれば個体識別や血縁関係にある親子の判定が可能であり，様々な状況で利用されている。さらには，各個人の DNA の特徴も決定できるようになっており，個人の体質の傾向などを推定することも試みられている。ただし，倫理的な問題，法制度の問題，どれだけ正しく利用可能な予測

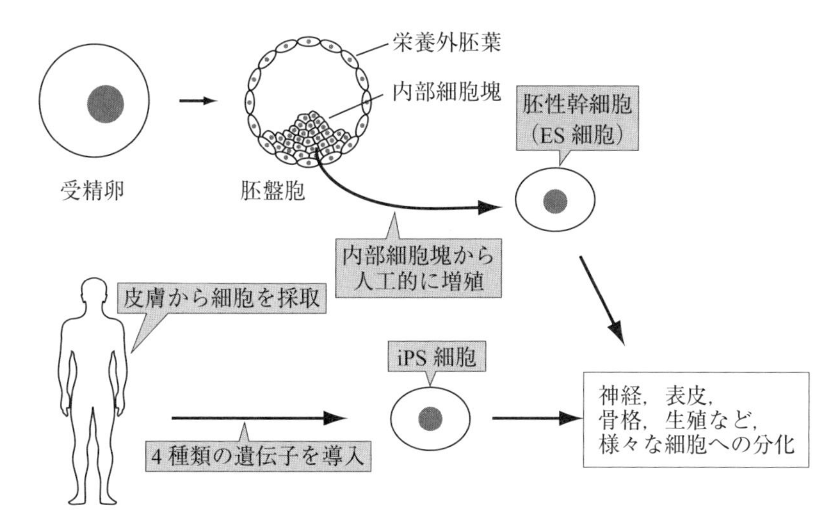

図 15-4　胚性幹細胞と iPS 細胞

ができるのかといった問題がある。

このような検査の中でも，医療として行うものと，医療とは関係なく，個人でも行えるものがある。医療として行うものは，例えば，がんになった場合，患部や血液中の細胞に特定のがんに関わる遺伝子の塩基配列やその活動状態を調べることによって，抗がん剤の投与の効果がありそうか，副作用が重くなりそうか，再発リスクはどの程度かなどを予測する。あるいはがんのより早期の発見等も可能になってきている（図 15-5）。これらの検査の有効性は個人やがんの種類にもよるが，診断や治療方針の決定に役立つことが期待される。ただし，どれも“予測ができる”というもので，医師を含めた専門家による検査結果の検証が必要である。そして，その結果は期待されたものだけでなく，悲観的な結果しか得られない場合もある。また，遺伝子の塩基配列情報は，血縁関係にある人も同じ情報をもっている可能性がある。よって，ある人の遺

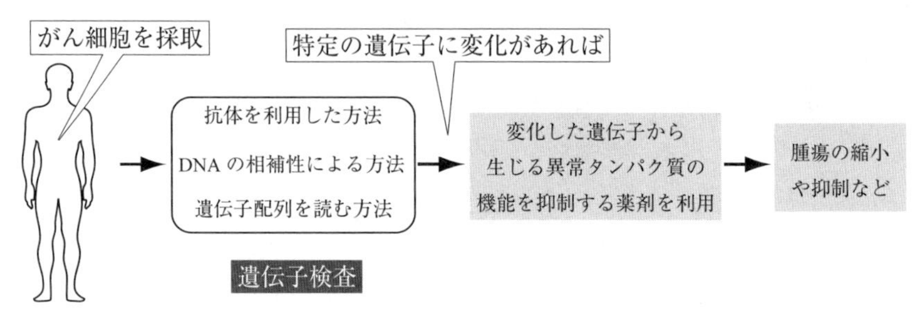

図 15-5　遺伝子検査の利用例：遺伝性でない悪性腫瘍（がん）の場合

伝子検査の結果は，血縁者も同じ結果である可能性がある。遺伝子検査の結果はそのプライバシー保護だけでなく，結果を知らないでいる権利もある。このような点も検査を受ける際には考えなければならない。

医療とは関係なく，個人で行うことができるものは，病気の診断や治療に関する情報が得られるものではない。基本的には，特定の疾患の発症リスクや体質について推測するだけである。現時点でそれらは，個人の体質を確実に示すものではなく，ある疾患にかかるかどうかも明確に示すことはできない。一方で，各個人が自身の遺伝子の情報を知る権利を尊重することも重要である。適切な費用で正確な情報が得られ，それによって人生が豊かになるような利用の方法を示すことが，このような医療以外の遺伝子検査の課題であろう。また，「遺伝子検査サービスを購入しようか迷っている人のためのチェックリスト 10 か条」という文書が公開されているので，検査について理解した上で利用しよう。

15.5.2　遺伝情報の改変

これまでの遺伝情報の改変は，遺伝子組換えといった外来の遺伝情報を組み入れる方法が主流であった。これは特定の生物にのみ利用できるもので，時間がかかるし，特定の場所の遺伝子を改変することも難し

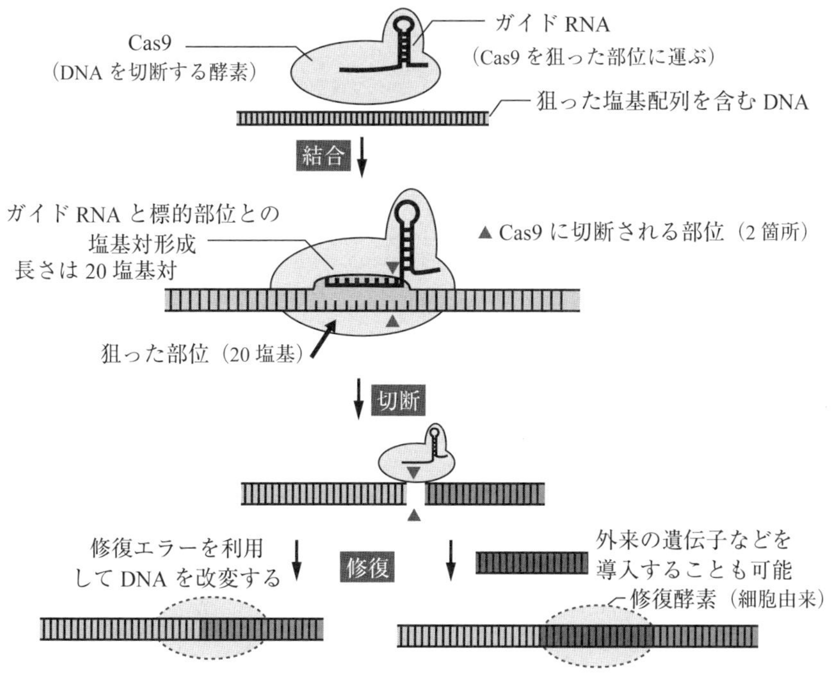

図 15-6　ガイド RNA と Cas9 を利用したゲノム編集

かった。そのため，人体に応用した場合，がん化を引き起こしやすいといった問題を抱えていた。

近年，**ゲノム編集**という，細胞の遺伝情報を保持している DNA の特定の塩基配列情報だけを改変する方法が開発された（図 15-6）。この方法は，DNA の特定の部位を切断して，それを細胞が修復する過程で生じる修復エラーを利用している。これまでになく簡便かつ正確に目的の遺伝子に変化を起こすことができるだけでなく，1 塩基だけを改変するといった，自然界に起こる突然変異と同じ変化を引き起こすこともできる（図 15-7）。この方法により，これまで何十年もかかっていた作

これまでの遺伝子導入

・遺伝情報のどこにどれだけ導入されるかわからない。
・導入遺伝子を維持できない。
・維持するために薬剤耐性遺伝子などを同時に導入。

ゲノム編集

・特定の DNA 塩基配列をもつ部位を確実に改変できる。
・一度導入できれば，維持しやすい。
・実験が容易に行える。
・遺伝子組換えを必ずしも伴わない。

図 15-7　ゲノム編集

物や家畜の品種改良が短期間でできるようになり，一部の作物や養殖魚は，厚生労働省への届け出を経て，市販されている。

15.6　生物の利用

過去も現在も，ヒトに限らず生物の個体数の増加における課題は，栄養の獲得である。ヒトは，農業によってその問題を解決し，個体数を増やしてきた。そして，上記のような医療の発達も支えとして，ヒトは近年その個体数をさらに増やしており，現在，そして未来においても，栄養の供給，つまり食糧問題は課題とされている。

現在は様々な技術の発展により作物の収量が高まり，少なくとも詳細な生産量がわかっている穀物だけを見れば，世界で暮らす人々に必要な量は生産されている。ただし，価格の上昇や配分の不均衡といった社会的な問題があり，いまだ多くのヒトが栄養不足に直面している状態である。特に，栄養素の中でもタンパク質の不足が課題となっている。

タンパク質が不足する原因は作物の生産や分配だけでなく，その摂取の方法にもある。タンパク質は，植物であれば豆類や穀物から摂取できる。ダイズ，イネ，コムギ，トウモロコシの現在の生産量からすると，全世界で必要とされるタンパク質の量は生産されている。問題は，これらの穀物のうちダイズやトウモロコシはその多くを，ヒトが直接口にするのではなく，飼料にしている点である。

動物はヒトと同様に摂取した食物を消化吸収し，それを再び自身のからだに利用している。ただし，摂取した栄養がすべて自身のからだを形成する構造になるわけではない。ニワトリ，ブタ，肉牛の可食部 1 kg あたりに必要な餌の重さは，それぞれ 4.5 kg，9.1 kg，25 kg という試算もある。よって，これらの肉からタンパク質を摂取する文化が拡大している現在では，ヒトが口にできるタンパク質の量が今後さらに不足していく懸念が高まっている。この問題を解決するには，タンパク質を多く含むダイズなどの豆類からタンパク質を摂取する方向に転換することである。完全な菜食を行うというものだ。しかし，これは現実には難しいであろう。ダイズは東アジアが原産であり，アジアではダイズを含む豆類を用いた食品が一般的であるが，その他の地域ではダイズを食べる習慣があったわけではない。また，植物性のタンパク質はアレルゲンとなることがあり，代替できるものを準備する必要がある。

近年着目されているのは昆虫の利用である。国際連合食糧農業機関が 2013 年に食用昆虫に関する報告書を発表した。この報告書では，世界で食用にされている昆虫の解説と，昆虫食の様々な利点が示されている。例えば，タンパク質の含有量が上記の肉と同程度であり，1 kg の可食部あたりに必要な餌の重さが 2.1 kg と少ない。飼育においても，地球温暖化ガスの発生量が少なく，広い土地を開拓する必要もなく，その餌もヒトが食物として利用しない部分（小麦ふすま，米ぬかなど）を利用できる場合もある。一般的な言葉でいうと，環境に優しく，かつ効率よくタンパク質を供給，摂取できる食材になる。また，その採集，調理，飼育といったことも特別な装置や施設がなくとも可能である。家畜や作物を育てるには土地も資金も必要であり，誰でもできるわけではないので，これも昆虫利用の利点とされている。

スピルリナ，クロレラ，ユーグレナなどの単細胞の藻類もタンパク質源の一つとして注目されている。スピルリナはシアノバクテリアの一種で，アフリカの一部では古くから食材として利用されており，タンパク質の含有量も多い。問題点は，これら藻類の培養には光，適切な温度，水環境，他の藻類の混入防止などが要求されることである。このような条件を満たすには，広い場所，燃料，培養の管理が必要であり，環境にある程度負荷がかかってしまうことが問題点となっている。また，育てた個体を集積してから食品に加工するまでにも，技術的な改良が必要とされている。

実際に，豆類や昆虫が，食肉の代わりになるのかという問題もある。これらから作られた代用肉で料理（ハンバーガー）を作り，牛肉のものと食べ比べをしたというドイツの論文がある。それによると，昆虫由来の代用肉は牛肉と同程度の高い評価を得ており，ダイズで作られた代用肉はそれらと比較すると有意に評価が低く，エンドウ豆で作られたものはその中間的な評価であった。これは，味においては昆虫が食肉の代わりとなる可能性を示している。ただし，この研究に用いたダイズの代用肉は，タンパク質や脂質を含む量が他と比較して少なく，そのような違いが評価に影響した可能性はある。また，昆虫の代用肉との食べ比べについては，被験者の 1 割程度が試食を断わっている。

食糧問題だけを解決するのであれば，食肉を止めて，すべて代用肉を利用しなければならないわけでもない。現状の食肉，特に牛肉中心とした食習慣の半分を，地域の実情にあわせて，豆類，穀物，昆虫，鶏肉と卵，養殖魚，乳製品などからのタンパク質摂取に置き換えるだけでも大きな効果があるとされている。藻類や海藻なども含め多様な食材を利用し，食品ロスをなくすなど，基本的なことも大切であるとされている。

このような新たな生物の利用においては，生物多様性に関わる懸念もある。食用昆虫の中には，農作物に被害をもたらすものもいる。日本で昔から食されているイナゴも含め，バッタ類は世界的に食用とされているものが比較的多いが，イネ科植物を主食とするものも多い。そのようなものが外来種として広まった場合，農作物だけでなく，在来の野生種に対しても回復困難な影響を及ぼす可能性は否定できない。また，これらが植物ウイルスを媒介する可能性もあり，食物として利用するなら，家畜やその肉と同様の管理が必要になるかもしれない。

15.7　まとめ

生物学で得られた知見は，様々な形で人々の生活に利用されている。それによって，快適さや便利さが得られる一方で，問題も生じている。現代では，科学が実用化される時点では，まだ未成熟な段階である場合も多い。それは，社会的な要請だけではなく，開発者の利益や権益を確保するためでもあり，未知の危険が明かされていない場合もある。このような社会においては，科学の基礎的知識が重要であり，科学の記事や番組などからも積極的に知識を取り込み，自分自身で考える力をつけ，どのような専門家に相談すべきかを知ることが大切である。

参考文献

[1] ラインハート・レンネバーグ『カラー図解　EURO版　バイオテクノロジーの教科書（上）』小林達彦・監修，田中暉夫ら・訳，講談社，2014.

[2] ラインハート・レンネバーグ『カラー図解　EURO版　バイオテクノロジーの教科書（下）』小林達彦・監修，西山広子ら・訳，講談社，2014.

[3] D. サダヴァ・他『カラー図解　アメリカ版　新・大学生物学の教科書　第3巻　生化学・分子生物学』石崎泰樹，中村千春・監訳，講談社，2021.

[4] Sylvia S. Mader, Michael Windelspecht『マーダー生物学』藤原晴彦・監訳，東京化学同人，2021.

[5] 厚生労働省医薬・生活衛生局食品基準審査課「新しいバイオテクノロジーで作られた食品について」2020.
https://www.mhlw.go.jp/content/11130500/000657695.pdf（2023年3月9日閲覧）

[6] Kaori MUTO「遺伝子検査サービスを購入しようか迷っている人のためのチェックリスト10か条」Ver.2 2014.11.15, 2014.
https://www.pubpoli-imsut.jp/files/files/18/0000018.pdf（2023年3月9日閲覧）

[7] A. van Huis, J. Van Itterbeeck, H. Klunder, E. Mertens, A. Halloran, G. Muir, P. Vantomme, "Edible insects: Future prospects for food and feed security", Food and Agriculture Organization of the United Nations, Rome, 2013.
https://www.fao.org/3/i3253e/i3253e.pdf（2023年3月9日閲覧）

[8] Sergiy Smetana, Adriano Profeta, Rieke Voigt, Christian Kircher, Volker Heinz, "Meat substitution in burgers: nutritional scoring, sensorial testing, and Life Cycle Assessment", *Future Foods*, 4:100042, 2021.

索引

●欧文はアルファベット順，和文は五十音順に配列。

●さ　行

●た　行

●ま　行

●や　行

●ら　行

●わ 行

著者紹介

二河　成男（にこう・なるお）

・執筆章→第１・２・５～10・15章

1969年　奈良県に生まれる
1997年　京都大学大学院理学研究科博士課程修了
現在　放送大学教授，博士（理学）
専攻　生命情報科学・分子進化
主な著書　『進化：分子・個体・生態系』（共訳，メディカル・サイエンス・インターナショナル，2009）
『現代生物科学』（共編著，放送大学教育振興会，2014）
『生物の進化と多様化の科学』（編著，放送大学教育振興会，2017）
『改訂版　生命分子と細胞の科学』（編著，放送大学教育振興会，2019）
『情報技術が拓く人間理解』（分担，放送大学教育振興会，2020）
『マーダー生物学』（共訳，東京化学同人，2021）
『感覚と応答の生物学』（編著，放送大学教育振興会，2023）

加藤　和弘（かとう・かずひろ）

・執筆章→第３・４・11～14章

1963年　東京都に生まれる
1986年　東京大学教養学部基礎科学科第二卒業
1991年　東京大学大学院総合文化研究科博士課程修了（学術博士）
現在　放送大学副学長・教授
専攻　環境生態学・景観生態学
主な著書　『ビオトープの基礎知識』（共訳，日本生態系協会，1997）
『ランドスケープエコロジー　ランドスケープ大系第５巻』（編集・分担，技報堂出版，1999）
『河川生態環境評価法』（分担，東京大学出版会，2000）
『都市のみどりと鳥』（朝倉書店，2005）
『鳥の自然史―空間分布をめぐって』（分担，北海道大学出版会，2009）
『造園大百科事典』（編集・分担，朝倉書店，2022）
『R による数値生態学』（監訳・共訳，共立出版，2023）

放送大学教材　1760190-1-2411（テレビ）

改訂版　初歩からの生物学

発　行　　2024年３月20日　第１刷
著　者　　二河成男・加藤和弘
発行所　　一般財団法人　放送大学教育振興会
　　　　　〒105-0001　東京都港区虎ノ門1-14-1　郵政福祉琴平ビル
　　　　　電話　03（3502）2750

市販用は放送大学教材と同じ内容です。定価はカバーに表示してあります。
落丁本・乱丁本はお取り替えいたします。

Printed in Japan　ISBN978-4-595-32490-1　C1345